环境污染物的
新型样品前处理方法研究与应用

温莹莹　牛宗亮　著

吉林大学出版社

图书在版编目（CIP）数据

环境污染物的新型样品前处理方法研究与应用 / 温
莹莹，牛宗亮著 .—长春：吉林大学出版社，2019.6
ISBN 978-7-5692-4997-2

Ⅰ.①环… Ⅱ.①温… ②牛… Ⅲ.①有机污染物—
前处理—研究 Ⅳ.① X5

中国版本图书馆 CIP 数据核字（2019）第 124084 号

书　　名　环境污染物的新型样品前处理方法研究与应用
　　　　　HUANJING WURANWU DE XINXING YANGPIN QIANCHULI FANGFA
　　　　　YANJIU YU YINGYONG

作　　者　温莹莹　牛宗亮　著
策划编辑　孟亚黎
责任编辑　卢　婵
责任校对　樊俊恒
装帧设计　马静静
出版发行　吉林大学出版社
社　　址　长春市人民大街 4059 号
邮政编码　130021
发行电话　0431-89580028/29/21
网　　址　http://www.jlup.com.cn
电子邮箱　jdcbs@jlu.edu.cn
印　　刷　北京亚吉飞数码科技有限公司
开　　本　787mm×1092mm　1/16
印　　张　14.75
字　　数　264 千字
版　　次　2019 年 9 月　第 1 版
印　　次　2024 年 9 月　第 2 次
书　　号　ISBN 978-7-5692-4997-2
定　　价　70.00 元

前　言

随着环境污染问题日益严峻,环境污染物的微量和超微量分析越来越受到重视。但是由于各种环境基质比较复杂,而且各种仪器水平和分析技术的不断提高,使得样品前处理方法已经成为整个分析过程的瓶颈。样品前处理的目的是减少或消除基质干扰或不需要的内源性化合物;提高目标分析物的选择性;预浓缩样品以提高灵敏度;为目标分析物的后续仪器测定提供便利。基于上述要求,样品前处理方法近年来得到了长足的发展。除了传统的前处理方法的发展,一些新型的微萃取方法及吸附剂也应运而生,而且各种样品前处理方法目前已经广泛用于化学、生命、环境、食品、医药等领域,为各种分析物的测定及监测提供了便利。本书在作者科研工作研究基础之上开展了"环境污染物新型样品前处理方法研究及应用"的研究工作。全书共分三篇。本书第一篇系统介绍了目前各种样品前处理方法(包括各种固相萃取方法和液相萃取方法)的原理、发展、应用以及毛细管电泳在线富集技术;第二篇按照不同的萃取方法详细阐述了作者近些年对于环境污染物的样品前处理方法的研究(包括固相萃取、盐析辅助液液萃取、分散液液微萃取和浊点萃取);第三篇系统总结了样品前处理技术在复杂样品基质——生物样品中的应用,并对各种样品前处理技术进行了总结及展望。

本书由两位作者合作撰写。在撰写过程中参考了大量同行专家的著作及参考文献,在此对相关作者表示衷心的感谢!同时也感谢海南省高等学校教育教学改革研究资助项目(Hnjg2019ZD-21)、海南医学院教育科学研究项目(HYZX201811)、国家自然科学基金(81660355)、海南省高等学校科学研究项目(重点项目 Hnky2018ZD-8)、海南省普通本科高校应用型试点转型专业建设(环境科学)、教育部新工科研究与实践项目《医学院校环境科学专业建设探索与实践》以及海南医学院重点扶持学科(环境科学)等提供的资金支持。

由于作者水平有限,时间仓促,书中难免存在纰漏、不足甚至错误之处,敬请专家和读者指正,在此表示诚挚谢意。

作　者
2019 年 4 月

目　录

第一篇　样品及样品前处理方法简介

第1章　绪　论

随着环境污染问题日益严峻，环境污染物的微量和超微量分析越来越受到重视，而且不同基质样品中痕量目标的测定越来越普遍。根据国际纯粹与应用化学联合会（IUPAC）提出的术语"微量组分"的定义，微量分析限值是指 100 ppm（100 μg/g）的浓度[1]。表 1-1 给出了根据被测样品中分析物浓度对分析方法和技术的分类。但是由于各种环境污染物在各个样品基质中的含量均为微量甚至超微量，直接将样品注入仪器中检测存在一定的难度，因此需要对各种样品基质进行前处理。样品预处理和前处理是化学分析的重要组成部分，在某种意义上已成为整个分析过程的瓶颈。样品前处理对于获得合适的进样溶液中感兴趣的分析物至关重要，该溶液能够提供可靠和准确的结果。进行样品前处理的目的包括[2]：

（1）减少或消除基质干扰或不需要的内源性化合物。

（2）提高目标分析物的选择性。

（3）预浓缩样品以提高灵敏度。

（4）通过在惰性溶剂中重新组合来稳定样品。

表 1-1　根据被测样品中分析物浓度对分析方法和技术的分类

分类		分析物浓度
痕量分析	亚微量	$< 10^{-12}\ \mu g/g$（$< 10^{-10}\%$）
	超微量	$< 10^{-9}\ \mu g/g$（$< 10^{-7}\%$）
	微量	$< 10^{-6}\ \mu g/g$（$< 10^{-4}\%$）
	痕量	$< 10^{-4}\ \mu g/g$（$< 0.01\%$）
半微量分析	次常规	$< 1\%$
常量分析	常规	$1\% \sim 100\%$

所以,样品的采集、贮存和前处理对于微量环境污染物的测定是极为重要的。在上述过程中,样品被沾污或因吸附、挥发等造成的损失,往往使分析结果失去准确性,甚至得出错误的结论。环境分析化学包括了样品的采集和预处理、样品分析以及分析结果的化学计量学处理等整个过程,而不仅仅局限在初期的测定样品中各种成分的含量。样品的采集及其前处理、分析结果的处理方法已和样品分析工作本身同等重要,成为分析工作的四个重要环节。如果考虑花费在这四个环节上的时间份额,图1-1给出了样品采集、样品前处理、仪器分析和数据分析四个过程所占的时间份额。初看起来,这个比例似乎有夸大之嫌。但是如果把分析工作当作一个整体看待,随着仪器分析方法的进步和自动化程度的提高,整个目标分析物的分析测定的时间消耗主要集中在预处理方法研究和具体操作上。对于数据处理和分析结果报告,包括科研论文的撰写等所占的时间份额更是分析工作者有切身体验的。样品的采集和贮存问题涉及许多学科领域,本章将简要讨论样品的采集、贮存及其预处理。

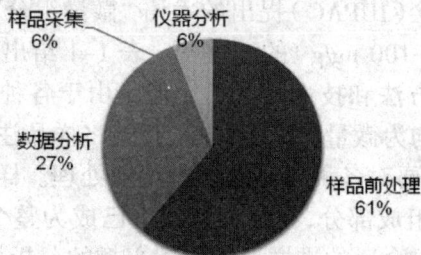

图1-1　分析过程四环节所占时间比例

1.1　样品采集前的考虑与准备

确定样品采集前要考虑五个方面的问题和影响因素。

（1）采样之前要根据样品测试的总体要求选定采样区域。要求综合考虑采样区域的历史演变、地理情况、工农业污染现状等因素。对选定的采样区域,如果选定一条河流作为采样区域,应该对其污染历史,周围的化肥、农药及其他化工产品生产有所了解,还要了解流域的工农业生产情况特别是农药的使用或有毒化学品在工业生产中的使用、交通情况、污染物排放情况等。要特别重视和利用已有资料,在综合分析的前提下,确定采样点的分布。

（2）采样之前要根据所要测的污染物来确定样品的种类。样品的种类主要包括气体、液体、固体和生物样品几大类。气体样品包括大气中的微量气体成分，如气溶胶、大气颗粒物、飘尘、沙尘、挥发性金属化合物等。液体样品主要包括海水、河水、天然水、矿泉水、地下水、自来水、污水、雨雪水、饮料、酒类、奶类、酱油、醋、汽油、洗漆剂、食用油等。固体环境样品主要包括土壤和沉积物、矿物质，与人类活动有关的日常生活废弃物，如食品、污泥、灰尘、废旧材料等。生物样品包括广泛的陆生及水生动植物，其中和人体有关的样品包括体液、汗液、血液、血清、尿液、胆汁、胃液等。固体生物样品包括肌肉、骨头、头发、指甲、肾、肝等。

（3）要考虑样品的大致浓度范围。有毒化学污染物在各种样品中的分布差别是很大的。采样前，应大致了解所测样品的浓度范围，采集合适的样品体积与数量。例如，二噁英、多氯联苯（polychlorinated biphenyls，PCBs）、多环芳烃（polycyclic aromatic hydrocarbons，PAHs）等有机污染物和壬基酚、双酚 A 等环境内分泌干扰物在一般无污染河水和海水中的含量和自然界各种水源中的含量很低，需要通过大量水样（有时需要几十升）的富集来完成一次测定，如一般河水中壬基酚的测定每次需要水样 300 ~ 500 mL。再如，有机锡化合物在一般无污染海水中的含量和自然界水源中的含量在 10 ng/L 以下，这样的样品含量，按照现有气相色谱－火焰光度检测器的检测限（10 pg）来计算，如果样品衍生以后定容为 1 mL，取 1 ~ 2 μL 进样，一次测定的样品量起码应在 500 mL 以上；在污染的海水中和港湾中可以高达 μg/L 级以上，一次测定只需少量样品；而在化工厂等处有机锡的含量可能高达 mg/L 水平，这样的样品需要经过稀释后再测定。

（4）要考虑基体的种类及其均匀程度。对于非均匀质的环境样品的采集，如固体废弃样品，活水排放源附近水域等，首先，要选择合适的具有代表性的地点，有条件的要使用卫星定位系统，准确确定采样地点的经纬度，以便下次或多次重复采样或长期观察。其次，要根据测定工作的需要，确定典型代表物的样品数量和单个样品的体积大小，还要考虑采样的频度，如均匀排放的污水样品，可以定期采样；而对于不定期排放的污水，则应区分排放期和非排放期的差别。第三，对于生物样品，如血液、尿液等要根据不同的样品分析要求确定采样所用的容器、时间、频度和体积。

（5）要考虑所用分析方法的特殊要求。根据测定任务的要求和实际需要选择分析仪器和方法。但任何分析方法都不是万能的，因此采样前就要充分考虑所用分析方法的特点有选择性地采集不同的样品种类和取样量。如果所选环境样品需要经过衍生后测定，特别是通过液相色谱或气相色谱分离后进行测定的,样品的基体没有什么干扰,适于广泛的样品种类和大量的样品体积。而利用氢化物发生等技术直接测定的,样品基体往往会有较大影响,样品中各种干扰离子往往对被测化合物产生抑制作用,这种技术一般选择海水、天然水等液体样品,取样量可以少些,因为这种技术非常灵敏。此外,一些外部因素,如风向、河水流向、温度、光照、酸度、微生物作用等也应予以考虑。例如,在光的照射下,三烷基锡化合物容易降解为二烷基化合物。温度及引起的微生物活动变化对许多化合物的稳定性有影响,如容易引起一些化合物的生物降解。样品的 pH 值会极大地影响金属离子的氧化 / 还原比例;低 pH 值时,样品中易含有更多的自由离子。对于多数水样,需要调节为酸性介质以避免水解反应的发生。

采样时应根据不同样品选择采样器皿。采集金属化合物一般要用聚四氟乙烯或玻璃器皿,而由于双酚 A、壬基酚、辛基酚等化合物在绝大多数塑料器皿中都有溶出,严重干扰测定结果,因此,此类化合物样品的采集必须使用玻璃器皿或不锈钢器皿。

采样前要做好充分准备,要提前熟悉所采区域的地理环境、天气情况,熟悉采水器、底泥采样的抓斗、土柱采样装置、大气颗粒物采集装置等的使用方法,以便节省采样时间。

1.2　水样的采集及预处理

1.2.1 水样的采集

环境样品测定中采集最多的就是水样。环境水样可分为自然水(雨雪水、河流水、湖泊水、海水等)、工业废水及生活污水。自然界中的水含有复杂的多种成分,包括有机胶体、细菌和藻类,无机固体包括金属氧化物、氢氧化物、碳酸盐和黏土等,而其中微量元素或有机污染物的含量往往是很低的。采集的各种水样必须具有代表性。

1.2.2 采集位点

工业污水中有毒化合物较多,而生活污水中有机质、营养盐等成分居多。采样时应尽可能考虑全部的影响因素,包括人为的和客观环境的影响因素以及这些因素可能的变化情况。主要包括以下几个因素:①测定内容,即测定化合物的类别。采集前对于样品的用途应该有清楚的了解,假若是测定一条河中某种污染物长期的变化规律,一定要选取在固定间隔期间内可以重复选取的地点。②样品的大致浓度范围,例如,样品中被测物质含量属于常量、微量还是痕量等。③基体的种类及其均匀程度,基质是工业废水还是生活污水等;如果属于重度污染应该特别注意。④所用分析方法的特殊要求。影响水样性质的物理过程有:逸气、光化降解、沉淀、悬浮物损坏、沉积物和悬浮物的扰动等。由化学过程影响采集水样的性质主要有:化学降解、分析物再分布、解吸与吸附、沾污。采样时避免采样设备、船甲板或排污水的沾污。自然界中微量元素和有机污染物的含量与水样的深度、盐度及排放源有关,只有个别有机金属化合物如甲基锗等与采集深度及盐度无关。

采集的各种水样必须具有代表性,能反映水质特征。河口和港湾监测断面布设前,应查河流流量、污染物的种类、点或非点污染源、直接排污口污染物的排放类型及其他影响水质均匀程度的因素。监测断面的布设应有代表性,能较真实地全面反映水质及污染物的空间分布和变化规律。对于使用管道或水渠排放的水样的采集,首先必须考虑通过实验确定污染物分布的均匀性,应该避免从边缘表面或地面等地方采样,因为通常这些部位的样品不具备供分析天然水化学成分的代表性,一般在水文站测流断面中泓水面下 0.2 ~ 0.5 m 采取,断面开阔时应当增加采样点。岸边采样点须设在水流通畅处。入海河口区的采样断面一般与径流扩散方向垂直布设。港湾采样断面(站位)视地形、潮汐、航道和监测对象等情况布设。在潮流复杂区域,采样断面可与岸线垂直设置。海岸开阔海区的采样站位呈纵横断面网格状布设。设置完采样断面后,应根据水面的宽度确定断面上的监测垂线,再根据垂线处水深确定采样点的数目和位置。

对于江、河水系,当水面宽 ≤ 50 m 时,只设一条中泓垂线;水面宽 50 ~ 100 m 时,在近左、右岸有明显水流处各设一条垂线;水面宽 >100 m 时,设左、中、右三条垂线(中泓及近左、右岸有明显水流处),如证明断面水质均匀时,可仅设中泓垂线。

在一条垂线上,当水深不足 0.5 m 时,在 1/2 水深处设采样点;水深 0.5 ~ 5 m 时,只在水面下 0.5 m 处设一个采样点;水深 5 ~ 10 m 时,在水面下 0.5 m 处和河底以上 0.5 m 处各设一个采样点;水深 >10 m 时,设三个采样点,即水面下 0.5 m 处、河底以上 0.5 m 处及 1/2 水深处各设一个采样点。

湖泊、水库监测垂线上采样点的布设与河流相同,但如果存在温度分层现象,应先测定不同水深处的水温、溶解氧等参数,确定分层情况后,再决定监测垂线上采样点的位置和数目,一般除在水面下 0.5 m 处和水底以上 0.5 m 处设采样点外,还要在每个斜温层 1/2 处设采样点。

海域的采样点也根据水深分层设置,如水深 50 ~ 100 m,在表层、10 m 层、50 m 层和底层设采样点。

监测断面和采样点确定后,其所在位置岸边应有固定的天然标志物;如果没有天然标志物,则应设置人工标志物,或采样时用全球定位系统(Global Position System,GPS)定位,使每次采集的样品都取自同一位置,保证其代表性和可比性。

1.2.3 采样要求

水样采集一般应使用专用采样器,以保证从规定的水深采集代表性水样。

(1)表面水样的采集,必须考虑将聚乙烯瓶插入水面以下,避开水表面膜并戴上聚乙烯手套,表面水样可以用聚乙烯水桶采集。测定海水中金属元素或有机污染物时,必须更加小心注意采样器具的清洁问题;特别是有机污染物要尽量采用玻璃器皿来采集。用船来采集水样,必须考虑来自船体自身的沾污、采样器材本身的沾污,不管是大船还是小舟。

(2)对于深水采样,目前采用的器皿大多由聚乙烯、聚丙烯、聚四氟乙烯、有机玻璃(甲基丙烯酸甲酯)等加工而成,避免使用胶皮绳、铁丝绳等含有胶皮或金属的材料,避免铁锈或油脂等的沾污。

(3)对于天然水样,大多采用定时采集的方法。为了反映水质的全貌,必须在不同的地点和时间间隔重复取样。采集的频度须足够大以反映水样随季节的变化,通常采用两周 1 次或一月 1 次。在确知一些排放源排放时间时,采样也可随此变化。另外,在有多种排放源存在的情况下,采自不同的横断面或不同深度的样品都会有很大差别。自动采集装置主要用于高采样密度和长期连续不断采样的需求。连续测定的常规参数主要包括 pH、电导率、盐度、硬度、浊度、黏度等。

(4)采集雨水和雪样时,如果是沉积物,可用大体积取样器同时收集湿的和干的沉积物,如果采集湿样,只能在下雨或下雪时采集。对于高山和极地雪的采集,必须用洁净的聚乙烯容器,操作者戴洁净手套,在逆风处采样。采样时先用塑料铲刮出一个深度约 30 cm 的斜坡,用大约 1 000 mL 的聚乙烯瓶横向采集离地面 15 ~ 30 cm 的雪样,采集后即封盖并冷藏处理直到样品分析。

1.2.4 采样频率

采样时间和频率的确定原则是:以最小工作量满足反映环境信息所需的资料、能够真实地反映出环境要素的变化特征,尽量考虑采样时间的连续性、技术上的可行性和可能性。对于天然水样,大多采用定时采集的方法。为了反映水质的全貌,必须在不同的地点和时间间隔重复取样。采集的频率必须足够大以反映水样随季节的变化。通常采用两周一次或一月 2 次。在确知一些排放源排放时间时,采样也可随此变化。另外,在有多种排放源存在的情况下,采自不同的横断面或不同深度的样品都会有很大差别。自动采集装置主要用于高采样密度和长期连续不断采样。连续测定参数主要包括 pH 和电导率等。

为使采集的水样能够反映水体水质在时间和空间上的变化规律,必须合理地安排采样时间和采样频率,力求以最低的采样频率取得最有时间代表性的样品。我国水质监测规范要求如下:

(1)饮用水源地、省(自治区、直辖市、特别行政区)交界断面中需要重点控制的监测断面,每月至少采样监测 1 次,采样时间根据具体情况选定。

(2)较大的水系、河流、湖、库的监测断面,每逢单月采样监测 1 次,全年 6 次。采样时间为丰水期、枯水期和平水期,每期采样两次。水体污染比较严重时,酌情增加采样监测次数。底质每年在枯水期采样监测 1 次。

(3)受潮汐影响的监测断面分别在大潮期、小潮期进行采样监测。每次采集涨潮、退潮水样分别监测。涨潮水样应在断面处水面涨平时采集,退潮水样应在水面退平时采集。

(4)属于国家监控的断面(或垂线),每月采样监测 1 次,在每月 5 ~ 10 日进行。

(5)如某必测项目连续 3 年均未检出,且在断面附近确无新增污染源,而现有污染源排污量未增加,在此情况下,可每年采样监测 1 次。一旦检出,或在断面附近有新增污染源,或现有污染源新增排污量时,即恢复正常采样。

(6)水系背景断面每年采样监测 1 次,在污染可能较重的季节进行。海水水质常规监测,每年按丰水期、平水期、枯水期或季度采样监测 2 ~ 4 次。

1.2.5 水样的运输

水样采集后,必须尽快送回实验室。根据采样点的地理位置和测定项目的最长可保存时间,选用适当的运输方式,并做到以下两点:

(1)为避免水样在运输过程中震动、碰撞导致损失或沾污,应将其装箱,并用泡沫塑料或纸条挤紧,在箱顶贴上标记;同一采样点的样品瓶应尽量装在同一箱中;应有交接手续。

(2)需冷藏的样品,应采取制冷保存措施;冬季应采取保温措施,以免冻裂样品瓶。

1.2.6 水样的贮存

各种类型的水样,从采集到分析测定这段时间内,由于环境条件的改变,微生物新陈代谢活动和化学作用的影响,会引起水样某些物理参数及化学组分的变化,不能及时运输或尽快分析时,则应根据不同检测项目的要求,放在性能稳定的材料制成的容器中,采取适宜的保存措施。

(1)冷藏或冷冻保存法。冷藏或冷冻的作用是抑制微生物活动,减缓物理挥发和化学反应速率。

(2)加入化学试剂保存法。加入生物抑制剂:如在测定氨氮、硝酸盐氮、化学需氧量的水样中加入 $HgCl_2$,可抑制生物的氧化还原作用;对测定酚的水样,用 H_3PO_4 调节 pH 值为 4,加入适量 $CuSO_4$,即可抑制苯酚菌的分解活动。

(3)调节 pH:测定金属离子的水样常用 HNO_3 溶液酸化至 pH 值为 1 ~ 2,既可防止重金属离子水解沉淀,又可避免金属被器壁吸附;测定氰化物或挥发酚的水样中加入 NaOH 溶液调 pH 值至 12,使之生成稳定的酚盐等。

(4)加入氧化剂或还原剂:如测定汞的水样需加入 HNO_3(至 pH<1)和 $K_2Cr_2O_7$(0.5 g/L),使汞保持高价态;测定硫化物的水样,加入抗坏血酸,可以防止硫化物被氧化;测定溶解氧的水样则需加入少量 $MnSO_4$ 溶液和 KI 溶液固定(还原)溶解氧等。

应当注意,加入的保存剂不能干扰以后的测定;保存剂的纯度最好是优级纯,还应做相应的空白实验,对测定结果进行校正。

水样的保存期与多种因素有关,如组分的稳定性、浓度、水样的污染程度等。常用于样品贮存的容器材料有聚乙烯、聚丙烯、聚四氟乙烯、硼硅玻璃等,选择容器材料的主要依据是材料的吸附程度和表面纯度。玻璃表面具有弱的离子交换作用,在弱酸或弱碱水溶液中,玻璃表面的硅酸离子易和阳离子交换。研究表明碱玻璃表面的交换能力甚至高于标准的磺酸盐树脂,引入硼硅基团后,交换能力大大下降,因此选择容器材料时,不能选用碱性玻璃。

研究表明,金属离子在玻璃或氧化物表面上的吸附程度取决于金属离子本身的水解能力,在酸性溶液中吸附现象很少,而随着 pH 的升高,吸附现象明显增加。疏水的有机聚合物如聚乙烯、聚四氟乙烯等的吸附行为被认为是由聚合物表面双电层上的离子交换引起的。在聚四氟乙烯中,这种双电层含有通过范德华力或氢键键合的羟基离子。而带有负电荷的容器表面已被电渗析测定而证实。

通常而言,使用聚乙烯或聚四氟乙烯材料比用硼硅玻璃材料的表面吸附现象少得多。用疏水硅胶处理玻璃表面可以有效地降低重金属离子的吸附。无论是聚合材料或是玻璃材料都可能因其本身所含重金属杂质而沾污所盛的样品,这些杂质可能来自于制造这些材料时用的催化剂、助剂、模板等。有机增塑剂也可能在贮存期间释放,可能影响金属形态的氧化还原性能和螯合性能。因此,选用这些材料制造容器时,必须考虑将它们自身的沾污降低到允许范围并减少由于被测组分吸附在容器壁上所造成的损失。

通常将容器浸泡在稀酸溶液中已经足以消除仪器表面的金属杂质了。实验表明:在 HNO_3 中将聚乙烯容器浸泡 48 h 后,用此容器贮存 Cu,Co,Pb,Cd,Zn 等没有发现浓度的损失。

聚四氟乙烯容器在制作时有可能接触金属污染物,因而也需要清洗,和清洗石英器皿一样,用 50% 的 HNO_3 清洗,结果是很有效的。

聚乙烯和聚四氟乙烯材料是贮存测定微量重金属离子含量所用水样的最佳选择。样品贮存时,如果只是为了测定样品中金属总量,则为了减少样品的吸附通常在过滤以后,加入 HCl 或 HNO_3,保持酸度在 0.1 mol/L,如果在过滤前就酸化,由于酸度的提高可能将颗粒物中包含的金属离子释放出。样品加酸以前,必须做酸的空白实验以确保酸中金属离子的含量不干扰样品测定,但有时空白实验所用的蒸馏水中金属离子的含量比一般天然水样中的含量还高,这时要引起充分注意。

有的实验室采用将水样过滤后冷冻保藏的方法,比如,将未酸化的海水样品在 −45℃保持 3 个月后,Cd,Pb 和 Cu 的总浓度没有明显变化。只是一些不稳定的金属形态和无机或有机胶体的浓度略有改变。在采用冷冻贮存和非冷冻贮存的对照实验中铅的浓度没有变化。冷冻的新鲜水样发现不稳态的铜和铅的形态有变化,而金属的总浓度没有变化。

通过 0.45 μm 滤膜过滤的水样在室温下保存时,几天后发现有颗粒物重新出现,大多数颗粒物的直径大于 4 μm。研究结果表明颗粒物的出现与细菌的生长及聚集有关。在 4℃时贮存样品,细菌活性大大降低。

对于有机汞、有机硒、有机砷等有机金属化合物,样品的贮存必须给予特殊的考虑,如聚乙烯容器表面可能还原有机汞或与之键合。而当容器材料中或水样中含有微量金属时,可能加速这一过程,将样品贮存在冰箱中或冷冻贮存可以减少 Hg(II)的还原或汞化合物的分解。另外,在酸性溶液中加适量的氧化剂,如高锰酸钾、重铬酸钾或一些螯合剂,如半胱氨酸、腐殖酸等可以防止有机汞或 Hg(II)的损失。加酸酸化,可以防止甲基汞与海水样品中存在的有机硫化合物的螯合,在 20% 的稀 HCl 溶液中保存含甲基汞样品较为合适。

1.2.7 水样的预处理

除非将采到的水样马上进行分析,否则在水样贮存以前必须进行适当的预处理。主要依据被测水样的不同要求而异。通常对于微量元素或有机分析,首先必须通过过滤或者离心将水样中的颗粒物质除去(如果测定颗粒物中的污染物成分,则需收集这部分样品),然后加入保护剂,水样盛放在没有污染的容器内,并贮存在合适的温度下,以防止有效成分的损失、降解或形态变化。

1.2.7.1 水样的过滤与离心分离

在未过滤的样品中,由于颗粒物和溶解于样品中的碎片之间的相互作用,有可能引起样品中重金属化学形态分布的变化。研究人员发现重金属在沉积物与水的混合物中的吸附 – 解吸附平衡时间是很快的,一般少于 72 h,最大吸附发生在 pH = 7.5 左右,沉积物中金属的浓度因子可以高达 50 000,采样后,溶液平衡的任何变化,颗粒物所提供的吸附部位都将为金属形态的迁移提供路径,而在某些条件下,解吸已吸附的金属是可能的。另外,一些研究表明,将未过滤的海水样品贮存在聚乙烯容器中,溶解的重金属组分如 Pb、Cu、Cd、Bi 等没有损失。

高的细菌浓度伴随着沉积物的存在同样也会导致水溶性金属形态的损失。细菌和藻类的生长包括光合成及氧化等作用将会改变水样中 CO_2 的含量因而导致 pH 值的变化,pH 值的变化往往带来沉淀、改变螯合或吸附行为,以及溶液中金属离子的氧化还原作用。

利用未经处理的膜来过滤海水样品中的含汞样品,可能造成10% ~ 30% 的损失。然而使用处理过的玻璃纤维过滤,汞的损失可降低至 7% 以下。

由于贮存样品中的细菌生长和繁殖的不可测性质,采样后的过滤越早越好。如果时间推迟至几个小时之后,样品最好在 4℃ 左右保存以便抑制细菌的生长。利用 0.45 μm 的微孔膜可以方便地区分开溶解物和颗粒物,通过滤膜的过滤液中还可能含有 0.001 ~ 0.1 μm 的微生物和细菌的胶粒以及小于 0.001 μm 的溶解于水中的组分。0.45 μm 的滤膜可以滤出所有的浮游植物和绝大多数的细菌。连续的过滤有时可能造成滤膜的堵塞,这时一般需要更换新膜或是采用加压过滤。

使用过滤仪器,应该注意仪器与溶液相接触部分的材料,如硼硅玻璃、普通玻璃、聚四氟乙稀等,同时也要考虑过滤器的类型,如真空还是加压。玻璃过滤器使用橡胶塞容易造成沾污。一般选择使用硼硅玻璃的真空抽滤系统。过滤以前,过滤器材应用稀酸洗涤,通常可以在 1 ~ 3 mol/L 盐酸中浸泡一夜。

未被处理过的过滤膜表面极易吸附蒸锅水中的镉和铅,但用来过滤河水时未发现上述元素浓度的变化。一般的滤膜使用前先用 20 mL 2 mol/L HNO_3 洗涤,再用 50 ~ 100 mL 蒸馏水冲洗。接收的烧杯或三角烧瓶必须用蒸馏水将酸冲洗干净,最初的 10 ~ 20 mL 滤液去掉。对于海洋深水样的过滤,滤膜最好先用稀硝酸浸泡。加压过滤或真空抽滤是通常使用的两种方法。加压过滤速度快,适用于过滤含有大量沉积物的河水水样的过滤,如果使用直径 47 mm、厚 0.45 μm 膜过滤水样,速度大约在 100 mL/h 左右,加压过滤通常使用超滤膜。

对于难以过滤的样品,离心也是一种有效的手段,但离心的过程容易引起沾污。离心分离的效率跟离心的速度、时间以及颗粒的密度有关。

1.2.7.2 水样的消解

当测定含有机物的水样中的无机元素时,需进行消解处理。消解处理的目的是破坏有机物,溶解悬浮物,将各种价态的欲测元素氧化成单一高价态或转变成易于分离的无机物。消解后的水样应清澈、透明、无沉淀。消解水样的方法有湿式消解法、干式分解法(干灰化法)和微波消解法等。

1)湿式消解法

(1)硝酸消解法。对于较清洁的水样,可用硝酸消解。其方法要点是:取适量混匀的水样于烧杯中,加入 5 ~ 10 mL 浓硝酸,在电热板上加热煮沸,蒸发至小体积,样品应清澈透明,呈浅色或无色,否则,应补加浓硝酸继续消解。蒸至近干,取下烧杯,稍冷后加质量分数为 2% 的 HNO_3（或 HCl）20 mL,温热溶解可溶盐。若有沉淀,应过滤,滤液冷至室温后于 50 mL 容量瓶中定容,备用。

（2）硝酸-高氯酸消解法。硝酸和高氯酸都是强氧化性酸,联合使用可消解含难氧化有机物的水样。方法要点是:取适量水样于烧杯或锥形瓶中,加 5 ~ 10 mL 浓硝酸,在电热板上加热,消解至大部分有机物被分解。取下烧杯,稍冷,加 2 ~ 5 mL 高氯酸,继续加热至开始冒白烟,如样品呈深色,再补加浓硝酸,继续加热至冒浓厚白烟将尽（不可蒸干）。取下烧杯冷却,用质量分数为 2% 的 HNO_3 溶解,如有沉淀,应过滤,滤液冷至室温,定容备用。因为高氯酸能与羟基化合物反应生成不稳定的高氯酸酯,有发生爆炸的危险,故先加入硝酸,氧化水样中的羟基化合物,稍冷后再加高氯酸处理。

（3）硝酸-硫酸消解法。硝酸和硫酸都有较强的氧化能力,其中硝酸沸点低,而硫酸沸点高,二者结合使用,可提高消解温度和消解效果。常用的浓硝酸与浓硫酸的体积比为 5：2。消解时,先将浓硝酸加入水样中,加热蒸发至小体积,稍冷,再加入浓硫酸、浓硝酸,继续加热蒸发至冒大量白烟,冷却,加适量水,温热溶解可溶盐,若有沉淀,应过滤。为提高消解效果,常加入少量过氧化氢溶液。

测定水样中含有易与硫酸反应生成难溶硫酸盐的元素（如铅、钡）时,可改用硝酸-盐酸混合酸体系。

（4）硫酸-磷酸消解法。硫酸和磷酸的沸点都比较高,其中硫酸氧化性较强,磷酸能与一些金属离子如 Fe^{3+} 等络合,故二者结合消解水样,有利于测定时消除 Fe^{3+} 等离子的干扰。

（5）硫酸-高锰酸钾消解法。该方法常用于消解测定汞的水样。高锰酸钾是强氧化剂,在中性、碱性、酸性条件下都可以氧化有机物,其氧化产物多为草酸盐,但在酸性介质中还可继续氧化。消解要点是:取适量水样,加适量浓硫酸和 50 g/L 高锰酸钾溶液,混匀后加热煮沸,冷却,滴加盐酸羟胺溶液破坏过量的高锰酸钾。

（6）硝酸-氢氟酸消解法。氢氟酸能与硅酸盐和硅胶态物质发生反应,生成四氟化硅而挥发分离,消除其干扰,但消解时不能使用玻璃材质的容器,需使用聚四氟乙烯材质的容器。

（7）多元消解法。为提高消解效果,在某些情况下需要采用三种及以上的酸或氧化剂的消解体系。例如,处理测定总铬的水样时,用硫酸、磷酸和高锰酸钾消解。

（8）碱分解法。当用酸体系消解水样会造成易挥发组分损失时，可改用碱分解法，即在水样中加入氢氧化钠和过氧化氢溶液，或氨水和过氧化氢溶液，加热煮沸至近干，用水或稀碱溶液温热溶解。

2）干灰化法

干灰化法又称干式分解法或高温分解法。其处理过程是：取适量水样于白瓷或石英蒸发皿中，置于水浴上或用红外灯蒸干，移入马弗炉内，于 450 ~ 550℃灼烧至残渣呈灰白色，使有机物完全分解除去。取出蒸发皿，冷却，用适量质量分数为 2% 的 HNO_3（或 HCl）溶液溶解样品灰分，过滤，滤液定容后供测定。

该方法不适用于处理测定易挥发组分（如砷、汞、镉、硒、锡等）的水样。

3）微波消解法

该方法是用微波作为热源，从样品和消解液内部进行加热并伴随激烈搅拌，加快了样品分解速率，提高了加热效率，并且消解在密闭容器中进行，避免了易挥发组分的损失和有害气体排放对环境造成污染。已有多种商品化微波消解仪销售。

1.3 沉积物样品的采集方法

1.3.1 沉积物样品的采集

水中沉积物采集的方法主要有两种：一种是直接挖掘的方法，这种方法适用于大量样品的采集，但是采集的样品极易相互混淆，当挖掘机打开时，一些不黏的泥土组分容易流走；另一种是用一种类似于岩心提取器一样的采集装置。采样量较大而样品不相互混淆，这种装置采集的样品，同时也可以反映沉积物不同深度层面的情况。使用金属装置，需要内衬塑料内套以防止金属沾污。当沉积物不是非常坚硬而难以挖掘时，甲基丙烯酸甲酯有机玻璃材料可用来制作提取装置。这种装置外形是圆筒状的，高约 50 cm，直径约 5 cm，底部略微倾斜，以便在水底易于用手插进泥土或使用锤子敲于泥土内。取样时底部采用聚乙烯盖子封住。对于深水采样，需要能在船上操作的机动提取装置。倒出来的沉积物，可以分层装入聚乙烯瓶中贮存。在某些元素的形态分析中，样品的分装最好在充有惰性气体的胶布套箱里完成，以避免一些组分的氧化或引起形态分布的变化。

悬浮的沉积物的采集最好使用沉积物采集阱,这种采集阱的设计对其采集效率有很大影响。

沉积物间隙中的水样在研究微量元素从水相到沉积物或从沉积物到水相的转换具有重要意义。但这种水样的采集很困难,特别是要避免暴露于氧中或不同温度、压力带来的变化。传统的技术很难用于这种样品的采集,首先是由于较难转移沉积物中的水样,特别是沙性沉积物,其次很难防止微量金属的沾污。

离心分离被广泛用于采集沉积物间隙中的水样,它具有样品操作简单的优点。沉积物可以直接放入聚乙烯离心管中,对于一些很细的泥土样品,通常水被分离而处于沉积物的上面。而对于一些粗的样品,如粗沙等,水则处于样品的下面,需要收集底部的水样,这些较困难,有时需要将收集的水样过滤,因而可能引入新的沾污问题。

1.3.2 沉积物的预处理和贮存

形态分析用的沉积物要求放置于惰性气体保护的胶皮套箱(glove box)中以避免氧化。岩心提取器采集的沉积物样品可以用气体压力倒出,分层放于聚乙烯容器中。

由于沉积物的颗粒通常大小不一,因而一般先进行初步的物理分离,以分出岩石的碎片等大块物质。在土壤科学中,一般选择 20 μm 的颗粒体积,认为小于 20 μm 的组分可以较好地代表微量元素的分布。而粗的淤泥颗粒(20 ~ 63 μm)和沙子(大于 63 μm)则不包括在内。可以用 63 μm 的膜来过滤样品,但应用聚乙烯或尼龙材料,避免使用金属材料。

湿法过筛的优点是不易凝聚结块。将样品在 110℃ 下干燥后过筛容易损失一些挥发性组分,如汞等。风干会影响铁的形态分析结果,也影响 pH 和离子交换能力。因而,形态分析最好使用混合均匀的没有干燥的沉积物或土壤样品。干燥的沉积物样品可以贮存在塑料或玻璃容器里,各种形态和金属元素含量不会有什么变化。湿的样品最好在 4℃ 保存或冷冻保存。干燥过程,即使室温下的干燥,也容易引起土壤结构及化学性质的变化,这对于形态分析是至关重要的。因此,样品最好密封在塑料容器中并冷冻存放。这样做起码可以避免铁的氧化,而这一点容易引起沉积物样品中金属元素分布的变化。

1.4 大气样品的采集方法

1.4.1 气溶胶(烟雾)的采集

环境中气溶胶具有 0.01 ~ 10.0 μm 的颗粒,有时甚至更大,这些气溶胶的组成,通常与颗粒大小有关。批量采样通常用过滤方法、碰撞或静电吸附的方法来收集气溶胶。选择方法的主要依据是避免气体颗粒在滤膜上转化,避免样品经过空气动力学作用而损失,避免由过滤材料而引起的沾污。过滤是最常用的手段,可以使用高速采样器(0.1 ~ 3 m^3/h)。滤膜的选择非常重要,需要考虑颗粒的大小、收集效率及可能的沾污等。塑料纤维滤纸机械强度较差,使用纤维滤纸和石英滤纸是较好的选择,而膜过滤适用性更为普遍,这种技术具有很好的收集效率和较低的微量元素背景,但具有较高的空气流动阻力。

用滤膜采样器采集大气中的汞、有机汞和其他易挥发的元素形态,如铅、砷、硒等,存在一些问题,主要是滤膜表面的工作条件易于导致采集样品的解吸和挥发。无论是高速或低速采样装置都面临这一问题。对于高速采样器,由于需要采样面积更大的滤纸,表面流速与低速采样器相似。

一些商用采样器通常采用碰撞收集大气颗粒,这些仪器具有按照不同大小组分采集气溶胶的能力。静电吸附在分析化学中使用较少,但具有很好的收集功能。用于职业健康调查研究中采集大气中某种颗粒的商品仪器是比较多的,它们大多采用滤膜式并可以随身携带。目前大气中微量金属研究主要集中在研究汞和铅的化学行为,对于有机铅化合物,研究它们在大气中的存在及化学行为非常重要,虽然目前从总体上讲,使用铅作为汽油防爆剂的用量已明显减少,但从冶炼厂中排放或辐射的有机铅仍然相当可观。有机汞由于天然的和人为的排放而广泛地存在于大气中,其有害的化学性质,成为重点研究的对象。对于这两个元素,化学形态分析不仅在于它们在大气中的存在和反应的途径,更重要的是研究吸入人体的毒性。这两种元素可以作为挥发性气体形态附着在颗粒物上,或自身作为离散的颗粒物存在。挥发性有机铅,包括四乙基铅、四甲基铅和它们的降解产物,大约占城区中铅总量的 1% ~ 4%。在含铅物燃烧中,二氯乙烯或二溴乙烯的存在会导致大多数铅化合物以氯化物或溴化物的形式排放。在硫酸盐的作用下,这些卤化物转化成为 $PbSO_4$。冶炼过程中,排放的气体中含有 Pb，PbO，PbS，$PbSO_4$ 等。

在周围大气中，元素汞蒸气、$HgCl_2$ 蒸气、CH_3HgCl 蒸气和$(CH_3)_2Hg$都已发现单独存在或附着在其他颗粒物上。

大气中有机铅样品的采集已有许多的研究。玻璃纤维和膜过滤被广泛地用于收集不挥发的无机铅盐，而大气中存在的烷基铅化合物则可以通过上述过滤器。一些吸附剂和萃取剂被用于有机铅的收集和分离。氯化碘是一个有效的吸附剂，在乙二胺四乙酸（EDTA）的作用下，用四氯化碳萃取二烷基铅的双硫腙螯合物可以从无机铅中区分有机铅，无机铅仍留在溶液中。另外，用色谱填料来分离有机铅也是一种常用的选择。

大气中含汞样品的采集，包括不同的气体阱或吸附方法，使用不同的吸附剂可以选择性地吸附汞的多种形态。如用硅烷化物的 Chromosorb W 吸附 $HgCl_2$；用 0.5 mol/L NaOH 处理的 Chromosorb W 可以吸附 CH_3HgCl；涂银的玻璃珠可以吸附元素汞，而涂金的玻璃珠则可选择性地吸附$(CH_3)_2Hg$。对于含量很低的大气样品的采集，使用快速采样器按流速 5 ~ 50 m^3/min 计算，也需要几个小时的时间，这种方法的缺点是存在吸附样品解吸或挥发的可能性。而用低速采样器，按流速在 0.5 ~ 1.5 m^3/min 计，有时需要几天的时间。

1.4.2 大气沉积物

大气沉积物包括干的沉积物如灰尘颗粒等和湿的沉积物如雨后的颗粒。大气颗粒的采集基本类似于气溶胶，但湿的沉积物需在下雨时采集[3]。

1.5 生物样品采集及预处理

近年来，由于对生物样品分析方法的可靠性、灵敏度、分析速度和样品处理量的要求非常苛刻，生物样品分析方法的发展变得越来越具有挑战性。定量分析方法的目的是准确可靠地测定复杂生物样品中目标或非目标分析物（通常是药物、代谢物或生物标志物）的量。生物样本通常包括全血、血清、血浆、尿液、唾液、母乳、汗液、脑脊液、胃液、呼气、组织样本（即头发、指甲、皮肤、骨骼、肌肉等）[4]、细胞、细胞培养物、培养基等。毛细管电泳代谢组学研究中列出了使用的生物样品类型[5]。除组织和细胞外，尿液和血清是最常用的样本。然而，基质效应，如内源性或外源性大分子、干扰分析的小分子和盐、低分析物浓度和与仪器不相容的生物基质的存在,都需要在分析前进行样品前处理[6]。因此,可采用从提高分析的选择性和灵敏度到改进分析标准和 / 或保护分析仪器免受可能的损害开始的样品前处理。样品前处理对于获得合适的进样溶液中感兴趣的分析物至关重要,该溶液能够提供可靠和准确的结果。

1.5.1 尿

尿液由 95% 以上的水、钠、氨、磷酸盐、硫酸盐、尿素、肌酐、蛋白质和经肾脏和肝脏加工过的物质组成,包括药物和代谢物[7]。健康人在早上尿液是微酸的(pH=6.5 ~ 7.0),晚上通常会变为碱性(pH=7.5 ~ 8.0),主要是因为睡觉时不吃食物或饮料。作为分析样本,它与血清相比有其自身的优势:

（1）无损采样而且可以大批量获得,重复采样不成问题。

（2）因为它含有较少的蛋白质(血清 60 ~ 80 g/L,尿液 0.5 ~ 1g/L)[7],脂质和其他高相对分子质量化合物经过了肾小球滤过,所以需要较少复杂的样品前处理程序。

因此,尿液是生物样品研究中很好的选择。Fernández Peralbo 等对尿液进行了详细的综述[7]。下面是关于尿液样品的采集及预处理的简单介绍。

1.5.1.1 采样时间

通常,尿液样本采集为随机样本、定时样本或 24 h 样本。随机样本是在一天中的任何时候都要进行随机抽样,而定时抽样则需要研究与时间相关的代谢产物分类趋势,这些代谢产物在不同物种中具有较高的日变化,并有助于寻找真正的生物标志物。然而,24 h 取样收集是首选的,以消除在较短收集期获得的代谢物分布的比较大的变化[7]。在临床实践中,最常见的标本是中段尿或晨起第一尿标本的干净尿液。在形态学研究中,有时建议使用晨起第二个早晨的尿液样本[8]。一般来说,中段尿因为被污染的可能性最小所以是最合适的样本。

1.5.1.2 样品采集

如果没有特殊要求,所需容量的裸聚丙烯容器就可以作为尿液采集的容器。然而,临床实践中的尿液通常收集在无菌容器中。对于一些特殊的分析物,需要使用绝缘的冰袋,直到样品到达实验室进行适当的储存。此外,有时会向容器中添加表面活性剂以增加分析物的溶解度或避免分析物与容器表面发生相互作用。然而,这种方法的另一个缺点是表面活性剂的不良作用,即在随后的质谱分析中,加入表面活性剂会抑制电离作用,这个可以通过使用同位素标记的内标物(IS)[7]来避免。

1.5.1.3 样品储存

样品采集之后到分析之间的时间间隔对尿液结果的可靠性至关重要。这段时间可能会出现分析物浓度的变化或一些内源性尿液反应物的形成[9],使测量结果无效。所以,需要对储存时间和储存温度进行记录[8]。冷藏或者冷冻可以确保分析物最有效的保存。此外,样品冻融循环是另一个关键手段,但是在主要循环过程中可能会发生分析物的降解[9]。例如,对于非目标分析无长期稳定保存,建议避免冻融循环,把样品分成若干小份并在 -80℃下快速冷冻和储存以尽可能减少潜在降解[9]。为了分析一些内源性尿反应物,即所谓的尿酸,建议采集后对样品进行离心分离并保存在4℃,在分析前加热以尽可能多地回收尿酸。长期储存应至少在 -20℃下进行,冷冻样品应通过热水浴解冻[9]。

一般来说,对于目标分析物的研究[7]:

(1)对于代谢研究,人体尿液在 -20℃或更低温度下最多可储存6个月。

(2)冻融循环次数9次不会影响样品的完整性。

(3)在0℃至4℃短期保存或带冷却功能的自动取样器中储存48 h样品不会对测定结果产生很大影响。

然而,由于尿液样品的所有成分没有既定的储存条件,因此,对分析物进行分析时,必须进行严格的稳定性研究。

1.5.1.4 防腐剂添加

添加防腐剂可防止尿液分析物的代谢变化和细菌污染。然而,防腐剂可能会影响尿液的一些化学性质和改变颗粒的外观。

硼酸是一种很好的防腐剂,可以抑制假单胞菌的生长,但硼酸会改变尿液样本的初始pH值[8]。此外,由于样品中可能形成潜在的化学复合物,因此英国生物库已经避免了在收集的尿液中添加硼酸[7]。另一种防止细菌过度生长的试剂是叠氮化钠。然而,这种防腐剂是有毒的而且可能会对尿液样本中一些未知的代谢物产生潜在影响,因此在使用过程中也要慎重考虑。其他常用的防腐剂如甲醛、汞盐、氯醛已定等在参考文献[8]中进行了概述。

1.5.1.5 体积校正

尿液体积可能会由于水的消耗和其他生理因素而变化很大。因此，尿液中目标和非目标分析物的浓度变化很大。因此，体积校正是必要的。测量蛋白质/肌酐比率、渗透压和质谱等有用信号是最常见的三种校正方法[7]。一般来说，通常使用其中两种来帮助检测尿液样本中内源性代谢物分布的显著性差异。

1.5.2 血液、血浆和血清

血液、血浆和血清可以很好地反映药理作用与化合物浓度之间的相关性，而且可以用于定量分析。在脊椎动物中，血液由悬浮在血浆中的血细胞组成。血浆占血液的 55%，主要是水（体积分数为 92%），还有蛋白质、葡萄糖、矿物质离子、激素、二氧化碳（血浆是排泄物运输的主要媒介）和血细胞本身。血细胞主要是红细胞、白细胞和血小板。在 38℃ 时，血液的初始 pH 值从 7.25 到 7.45 不等[10]，因此在室温下进行测量时，必须进行适当的校正。

干血斑（dried blood spot，DBS）是近年来生物分析和临床实验室研究的热点。DBS 是通过将血样放置在滤纸上，然后在空气中干燥几个小时获得的。随后，从血点处打出一个小圆盘并萃取目标分析物。DBS 有很多优点，包括采样容易（比常规采血侵入性小）、取样体积小、滤纸在室温下可以长时间储存、分析物长期稳定性以及分析物萃取所需的体积较小[11]。DBS 有两种，一种是静脉型 DBS（V–DBS），另一种是毛细血管型 DBS（C–DBS）。V–DBS 可由静脉血生成，而 C–DBS 通常由手指或脚后跟刺伤后出现的血滴直接采集而成[12]。很明显，后者的优点是侵入性小，不需要护士或医生。DBS 取样可采用体积法（使用精密微毛细管）或非体积法（直接从手指/脚后跟进行）。以非体积方式收集的 DBS 主要通过从全局点切除固定尺寸的冲头（通常直径为 3 ～ 6 mm）来处理[12]。

在许多临床和生物学研究中，通常用血浆或血清代替全血。血浆和血清都来源于采集血液后经过全血不同生化处理过程得到的。在实践过程中需要在不受干扰的情况下对溶解的血液成分进行分析，因此从血液中分离血浆或血清是非常重要的。将血浆或血清与红细胞分离的最常规方法是冷冻离心。血清是从凝结的血液中提取的。在凝血过程中形成的纤维蛋白凝块，连同血细胞和相关凝血因子，通过离心法从血清中分离出来。在此过程中，血小板将蛋白质和代谢物释放到血清中[13]。血浆的制备过程是在去除血细胞前添加抗凝血剂,如乙二胺四乙酸(EDTA)、肝素、氟化钠、柠檬酸、柠檬酸盐或血清[9,14],然后再通过冷冻离心获得。尽管血浆和血清通常被认为具有相似的成分和性质,但许多分析物,特别是在代谢/代谢组学研究中,血浆和血清的测定结果还是有差异的[13,15,16]。

血浆和血清样本的收集方法通常如下:在禁食一晚后的清晨采集静脉血样本。新鲜血液立即分为两部分:一部分添加到空白管中,另一部分添加到含有抗凝血剂(如 EDTA、柠檬酸盐等)的管中。通过离心分离血清和血浆,然后在 -80、-20、0 或 4℃下储存[9,14,16]。对于不同的分析物,储存条件可能不同。例如,对于许多激素来说,收集到 EDTA 或氟化物中,并在 0 ~ 4℃下储存和运输[14]。Cao 等人发现在 -80℃下储存的样品比在 -20℃下经历更慢的解冻,这会导致更高程度的蛋白质降解[17]。还有人建议最好将血浆或血清样品保存在 -20℃,并至少解冻两次,为了防止蛋白质变性可以使用温水浴[9]。

1.5.3 毛发

毛发属于硬组织[4],作为一种生物样品,它在生物分析中的应用日益广泛。毛发作为生物样品具有在室温下稳定、易于处理和运输、无创采集,并且在生物死后情况下具有很高的抗腐烂性等优点[11]。因此,毛发(如头发)对于提供药物摄入后在身体中代谢并清除的长期信息是一个不错的选择。毛发测试也越来越多地与尿液样本结合使用,并且可以确认长达几个月的异种生物的长期暴露[11]。假设头发每月长约 1 cm,对头发的分段分析可以确定药物使用的历史模式[18]。

对于药物滥用情况,大多数药物在 ng/mg 范围内可以在头发中检出。然而,存在一个问题,即药物可以通过烟雾、污染或身体接触、化学品等方式沉积在头发上。毛发检测和药物滥用协会和精神卫生服务管理局提出了一套建议(洗脱分析、代谢物鉴定、截止值)来对测定结果进行解释[18]。因此,在仪器分析前对毛发样品进行预处理和前处理是非常重要的。Baciu 等人详细总结了头发样品的预处理、萃取和分析方法[18]。通常,头发样本预处理包括以下步骤:(1)取样;(2)对需要进行分段分析的进行分段;(3)清洗头发以消除外部污染;(4)在球磨机中粉碎或切割成小块。

1.5.3.1 样品收集和储存

毛发收集的最佳选择是头上的头发,因为体毛的生长比头上的头发生长变化更大,速度也更慢,这导致难以解释目标分析物随时间的变化。

通常情况下,头发的生长速度约为每月 1 cm。建议将头发收集推迟至分析物摄入后 8 周,以确保样本完全代表暴露期[21]。一般来说,最推荐的采样点是后脑勺,此处头发的生长变异性较小,受年龄和性别影响较小。参考文献 [18] 中有一个典型的图显示了头发样本采集的程序,如图 1-2 所示。

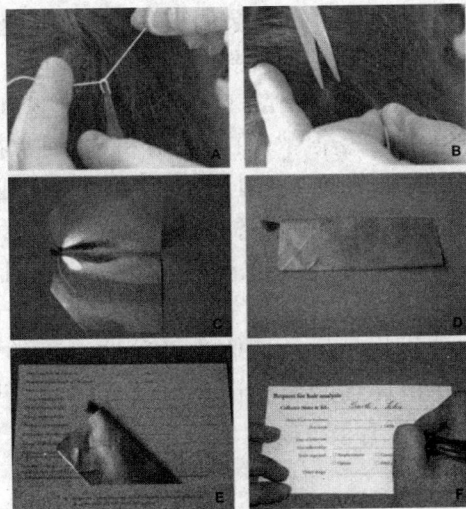

图 1-2 头发样品的采集

样品采集后,头发应在室温下存放在干燥、黑暗的地方,避免将头发直接储存在塑料袋或塑料管中,因为塑料可能会从头发中提取亲脂性物质。

1.5.3.2 样品清洗

为了避免假阳性结果,在分析前应洗涤去除头发中的残留物,如汗液、皮脂、一些环境污染物甚至灰尘。常用的洗涤溶剂包括有机溶剂、水缓冲剂、水、肥皂或复合洗涤剂,例如,吐温 80、十二烷基硫酸钠(SDS)、正己烷、甲醇或水[18]。选择清洗溶剂是非常重要的,它只是清除外部杂质但不能从头发中提取分析物。样品清洗干燥后,应在球磨机中粉碎或在萃取分析物之前切成小块。

1.5.4 母乳

母乳位于食品链的顶端,是测定环境污染、药物和其他分析物的良好基质之一。血浆中的药物在母乳中的排泄是母体药物治疗中的一个非常重要的问题。哺乳期母亲服用的大多数药物都从母亲的血液循环转移到她的乳汁和婴儿体内。一些亲脂性化合物有分解脂肪和母乳的能力。特别是防止母乳受到一些环境污染和药物污染是很重要的,因为母乳是新生儿的第一道食物。由于母乳喂养是首选营养,因此了解母乳污染至关重要。

母乳样品可以在医院通过母乳泵用玻璃容器手动收集,然后转移到用甲醇和丙酮彻底冲洗过的聚丙烯锥形管中[19]。但是应特别注意一些分析物,例如,双酚 A(bisphenol A,BPA)分析,在整个取样和储存过程中使用玻璃管以避免 BPA 污染[20]。在药物分析中,通常在早晨获得样品,即给药后 12 ~ 15 h 或服药后 1 ~ 1.5 h[21,22]。如果有必要,需要在 2 或 4 个月后收集第二批样品[21]。由于各种环境和生理因素(即饮食摄入、年龄、分娩次数、母乳喂养目的、健康状况、居住区域)而且母乳具有高蛋白质、脂肪和碳水化合物含量的特点[23],这些不仅影响母乳中某些分析物的积累而且会影响分析物萃取的回收率及萃取过程的重复性。所以母乳的采集最好准备一份详细的问卷记录与试者的信息[21]。样品采集后在 −20℃的温度下冷冻保存。

1.5.5 唾液

唾液代表了另一种生物基质,一般通过非侵入性手段很容易收集到。此外,它不会在收集过程中造成重大风险,从而实现更安全的管理。唾液是一种非常稀的液体,由 99% 以上的水组成,这是一种与血浆相关的低渗液体,含有唾液腺中产生的化合物(免疫球蛋白 A[iga] 和 α – 淀粉酶)以及在血浆中扩散的化合物(水、电解质、蛋白质、代谢物和激素)[24]。唾液的正常酸碱度是 6 ~ 7。唾液主要来自三个腺体:20% 来自腮腺,65% 来自颌下腺,7% ~ 8% 来自舌下腺,另外不到 10% 来自许多小腺体。每个唾液腺分泌一种特殊类型的唾液,具有不同的离子和蛋白质浓度。整个唾液的平均日流量在 1 L 到 1.5 L 之间变化。在无外界刺激时平均流量为 0.3 mL/min,16 h(清醒时)的平均总量为 300 mL,睡眠时唾液流量几乎为零。据报道,通过味觉刺激、咀嚼或使用柠檬酸刺激唾液,其产量高达每天平均唾液产量的 80% ~ 90%。有外界刺激时,流速的最大值为 7 mL/min[25]。

唾液在采集前至少 30 min 内不建议刷牙或进食和摄入液体(水除外)。唾液取样有三种模式,即被动采集、刺激采集和专门的采集系统,称为唾液采集系统(SCS)(Greiner Bio One, GMGH, Kremmunester,

Austria)[24]。被动采集是最推荐的方法,通过被动流下并垂直接收到塑料管中。然而,被动采集无法提供大量样本。刺激性唾液可以通过一些商业设备采集,这些设备包含一个坚实的底座,通常由一小块棉或聚酯(用于吸收唾液)和一个锥形管(用于离心和回收采集的液体)[24]构成。目前最常用的系统是 Salivette® (Sarstedt)、Quantisal® 和 Intercept® (Oracle Technologies)。由于免疫分析的性能可能受到干扰,因此用于激素分析时不建议采用带有棉花的采集装置[26]。上述两种方式的最主要的缺点是采集体积不能准确定量。另外,使用柠檬酸缓冲碱的 SCS 是一个更为复杂的系统。在使用清洁溶液后,供试者将萃取溶液放入口中 2 min,然后将所有溶液吐出到烧杯中。所有的溶液,包括唾液和萃取液,都被转移到试管中,可以用来量化采集的总体积。一些唾液采集系统如图 1-3 所示[26]。

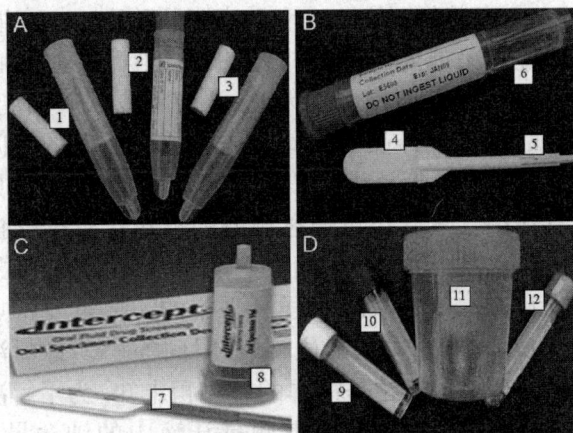

图 1-3 唾液采集设备

A—三种版本的唾液采集器,带有聚酯(1),聚乙烯(2)或棉(3)以及内收集管。B—Quantisal® 由塑料杆上的纤维素垫(4)和标志窗(5)组成,通过色带移动说明采集完毕。具有防腐缓冲液的样品容器(6)是系统的一部分。C—Intercept® 包括塑料杆上的纤维素垫(7),样品转移至不含防腐剂的离心容器中(8)。D—SCS® 由口腔清洗液(9),黄色收集溶液(10),唾液混合物收集容器(11)和涂有防腐剂粉末的储存单元(12)组成

　　唾液样品的保存温度没有一致的规定。如果样品在采集后 3 至 6 h 内进行处理,建议将其冷藏(4℃)。当样品长期保存时,保存温度应保持在 -80℃,以防止细菌生长[24]。

1.5.6 汗液和皮肤表面脂质

汗液里面大约 99% 是水,其中浓度最大的溶质是氯化钠 [27],由身体通过皮肤分泌来维持体温的恒定。出汗的速度依赖于环境温度,估计为每天 300 ~ 700 mL,在大量运动的情况下可高达 2 ~ 4 L/h [12]。汗液大约 50% 由躯干产生,25% 由腿部产生,25% 由头部和上肢产生 [27]。汗液的 pH 值在 4 到 6.8 之间,并随着流速的增加而增加,休息的人的平均汗液 pH 值为 5.8 [12,26]。

皮肤表面脂类由表皮脂类和皮脂脂类的混合物组成,这两种脂类的含量取决于身体部位。在皮脂腺密度高的地区(即前额、头皮、胸部和躯干上部)皮肤表面脂质主要来源于皮脂(96% ~ 97%)。皮脂由甘油三酯(约41%)、蜡酯(约 26%)、角鲨烯(约 12%)和游离脂肪酸(约 16%)组成 [12]。

由于一些环境污染或药物是亲脂性的,它们可以通过血液被动扩散进入汗腺并通过皮肤迁移而排出。因此,汗液和皮肤表面脂质样品是非常重要的生物样品基质。样品的采集首先使用在不同的时间段(从几个小时到几天)佩戴贴片收集汗液和皮肤表面脂质的样本,同时将分析物累积到这些吸收垫中。皮脂也可通过湿润的棉花片擦拭皮肤来收集 [12]。早期的贴片是由吸水棉制成的,中间夹有防水的聚氨酯外层和紧贴皮肤的多孔内层 [27]。Moody 等人总结了样品采集的一些重要特点,如采集装置的类型、贴片在人体上的应用部位、佩戴时间等 [30]。像唾液一样,汗液和脂质的采集也存在一个问题是样本的总体积未知。为了解决这个问题,可以使用预先称重贴片 / 湿巾,或者测量汗液中的钠含量或皮脂中的角鲨烯(或总脂质)含量 [12, 28]。样品采集后,样品或贴片在 −5、−15 或 −20℃ 下冷冻保存 [29-31]。

1.5.7 粪

一些药物或目标分析物可通过肠道微生物群进行生物转化。人体肠道微生物群会影响药物的代谢功能。因此,研究人体肠道菌群对药物代谢的影响具有重要意义。粪便样本就是研究肠道菌群的一个很好的样本。通常,在抽样前志愿者应该禁食。粪便样本收集在塑料杯中,然后将样品悬浮在冷生理盐水中。粪便悬浮液离心分离,上清液用纱布过滤,然后用各种样品前处理方法萃取。如有必要,所产生的沉淀物可作为代谢性肠道菌群研究的一部分样品 [32]。

1.5.8 组织

近年来,对组织中化合物的分析已成为生物样品分析的一个较普遍的趋势。与尿液、血浆、血液和其他液体生物样本不同,组织样本是固体或半固体形式。组织标本可分为三类:软、硬、半硬样品。软组织包括脑、肺、肝、脾和肾可以很容易地被均质化的样品。心脏、肌肉、胃、肠、结肠、胎盘和动脉等硬组织纤维较多而液体较少为半硬样品,需要合适的处理过程。硬组织,即骨骼、软骨、指甲、皮肤和头发,大多是无血管组织,需要特殊的处理[4]。因此,在仪器分析之前,组织样品需要适当的前处理。在萃取样本之前,有一个简化的组织样本处理的流程:第一步是准确及时地切除感兴趣的组织或器官。第二步,对组织进行清洁、称重、匀质和处理以进行分析物分析。推荐使用冷生理盐水(无菌0.9%氯化钠)进行清洗,最后器官或组织用不起毛的毛巾吸干。关于组织样品前处理的详细说明见参考文献[4,33]。

匀质过程是组织预处理的重要组成部分,为了分析目标分析物需要破坏组织结构并使其均匀化。最常用的匀质方法是手工、物理或机械方法。机械方法包括研磨、剪切、切割或切碎、打珠、混合和超声处理。软组织可以通过超声均匀化,甚至可以简单地振荡。硬组织通过液氮来快速冷冻,萃取分析前在缓冲液中培养或酶解[33]。在机械均质过程中,由于摩擦热的存在,组织样品在冰或液氮中保持冷却通常是很好的。此外,在液氮或干冰中快速冷冻会使组织变脆形成细粉末。经过预处理后组织样品一般在 −80℃或 −20℃下储存[4]。

1.5.9 一些常见或特殊的预处理程序

1.5.9.1 稀释

在仪器分析之前,稀释是样品预处理方法之一。这一处理过程不能去除污染物和不需要的分析物。稀释取决于所选稀释溶剂及其组分,一般在色谱分析之前选择流动相作为稀释剂。此外,可以使用自动技术,如96孔板和自动进样器[6]。

1.5.9.2 离心和过滤

为了消除生物样品基质效应,离心和过滤是两种常用的方法。脱蛋白是血液、血清、血浆和尿液去除蛋白质的重要步骤。离心和过滤也是清除尿液中结石、细胞成分或蛋白质等物质的常用步骤[7]。在某些情况下，真空装置可以加速预处理的效率。根据所用过滤器的孔径大小，采用超滤、微滤和纳滤对样品进行净化。常规过滤是在 0.45 μm 纤维素膜上进行的。研究发现，0.22 μm 的过滤在防止细菌生长方面优于离心或添加叠氮钠。对于血液的采集，建议在采血后立即轻微离心（1 000 ~ 3 000 r/min 5 min）以去除细胞成分[7]。近年来，一些小型化和自动化的方法如注射器过滤器、96 孔板过滤器等得到了广泛应用。

过滤是通过施加压力或离心来实现的，而超滤是一种只允许一定相对分子质量的分子通过的方法。通常使用相对分子质量截止值为 3 kDa、10 kDa 和 30 kDa 的过滤器[7]。微透析取样是一种众所周知的直接取样方法，已应用于药代动力学研究[6]。

1.5.9.3 内标

由于从生物材料中萃取分析物具有挑战性，因此建议使用内标（internal standard，IS）来校正萃取过程。添加 IS 可消除体积的变化，并将共洗脱化合物（例如质谱分析中表面活性剂可导致电离抑制）引起的离子抑制 / 增强效应降至最低。根据目前有关生物应用的知识，IS 不应使用在生物流体中可能存在的物质。内标物质最好是与分析物结构相似且不存在于生物基质中的物质。

1.5.9.4 皂化

对于红细胞和母乳中的一些亲脂性分析物，如维生素，经常进行皂化处理[34]。这种方法通常是紧随蛋白质沉淀后，用于去除中性脂质。2 mol/L 或 10 mol/L 氢氧化钾足以实现完全皂化[34]，整个过程通常在 60 ~ 80 ℃ 的温度下需要约 30 min。

1.5.9.5 细胞溶解

从生物样品中释放分析物通常需要对细胞进行溶解。通常通过使用酶、清洁剂、热或机械力进行溶解[35]。此外，超声波也是细胞溶解的理想方法。由于水中的空化效应，超声波可以导致细胞破裂从而将细胞破碎[35]。

1.5.9.6 酶水解

生物样品中的一些分析物仅以共轭化合物的形式存在,例如,类固醇激素作为内源性化合物,在尿液中以葡萄糖醛酸盐、硫酸盐、二葡萄糖醛酸盐、二硫化物和硫葡萄糖醛酸盐化合物的形式存在;另一个例子是防晒霜,作为外源性化合物,在尿液中以葡萄糖醛酸盐和硫葡萄糖醛酸盐或者硫酸盐衍生物的形式存在[7]。所以,为了提高分析物的溶解性,需要添加一些生物催化剂,如 β-葡萄糖醛酸酶和/或硫酸酯酶来进行酶水解[9]。酶水解过程需要的时间不等,从几小时到一夜。另一种增强酶水解的方法是借助超声波,这种方法可以提高酶的底物和活性部位之间的反应速率[7]。

参考文献

[1] J.Namienik.Trace analysis – challenges and problems [J].Crit.Rev. Anal.Chem.,2002,32:271–300.

[2] I.Kohler, J.Schappler, S.Rudaz.Microextraction techniques combined with capillary electrophoresis in bioanalysis [J].Anal.Bioanal. Chem.,2013,405:125–141.

[3] 江桂斌.环境样品前处理技术 [M].第二版.北京:化学工业出版社,2016.

[4] Y.J.Xue, H.Gao, Q.C.Ji, et al.Bioanalysis of drug in tissue: current status and challenges[J].Bioanalysis,2012,4:2637–2653.

[5] A.García, J.Godzien, Á.López-Gonzálvez, et al. Capillary electrophoresis mass spectrometry as a tool for untargeted metabolomics[J]. Bioanalysis,2017, 9:99–130.

[6] S.Soltani, A.Jouyban.Biological sample preparation: attempts on productivity increasing in bioanalysis[J].Bioanalysis,2014,6:1691–1710.

[7] M.A.Fernández-Peralbo, M.D.Luque de Castro.Preparation of urine samples prior to targeted or untargeted metabolomics mass-spectrometry analysis[J].TrAC Trend.Anal.Chem.,2012,41:75–85.

[8] J.R.Delanghe, M.M.Speeckaert.Preanalytics in urinalysis[J].Clin. Biochem.,2016,49:1346–1350.

[9] C.Ialongo.Preanalytic of total antioxidant capacity assays performed in serum, plasma, urine and saliva[J].Clin.Biochem.,2016,50: 356–363.

[10] T.B.Rosenthal.The effect of temperature on the pH of the blood and plasma in vitro[J], J.Biol.Chem.,1948,173: 25–30.

[11] I.Kohler, D.Guillarme.Multi–target screening of biological samples using LC–MS/MS: focus on chromatographic innovations[J].Bioanalysis, 2014,6: 1255–1273.

[12] N.Kummer, W.E.Lambert, N.Samyn, et al. Alternative sampling strategies for the assessment of alcohol intake of living persons[J].Clin. Biochem.,2016,49: 1078–1091.

[13] Z.Yu, G.Kastenmuller, Y.He, et al. Differences between human plasma and serum metabolite profiles[J].PLoS One, 2011,6: e21230.

[14] M.J.Evans, J.H.Livesey, M.J.Ellis, et al. Effect of anticoagulants and storage temperatures on stability of plasma and serum hormones[J].Clin. Biochem.,2001,34: 107–112.

[15] H.A.Krebs.Chemical composition of blood plasma and serum[J]. Annu.Rev.Biochem.,1950,19: 409–430.

[16] L.Liu, J.Aa, G.Wang, et al. Differences in metabolite profile between blood plasma and serum[J].Anal.Biochem.,2014,06: 105–112.

[17] E.Cao, Y.Chen, Z.Cui, et al. Effect of freezing and thawing rates on denaturation of proteins in aqueous solutions[J].Biotechnol.Bioeng., 2003,82: 684–690.

[18] T.Baciu, F.Borrull, C.Aguilar, et al. Recent trends in analytical methods and separation techniques for drugs of abuse in hair[J].Anal.Chim. Acta.,2015,856: 1–26.

[19] K.Inoue, K.Harada, K.Takenaka, et al. Levels and concentration ratios of polychlorinated biphenyls and polybrominated diphenyl ethers in serum and breast milk in Japanese mothers[J].Environ.Health Persp.,2006, 114: 1179–1185.

[20] Y.Sun, M.Irie, N.Kishikawa, et al. Determination of bisphenol A in human breast milk by HPLC with column–switching and fluorescence detection[J].Biomed.Chromatogr.,2004,18: 501–507.

[21] L.Brixen–Rasmussen, J.Halgrener, A.Jørgensen.Amitriptyline and nortriptyline excretion in human breast milk[J].Psychopharmacology,1982, 76: 94–95.

[22] R.Shimoyama, T.Ohkubo, K.Sugawara.Monitoring of zonisamide in human breast milk and maternal plasma by solid-phase extraction HPLC method[J].Biomed.Chromatogr.,1999,13: 370–372.

[23]A.A.Jensen.Chemical contaminants in human milk[M].In: F.A.Gunther, J.D.Gunther (eds) Residue Reviews.vol 89, Springer, New York, NY, 1983.

[24] L.A.S.Nunes, D.V.de Macedo.Saliva as a diagnostic fluid in sports medicine: potential and limitations[J], J.Bras.Patol.Med.Lab,2013,49: 247–255.

[25] S.P.Humphrey, R.T.Williamson. A review of saliva: Normal composition, flow, and function[J].J.Prosthet.Dent.,2001,85: 162–169.

[26] M.Groschl.Current status of salivary hormone analysis[J].Clin. Chem.,2008,54: 1759–1769.

[27] N.De Giovanni, N.Fucci.The current status of sweat testing for drugs of abuse: a review[J].Curr.Med.Chem.,2013,20: 545–561.

[28] S.H.Mathes, H.Ruffner, U.Graf-Hausner.The use of skin models in drug development[J].Adv.Drug Deliv.Rev.,2014,69–70: 81–102.

[29] R.Fogerson, D.Schoendorfer, J.Fay, et al. Qualitative detection of opiates in sweat by EIA and GC-MS[J]. J.Anal.Toxicol.,1997,21: 451–458.

[30] D.E.Moody, M.L.Cheever.Evaluation of lmmunoassays for semiquantitative detection of cocaine and metabolites or heroin and metabolites in extracts of sweat patches[J].J.Anal.Toxicol.,1997,25: 190–197.

[31] D.E.Moody, A.C.Spanbauer, J.L.Taccogno, et al. Comparative analysis of sweat patches for cocaine (and metabolites) by radioimmunoassay and gas chromatography-positive ion chemical ionization-mass spectrometry[J].J.Anal.Toxicol.,2004,28: 86–93.

[32] J.Y.Wan, P.Liu, H.Y.Wang, et al. Biotransformation and metabolic profile of American ginseng saponins with human intestinal microflora by liquid chromatography quadrupole time-of-flight mass spectrometry[J].J.Chromatogr.A,2013,1286: 83–92.

[33] K.M Smith, Y.Xu.Tissue sample preparation in bioanalytical assays[J].Bioanalysis,2012,4: 741–749.

[34] B.Cervinkova, L.K.Krcmova, D.Solichova, et al. Recent advances in the determination of tocopherols in biological fluids: from sample pretreatment and liquid chromatography to clinical studies[J].Anal.Bioanal.

Chem.,2016,408：2407-2424.

[35] Á.Ríos，ángel，M.Zougagh，M. Sample preparation for micro total analytical systems（μ-TASs）[J].TrAC Trend.Anal.Chem.,2013,43：174-188.

第 2 章　固相萃取方法

通常，一个完整的样品分析包括均质或取样、萃取及预浓缩、净化和分析等步骤。样品萃取的目的通常是：（1）使用较小的样品尺寸；（2）减少或消除有机溶剂；（3）多类化合物的通用萃取程序；（4）将几个操作步骤整合为一个步骤（例如，应用被动采样器同时进行取样、萃取和浓缩液体、半固体和固体样品中污染物的含量）；（5）能够自动化和 / 或高通量测定。萃取方法的选择很大程度上取决于基质，即液体、固体或半固体样品需要不同的方法。

样品预处理和萃取是化学分析的重要组成部分，在某种意义上已成为整个分析过程的瓶颈。尽管一些传统的萃取方法仍然是最广泛使用的浓缩技术，例如，固相萃取（Solid Phase Extraction, SPE）和液液萃取（Liquid Liquid Extraction, LLE），但是它们的萃取溶液或者洗脱液中通常含有大量的基质成分，可能与分析物共洗脱并干扰定量分析，所以目前人们更倾向于用较少的溶剂和样品量以及省时、省力的前处理方法，这样可以减少潜在误差和缩短分析时间。因此，一些新型的样品前处理方法，如固相微萃取（Solid Phase Microextraction, SPME）、搅拌棒吸附萃取（Stir Bar Sorptive Extraction, SBSE）、基质固相分散（Matrix Solid Phase Dispersion, MSPD）、中空纤维（Hollow Fiber, HF）萃取、超临界流体萃取（Supercritical Fluid Extraction, SFE）、压力流体萃取（Pressurized Liquid Extraction, PLE）、浊点萃取（Cloud Point Extraction, CPE）和分散液 – 液微萃取（Dispersive Liquid–liquid Microextraction, DLLME）应运而生。本章主要介绍固相萃取方法及各种新型固相萃取剂。

2.1　SPE

固相萃取法是一种经典的生物样品萃取方法。在 20 世纪 70 年代中期首次采用固相萃取制备样品。SPE 是分析科学中广泛应用的一种技术,用于分析物的预浓缩和样品的净化。作为一种典型的样品制备方法,SPE 仍在应用和发展,包括离线和在线固相萃取法。它可以通过手动、半自动或自动方式实现。在自动情况下,可以实现与仪器(色谱或毛细管电泳)的固相萃取联机模式。与 LLE 相比,SPE 中有机溶剂用量少,萃取过程中乳液形成消失。然而,SPE 涉及实验室大量的准备程序。此外,洗脱溶剂必须通过蒸发浓缩,例如氮气吹扫。为了克服这些问题,近年来发展了固相微萃取新方法,如 SPME、SBSE、自旋柱萃取(Spin Column Extraction, SCE)、MSPD 等,并得到了广泛的应用。

2.2　SPME

固相微萃取首先由 Pawleszyn 及其同事提出,当时被称为一种无溶剂样品前处理方法 [1]。与 SPE 一样,SPME 的机理依赖于分析物从样品基质扩散到固体吸附剂。Pawleszyn 及其同事总结了与固相微萃取相关的概念、技术和装置 [2]。Supelco 于 1993 年推出了第一个商用版的实验室 SPME 设备 [2]。直到现在,已开发出纤维 SPME、管内 SPME、体内 SPME、枪头纤维 SPME、96 孔板线 SPME 和 96 孔板片 SPME 等各种方法。一些新的 SPME 技术,如填充吸附剂微萃取(Microextraction by Packed Sorbent, MEPS)和高效移液萃取(Disposable Pipette Tips Extraction, DPX)最近应用也非常广泛 [3]。SPME 作为一种将采样、分离和浓缩结合为一步的方法,目前也常常与 GC 或 LC 结合来实现在线样品前处理。

商用 SPME 纤维主要包括聚二甲基硅氧烷(Polydimethylsiloxane, PDMS)、聚丙烯酸酯(Polyacrylate, PA)、石蜡/二乙烯基苯(Carbowax/Divinylbenzene, CW/DVB)、聚二甲基硅氧烷/二乙烯基苯(Polydimethylsiloxane/Divinylbenzene, PDMS/DVB)、聚二甲基硅氧烷/羧基(Polydimethylsiloxane/Carboxen, PDMS/CAR)、石蜡/模板树脂(Carbowax/Template Resins, CW/TPR)、二乙烯基苯/羧基/聚二甲基硅氧烷(Divinylbenzene/Carboxen/Polydimethylsiloxane, DVB/CAR/PDMS)。然而,由于聚二甲基硅氧烷的分布系数低、选择性差,一些新的纳米材料或改性纳米材料如碳纳米管、石墨烯和氧化石墨烯、分子印迹聚合物、金属纳米粒子等越来越多地占据了聚二甲基硅氧烷的市场。关于各种新型的纳米材料将在本章的后面内容中详细介绍。

2.3　SBSE

搅拌棒吸附萃取由 Sandra 及其同事于 1999 年 [4] 开发,此方法基于 SPME 等吸附萃取技术。在 SBSE 中,吸附剂被涂在磁力搅拌棒上,液体样品用磁力搅拌棒搅拌。萃取完成后,取出搅拌棒并用软布或者纸擦干。分析物经热解吸或者液相解吸后再用气相色谱或者高效液相色谱分析。最常用的搅拌棒是 PDMS 搅拌棒。由于 PDMS 属于非极性吸附剂,所以 SBSE 不能萃取强极性和弱极性化合物。为了克服这一限制,一些研究小组也研究了一些其他的搅拌棒:使用双相搅拌棒、高极性涂层材料、MIPs 和单片材料 [3]。

2.4　SCE

2008 年, Namera 及其同事首次将 SCE 作为样品前处理方法用于尿液中安非他明的萃取 [5,6]。在 SCE 中,整体硅片被装入旋转柱中。所有的程序,包括样品装载,洗涤和分析物洗脱,只需要将整个旋转柱放入离心机中离心。该方法具有操作简单、洗脱液体积用量低、无需溶剂蒸发等优点。此外,该方法的最大优点是可以同时处理许多样品,非常适合批量生物样品。

2.5　MSPD

基质固相分散是一种独特的样品前处理方法,可直接用于半固态和固态样品。MSPD 作为同时进行样品破碎、样品清洗和分析物萃取的过程,仅需将少量样品基质与适当的吸附剂机械混合,然后用少量溶剂清洗和洗脱化合物,见图 2-1[7]。目前, MSPD 方法常用的固体吸附剂有 C_{18}、C_8、硅胶、砂、石墨纤维、Florisil、氧化铝、纳米材料等 [8,9]。

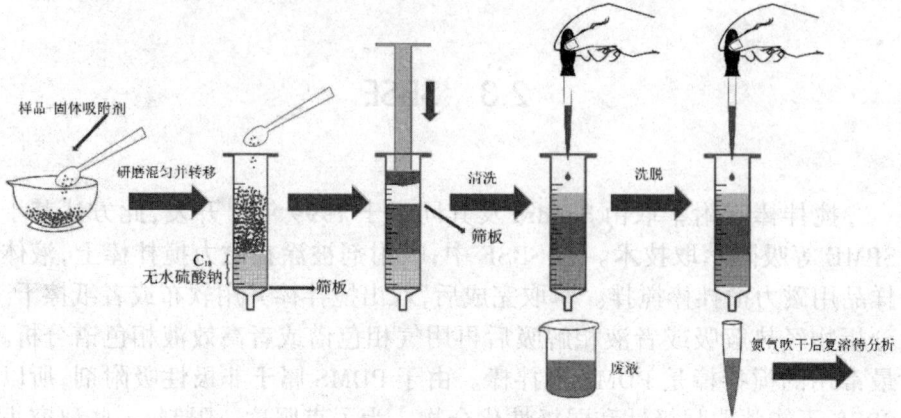

图 2-1　基质固相分散示意图

2.6　新型固相吸附剂研究概况

在过去的几十年中,基于固相萃取方法逐渐取代了传统的液液萃取并在样品前处理和化学分析中发挥了关键作用,同时也在环境、食品和生物分析中发挥了关键作用[10-12]。传统的固体吸附材料有 C_8、C_{18}、亲水亲油平衡(Hydrophilic-Lipophilic Balance, HLB)、混合模式 / 阳离子交换(Mixed-Mode/Cationic-Exchange, MCX)、混合模式 / 阴离子交换(Mixed-Mode/Anion-Exchange, MAX)和弱阴离子交换(Weak Anion-Exchange, WAX)等[13]。近年来,许多新的固相吸附剂如分子印迹聚合物(Molecularly Imprinted Polymers, MIPs)[14]、磁性纳米材料[15]和碳纳米颗粒[16]等应用于样品前处理中。此外,尽管一些高效的分析技术(包括高效液相色谱 – 质谱 / 质谱、气相色谱 – 质谱 / 质谱等)也在改善复杂基质中分析物的检出限,但随着样品前处理领域的快速发展,诸如尽量减少样品体积或样品质量、提高萃取的选择性、仪器自动化、尽量减少玻璃器皿和有机溶剂的用量等要求日益提高。因此,发展了很多新型样品前处理方法,如 SPME、SBSE 和 MSPD。这些方法与 SPE 一起加速了新固相吸附剂的快速发展。例如,Lucena 等人概述了纳米材料(主要包括碳纳米颗粒、金属纳米颗粒、二氧化硅基纳米颗粒和印迹纳米颗粒)在 SPE 和 SPME 中的应用[16]。Turiel 和 Martín-Esteban 回顾了 MIPs 在 SPE、SPME、MSPD 和 SBSE 中的应用[17,18]。Augusto 等人概述了一些新型吸附剂的研究进展,例如,用于 SPME 纤维制备的碳纳米管(Carbon

Nanotubes，CNT）、MIPs 和溶胶－凝胶涂层以及相关技术，而且还介绍了新型吸附剂用于萃取和微萃取技术的进展[19]。Tankiwicz 等人介绍了一些固相吸附剂在 SPE、SPME 和 SBSE 中的应用[20]。Mehdinia、Spietelun 和 Yang 综述了 SPME 技术的发展，其中涉及到一些用于 SPME 的新材料[21-23]。Namera 等人综述了一些用于生物分析的固相萃取和固相微萃取的新方法[24]。

上述新型萃取方法基础研究的发展与新型吸附剂的开发分不开。材料科学、纳米技术、高分子合成、分析化学等多学科的交叉研究已成为新的吸附材料研究的热点。固相吸附剂的开发通常是为了实现以下目标：高选择性、良好的吸附/解吸附能力、热稳定性、化学稳定性或机械稳定性以及提高设备的使用寿命[19]。因此，下面主要介绍目前发展的新型的吸附材料的特点和在环境、生物、食品及医药样品萃取中的应用，特别是用在色谱分析前的 SPE、SPME、MSPD 和 SBSE 萃取方法中。

Alberti 等人对传统的固相吸附剂，如二氧化硅纳米颗粒、C_8、C_{18}、聚（苯乙烯－二乙烯基苯）[poly（styrene–divinylbenzene），PS–DVB]、甲基丙烯酸酯 DVB 树脂、大孔聚（N–乙烯基吡咯烷酮–DVB）聚合物以及一些常用的混合模式离子交换吸附剂（包括 MCX、MAX 和 WAX）进行了详细的评述[13]。下面就新型固相吸附剂 MIPs、碳纳米材料、金属纳米颗粒和金属有机骨架进行简要介绍。

2.6.1 MIPs

近年来，MIPs 在分析化学的许多领域都有广泛应用。MIPs 是一种合成材料，具有人工生成的识别位点，能够比其他密切相关的化合物更精确地重新结合目标分子。功能单体和交联剂在模板（印迹分子）存在下在合适的溶剂中进行共聚，得到高度交联的三维网络聚合物。选择单体时考虑到它们与模板分子的官能团相互作用的能力。随后去除印迹分子留下的空腔的尺寸、形状和化学功能与模板的尺寸、形状和化学功能互补。MIPs 的高选择性使其成为用于 SPE、SPME、MSPD 和 SBSE 的最佳吸附剂。近年来，Chen 等对分子印迹技术的现状进行了综述，重点介绍了新型印迹方法的重大进展、分子印迹技术的一些挑战和有效策略，并重点介绍了 MIPs 的应用[14]。

MIPs 的形成机理包括自由基聚合和溶胶－凝胶过程。自由基聚合是近年来广泛应用的聚合方法，包括本体聚合、悬浮聚合、乳液聚合、种子聚合和沉淀聚合。在聚合过程中，目标分子的类型、单体和交联剂有着重要的作用。首先,理想模板分子在聚合过程中起着关键作用。目前,激素类药物、三嗪类农药和双酚 A(bisphenol A,BPA)是 MIPs 聚合最受关注的模板分子。单体的作用是通过共价或非共价相互作用提供能与模板形成配合物的官能团。对于分子印迹,甲基丙烯酸(methacrylic acid,MAA)、丙烯酸(acrylic acid,AA)、2- 或 4- 乙烯基吡啶(2- or 4-vinylpyridine,2- 或 4-VP)、丙烯酰胺、三氟甲基丙烯酸和 2- 羟乙基甲基丙烯酸(2-hydroxyethyl methacrylate,HEMA)是常用的单体。交联剂的作用是在印迹分子周围固定单体的官能团,从而形成高度交联的刚性聚合物。常用的交联剂有乙二醇二甲基丙烯酸酯(ethylene glycol dimethacrylate,EGDMA)、三羟甲基丙烷三丙烯酸酯(trimethylolpropane trimethacrylate,TRIM)、$N,N-$ 亚甲基双丙烯酰胺(N,N-methylenebisacrylamide,MBAA)、二乙烯苯(divinylbenzene,DVB)等[14]。

2.6.2 碳纳米材料

自 1985 年富勒烯 C_{60} 被发现[16] 以来,碳纳米材料技术已成为 SPE 萃取技术最重要的发展趋势之一。碳以多种同素异形体存在,例如,富勒烯、碳纳米管,包括单壁碳纳米管(single-wall carbon nanotubes,SWCNT)和多壁碳纳米管(multi-wall carbon nanotubes,MWCNT)、碳纳米锥、碳纳米角、碳纳米纤维、碳纳米管环、氧化石墨烯(craphene oxide,GO)和石墨烯(graphene,G)以及钻石[26-30]。然而,迄今为止,从分析的角度来看,应用主要集中在富勒烯、碳纳米管和 GO/G 的使用上。

2.6.2.1 富勒烯

富勒烯是一种多面体纳米结构,其中碳以五到六元环的形式结合在一起[16]。尽管它们极不溶于水和有机介质,但它们较低的聚集倾向有助于在基于连续流动装置的小型化 SPE 程序中用作吸附剂。Gallego 等人首先制作了一个连续流动系统,在 C_{60} 富勒烯微型柱上吸附微量金属[31]。Serrano 和 Gallego 比较了 C_{60} 富勒烯、Tenax TA(基于 2,6- 二苯氧化物的多孔聚合物树脂)和反向 C_{18} 作为 SPE 吸附剂从水样中萃取苯、甲苯、乙苯和二甲苯异构体的区别[32]。结果表明,C_{60} 富勒烯在灵敏度、精密度、选择性和重复使用性等方面是最佳的吸附剂。Jurado-Sánchez 等人将富勒烯作为固相吸附剂用于芳香族和非芳香族 $N-$ 亚硝胺的预浓缩[33]。

2.6.2.2 碳纳米管

碳纳米管可以被视为卷成一个小管子的石墨板。CNT 的直径通常在十分之几到数十纳米之间,长度可达数厘米[34]。由于碳纳米管具有较大的吸附比表面积和高的亲和力,所以被认为是优良的固相吸附剂材料[16]。CNT 基本上有两种类型:MWCNT 和 SWCNT[34]。它们都具有良好的固相吸附剂吸附性能。碳纳米管的首次应用是用于固相萃取的多壁碳纳米管,成功地从环境水样中高效富集了双酚 A、4-*N*- 壬基酚和 4- 叔辛基酚[35]。另外还有几篇关于 CNT 作为固相吸附剂在 SPE、SPME 等领域应用的综述[13、16、34]。

2.6.2.3 碳纳米锥和碳纳米纤维

由于其独特的物理化学和机械性能以及大的化学活性比表面积,碳纳米锥和碳纳米纤维在现代分离科学中也作为吸附材料和准固定相迅速发展。张等对这两种碳纳米材料进行了详细的描述和讨论[36]。

碳纳米锥是在 1994 年首次在石墨基体上通过碳原子蒸气冷凝法合成的[37],1997 年又确定了第五种同素异形体[38]。每种碳纳米材料的不同构象,包括圆盘(无五边形)、五种类型的锥体(一到五个五边形)和开管(六个五边形)[27]。

碳纳米纤维是一种固体碳纤维,其长度约为几微米,直径小于 100 nm,据报道比表面积高达 1 877 m^2/g,是迄今为止报道的比表面积最大的纳米结构材料之一[40]。

2.6.2.4 石墨烯／氧化石墨烯

石墨烯是由碳原子构成的单层二维原子尺寸细蜂窝状晶格,在盖姆等人于 2004 年发现不久后就引起了科学界极大的兴趣[41]。近年来,由于其优异的电子、机械、光学和热性能,它引起了人们的极大兴趣[42],使其成为继富勒烯和 CNT 之后最有前途的碳基纳米材料。石墨烯的理论表面积高达 2 700 m^2/g[43]。它具有碳纳米管的大部分优点。此外,它是由石墨制备的,没有任何残留的异质材料[29]。因此,石墨烯是目前流行的固相吸附剂替代品。

与石墨烯一样,氧化石墨烯是一种二维碳基材料的单层结构,在其基面和边缘平面中含有多官能团,如羧基、环氧基、酮基和羟基[44]。氧化石墨烯具有良好的水分分散性、较高的机械强度和多种表面改性,是目前制备样品常用的固相吸附剂替代品。

2.6.3 金属纳米粒子

金属纳米粒子是一个涉及多种无机纳米粒子的名词,具有比表面积大、吸附能力强、低温改性等独特的性质。目前,固相吸附剂报道的金属纳米材料包括 Fe_3O_4、TiO_2、Al_2O_3、ZrO_2、MnO、CeO_2 等,并用功能涂层进行了改性[45-52]。在金属纳米粒子中,磁性纳米粒子(Magnetic Nanoparticles,MNPs)对萃取和富集大量的目标分析物特别有用,因为它们能够提供大的比表面积、易于表面改性和强磁性。磁性纳米材料的萃取通常是基于疏水作用、静电吸引和 / 或共价键形成。Fe_3O_4 纳米材料是一种广泛使用的材料,它具有很强的磁性,因此在没有额外离心和过滤的情况下,很容易通过外部磁场从样品溶液中分离出来。

2.6.4 金属 – 有机框架

金属 – 有机骨架(Metal-Organic Frameworks,MOFs)是一类新型的混合无机 – 有机微孔晶体材料,通过配位键由金属离子与有机连接体直接自组装而成[53]。这些材料的表面积大,从 1 000 到 10 400 m^2/g 不等,极性和孔径可调,热稳定性高[54-56]。因此,MOFs 材料在分析应用中引起了特别关注。在过去的几年中,MOFs 作为一种新型的多孔混合材料在气体储存和分离领域显示出巨大的应用潜力[57]。此外,MOFs 具有多种拓扑结构、多孔网络、表面积大、纳米多孔性、可调孔径、孔内功能和外表面改性等优点,在催化[58]、分离[57,59]、气体储存[60]和药物输送[61]等领域具有应用前景。

2.7 色谱分析前样品前处理用固相吸附剂

2.7.1 MIPs 作为固相吸附剂

2.7.1.1 分子印迹固相萃取

固相萃取技术于 20 世纪 70 年代中期首次提出,作为一种经典的样品前处理方法,固相萃取技术仍在应用和发展,包括离线和在线固相萃取。然而,传统的 SPE 吸附剂(如 C$_{18}$、离子交换和尺寸排阻相)的主要缺点是缺乏选择性,导致基体干扰成分与目标分析物共萃取。MIPs 作为一种具有复合选择性或群体选择性的介质已引起人们的广泛关注,而 MIPs 作为固相萃取剂是最重要的应用领域。Chen 等人综述了 MIPs 作为固相萃取吸附剂在高效液相色谱(High Performance Liquid Chromatography,HPLC)、气相色谱(Gas Chromatography,GC)和毛细管电泳(Capillary Electrophoresis,CE)分析前的应用[14]。分子印迹固相萃取已应用于离线和在线模式。

1)离线分子印迹固相萃取

分子印迹固相萃取模式的使用是将 MIPs 装入 SPE 小柱,后续操作过程与其他 SPE 吸附剂非常相似,包括预处理、样品加载、清洗和洗脱步骤。

传统 MIPs:表 2-1 总结了 MIPs 作为固相吸附剂在环境、生物和食品样品中萃取目标分析物的应用实例[62-89]。从表中可以看出,近年来,MISPE 在 HPLC 分析前的应用比在 GC 或 CE 前的应用要多。除了表 2-1 中提到的应用之外,还有一些其他新型的 SPE 应用。例如,Peng 等人使用 MIPs 涂层二氧化硅纳米颗粒作为分散 SPE 的吸附剂,从土壤和作物样品中萃取微量磺酰脲类除草剂[90]。吸附和解吸时间分别为 30 min 和 20 min,并将其作为吸附剂与市售 C$_{18}$ 进行了比较。高效液相色谱测定结果表明,MIPs 的结合能力明显高于市售 C$_{18}$。所建立的分散分子印迹固相萃取 – 高效液相色谱法对土壤、水稻、大豆和玉米样品中磺酰脲类除草剂的测定具有很高的选择性和灵敏度。Ebrahimzadeh 等人将分散分子印迹固相萃取与 DLLME 相结合,用气相色谱 – 火焰离子化检测器(Gas Chromatography–Flame Ionization Detector,GC–FID)对废水样品中的一硝基甲苯进行萃取富集和测定,其中 3- 硝基甲苯、MAA 和 EGDMA 分别为模板、功能单体和交联剂[91]。尽管分散固相萃取的时间有点长(约 13 h),但在最佳条件下,两个萃取方法联用的富集因子约为 2 800。Lee 等人使用商用 MIPs 和聚丙烯平板膜制造 MIPs 微型 SPE(Mi-μSPE)装置[92]。在 Mi-μSPE-HPLC- 荧光检测器(Fluorescence Detector,FLD)法的最佳条件下,对烘焙咖啡样品中赭曲霉素 A 进行了选择性萃取和测定。此外,现在 MIPs 是商业材料,可以从不同的试剂公司购买,而且可以从这些公司购买 MISPE 试剂盒[93-95]。

表2-1　MIPs-SPE技术的应用

模板分子	分析物	样品基质	单体/交联剂	MIP合成方法	分析技术	检出限（ng/mL）	参考文献
噻苯咪唑	噻苯咪唑	水果	甲基丙烯酸/乙二醇二甲基丙烯酸酯	修饰于多孔聚乙烯球上	高效液相色谱-荧光检测器	16 a)	[62]
槲皮素	槲皮素及类似物	洋葱	4-乙烯基吡啶/乙二醇二甲基丙烯酸酯	本体聚合	高效液相色谱-紫外检测器	—	[63]
溴苯环己铵	溴苯环己铵	人血清和尿液	甲基丙烯酸/乙二醇二甲基丙烯酸酯	本体聚合	高效液相色谱-紫外检测器	0.1，0.3	[64]
土霉素和氯四环素	四环素类药物	龙虾、牛奶、蜂蜜	甲基丙烯酸/三羟甲基丙烷三甲基丙烯酸酯	沉淀聚合	高效液相色谱-紫外检测器	—	[65]
芦丁	芦丁	荛香叶	丙烯酸和2-乙烯基吡啶/乙二醇二甲基丙烯酸酯和二乙烯苯	本体聚合	高效液相色谱-紫外检测器	6.7	[66]
槲皮素	儿茶酚	红茶、白茶、绿茶、黑茶	4-乙烯基吡啶/乙二醇二甲基丙烯酸酯	本体聚合	高效液相色谱-紫外检测器	—	[67]
槲皮素	芦丁和槲皮素	侧柏叶	丙烯酸/乙二醇二甲基丙烯酸酯	本体聚合	高效液相色谱-紫外检测器	—	[68]
胺碘达隆	胺碘达隆	血清	4-乙烯基吡啶/乙二醇二甲基丙烯酸酯	本体聚合	高效液相色谱-紫外检测器	20	[69]
异丙甲草胺	氯乙酰胺除草剂	食品样品	甲基丙烯酸/乙二醇二甲基丙烯酸酯	悬浮聚合	液质联用	0.1～0.5 a)	[70]

续表

模板分子	分析物	样品基质	单体/交联剂	MIP 合成方法	分析技术	检出限 (ng/mL)	参考文献
单端孢霉烯 -2	单端孢霉烯	玉米、大麦、燕麦	甲基丙烯酸/乙二醇二甲基丙烯酸酯	自由基聚合	液质联用	0.3 ~ 2.3 a)	[71]
盐酸土霉素	盐酸土霉素残留	牛奶	甲基丙烯酸/四乙氧基硅烷	溶胶凝胶技术	高效液相色谱 - 紫外检测器	4.8 ~ 12.7 a)	[72]
西酞普兰	西酞普兰	人血清、尿液	甲基丙烯酸/乙二醇二甲基丙烯酸酯	本体聚合	高效液相色谱 - 紫外检测器	0.4	[73]
咪唑	咪唑	水样	甲基丙烯酸/乙二醇二甲基丙烯酸酯	修饰干硅球表面	高效液相色谱 - 紫外检测器	—	[74]
3- 甲基黄酮 -8- 甲酸	3- 甲基黄酮 -8- 甲酸	人尿	甲基丙烯酸/乙二醇二甲基丙烯酸酯	本体聚合	亲和色谱 - 紫外检测器	—	[75]
双酚 A	双酚 A	水样	APTES/四乙氧基硅烷	修饰干硅球表面	高效液相色谱 - 紫外检测器	2	[76]
没食子酸丙酯	抗坏血活性成分	丹参	4- 乙烯基吡啶/乙二醇二甲基丙烯酸酯	本体聚合	液质联用	—	[77]
苏丹 I	苏丹 I	辣椒酱	甲基丙烯酸/二乙烯苯	多步种子膨胀聚合	高效液相色谱 - 紫外检测器	3.3, 5.0 a)	[78]
莠去津	莠去津	生菜、玉米	甲基丙烯酸/乙二醇二甲基丙烯酸酯	沉淀聚合	高效液相色谱 - 紫外检测器	—	[79]
莠去津	三嗪类除草剂	土壤	甲基丙烯酸/二乙烯苯	两步膨胀聚合	高效液相色谱 - 紫外检测器	2.8 ~ 9.6	[80]

续表

模板分子	分析物	样品基质	单体/交联剂	MIP合成方法	分析技术	检出限（ng/mL）	参考文献
溴氰菊酯或氯氰菊酯	除虫菊酯类杀虫剂	海水	甲基丙烯酸/乙二醇二甲基丙烯酸酯	本体聚合	气相色谱-电子捕获检测器	0.017～0.68	[81]
甲胺磷	甲胺磷	地表水、土壤	甲基丙烯酸/乙二醇二甲基丙烯酸酯	本体聚合	气相色谱-氮磷检测器	3.8[a)]，0.010，0.013	[82]
16种多环芳烃	16种多环芳烃	海水	苯基三甲氧基硅烷/四乙氧基硅烷	修饰于硅球表面	气质联用	0.052～0.126	[83]
双酚AF	双酚A	水样	4-乙烯基吡啶/三羟甲基丙烷三丙烯酸酯	本体聚合	气质联用	10^{-5}	[84]
苯二甲酸二异壬酯	邻苯二甲酸酯类	塑料瓶装饮料	丙烯酰胺/二乙烯苯	沉淀聚合	气相色谱-氢火焰检测器	0.85～1.38	[85]
多环芳烃	多环芳烃	飞灰	4-乙烯基吡啶/乙二醇二甲基丙烯酸酯	本体聚合	气质联用	1.5×10^{-4}	[86]
多溴联苯	多溴联苯	水样、鱼	γ-巯丙基三甲氧基硅烷/四甲氧基硅烷	修饰于硅球表面	气相色谱-电子捕获检测器	0.002～0.008	[87]
双酚A	双酚A	—	甲基丙烯酸/乙二醇二甲基丙烯酸酯	本体聚合	毛细管电泳-紫外检测器	100	[88]
双酚A	内源性雌激素	自来水、废水、河水、虾池水	4-乙烯基吡啶/三羟甲基丙烷三丙烯酸酯	沉淀聚合	毛细管电泳-紫外检测器	1.8～84	[89]

　　新型 MIPs：近年来，磁性固相萃取是一种基于磁性吸附剂的固相萃取方法。然而将 MIPs 修饰到磁性纳米颗粒上推进了 MIPs 的发展。Hiratsuka 等人[96] 和 Lin 等人[97] 采用磁性 MIPs 作为固相吸附剂测定水样中雌激素。由于多壁碳纳米管具有独特的力学性能和超大的表面积，是一种很好的支撑材料。Zhang 等以碳纳米管为支撑材料，采用表面印迹技术在碳纳米管表面合成红霉素 MIPs[98]。在优化条件下，利用 MWCNTs-MIPs 从乙醇和鸡肉中纯化和富集红霉素，在鸡肉样品中红霉素的回收率在 85.3% ~ 95.8% 之间。同样，Gao 等人基于碳纳米管包覆二氧化硅合成了三氯生（triclosan，TCS）-MIPs。CNT@TCS MIPs 的合成路线方案如图 2-2 所示[99]。整个过程通过一个多步骤的合成涉及 TCS 氨基硅单体（aminosilica monomer，APTES）复合物的形成，在 CNT 表面沉积二氧化硅壳，MIPs 功能转移到二氧化硅表面，最后萃取 TCS 生成识别位点。然后，在高效液相色谱分析之前，将 CNT@TCS MIPs 作为分散固相萃取的吸附剂用于萃取河水和湖泊水样中的 TCS。该方法结合了表面分子印迹和碳纳米管的优点。该聚合物具有反应速度快、容量大、选择性好等特点。

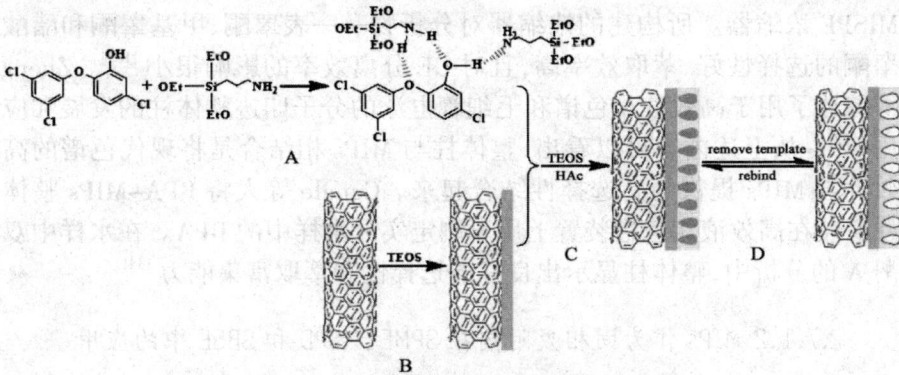

图 2-2　CNTs @TCS-MIPs 的合成途径

A—模板（TCS）-氨基硅氧烷单体（APTES）复合物的形成；B—在 CTAB 存在下，使用 TEOS 和 APTES 通过溶胶 - 凝胶法将纯化的 CNT 表面转化为二氧化硅壳，得到核壳型 CNTs @ SiO$_2$；C—CNTs @SiO$_2$ 与模板 - 二氧化硅单体配合物的反应，生成用 TCS 印迹聚合物功能化的二氧化硅表面；D—从聚合物壳中除去 TCS，得到 CNTs @ TCS-MIPs

　　2）分子印迹在线固相萃取

　　在这种模式中，通常将一个装有 MIPs 的小型 SPE 柱放置在高效液相色谱的六通阀回路中。样品装载和干扰化合物清洗后（分析物由 MISPE 柱预浓缩），分析物用高效液相色谱流动相洗脱[100-106]。这些研究主要集中在环境(水、土壤等)和食品(番茄酱、辣椒酱、鸡蛋、牛奶等)样品中苏丹染料[100]、对红[101]、核黄素[102]、氟喹诺酮抗菌剂[103]、四环素抗生素[104]、三嗪残留[105]和雌激素[106]的分析。Guo 等以乙烯基咪唑离子液体为功能单体合成氯磺隆 MIPs。以 MIPs 为在线固相萃取－高效液相色谱吸附剂,对水库、池塘、洗涤剂、自来水样品中氯磺隆的含量进行了测定[107]。低检出限和高回收率表明,该新型 MIPs 吸附剂是萃取氯磺隆的优良固相吸附剂。与离线 MISPE 一样,在线 MIPs 模式下也有一些MWCNTs-MIPs 的应用。例如,MWCNTs-MIPs-SPE 用于测定辣椒粉样品中的微量苏丹Ⅳ[108]。

3)分子嵌入式印迹固相萃取

由于 MIPs 具有很高的选择性,通过直接将 MIPs 柱与检测系统耦合,可以一步完成目标分析物的萃取、富集、分离和测定,或者分子印迹嵌入式固相萃取通常被称为分子印迹整体柱。Sellergren 描述了第一个分子印迹整体柱用于测定尿液中戊二胺[109]。Francisco 等人报道了第一篇毛细管电泳分子印迹聚合物萃取器在线萃取的论文[110]。Zhang 等展示了一种新型的发光二极管诱导聚合技术,该技术可应用于毛细管电泳的柱内MISPE 浓缩器。所构建的浓缩器对分析物——表睾酮、甲基睾酮和醋酸睾酮的选择性好、萃取效率高,且对 CE 分离效率的影响很小[111]。Zheng等综述了用于高效液相色谱和毛细管电泳的分子印迹整体柱的发展和应用[112]。从上述内容可以看出,整体柱与 MIPs 相结合是将现代色谱的高效性与 MIPs 提供的高选择性结合起来。Canale 等人将 BPA-MIPs 整体柱安装在高效液相色谱装置上用于测定实际水样中的 BPA。在水样中双酚 A 的分析中,整体柱显示出良好的选择性和萃取富集能力[84]。

2.7.1.2 MIPs 作为固相吸附剂在 SPME、MSPD 和 SBSE 中的应用

由于 MIPs 在机械稳健性、耐高温和压力、对极端 pH 的惰性、制备更容易和更便宜,特别是对目标分析物的高选择性等方面具有多方面的优势,因此 MIPs 材料现在成为 SPME、MSPD 和 SBSE 方法中非常受欢迎的吸附剂。因此,将分子印迹法与这三种萃取方法相结合,可以理想地提供具有简单、灵活和选择性的强大分析工具。参考文献 [113] 对这三种萃取方法的原理进行了详细描述,在此不再对其进行描述。表 2-2 总结了 MIPs 作为固相吸附剂在三种萃取方法中的一些新应用。对于 SPME的应用,MIPs 通常被涂在光纤段上,然后光纤被安装在 SPME 设备上用于萃取[114-129]。有时,纳米材料可与 MIPs 结合以改进萃取效率,例如CNTs[115,120]。Golsefidi 等人将 MWCNT 逐渐添加到 MIPs 溶液中以形成分

散的混合物。此后,将 12 μL 分散混合物注入长度为 2.5 cm 的聚丙烯中空纤维段中。然后将 MIPs-MWCNTs 纤维浸入样品溶液中,完成萃取过程[115]。与此不同的是,通过 MAA 和 TRIM 在扑灭津存在下在改性后的甲基丙烯酸甲酯(MWCNT)表面共聚制备了扑灭津的 MIPs-MWCNTs。然后在聚丙烯膜上引入 MIPs-MWCNTs。将纤维两端热封后,夹在回形针上进行微萃取。此外,一些金属材料也被用作 MIPs 的支撑材料。例如,通过紫外辐射聚合莠去津分子印迹聚合物在阳极化硅铝线表面制得 SPME 纤维[117]。为了研究其萃取机理,作者对四种纤维进行了比较,分别是未被改性的铝线、阳极化铝线、阳极化和硅基化铝线、涂有 MIPs 的阳极化和硅基化铝线。萃取的莠去津的色谱图显示,涂有 MIPs 层的阳极氧化和硅烷化铝线的萃取能力明显高于其他纤维。研究结果表明,硅铝线阳极氧化纤维的萃取能力明显高于其他纤维。

表 2-2　MIPs 作为固体吸附剂在 SMPE、MSPD 和 SBSE 方面的应用

模板分子	分析物	样品基质	前处理方法	分析技术	检出限(ng/mL)	参考文献
17β-雌二醇	雌激素	鱼、虾组织	固相微萃取	高效液相色谱－紫外检测器	0.98 ~ 2.39	[114]
绿原酸	绿原酸	紫锥菊	固相微萃取	高效液相色谱－紫外检测器	0.08	[115]
咖啡因	咖啡因	人血清	固相微萃取	气质联用	0.1	[116]
莠灭净	三嗪类除草剂	洋葱、玉米和水稻种子	固相微萃取	气相色谱－氢火焰检测器	9 ~ 85	[117]
苏丹 I	苏丹染料	辣椒粉、饲料	固相微萃取	高效液相色谱－紫外检测器	2.5 ~ 4.6[a]	[118]
麻黄素	麻黄素及类似物	人尿和人血清	固相微萃取	毛细管电泳－紫外检测器	0.96 ~ 200	[119]
扑灭津	三嗪类除草剂	河水、废水、液态奶	固相微萃取	高效液相色谱－紫外检测器	0.08 ~ 0.38	[120]
睾丸素	合成代谢类固醇	水样、尿样	固相微萃取	气质联用	0.008 ~ 0.020	[121]

续表

模板分子	分析物	样品基质	前处理方法	分析技术	检出限（ng/mL）	参考文献
17β-雌二醇	内源性雌激素	河水	固相微萃取	气质联用	0.001 3 ～ 0.022	[122]
甲砜霉素	甲砜霉素	牛奶、蜂蜜	固相微萃取	高效液相色谱-紫外检测器	3，2 [a]	[123]
噻苯唑	噻苯唑	橙汁	固相微萃取	高效液相色谱-荧光检测器	4	[124]
环丙沙星	喹诺酮类抗生素	水	固相微萃取	液质联用	0.000 8 ～ 0.008 1	[125]
α，α'-偶氮异丁腈	喹诺酮类抗生素	血清	基质固相分散	高效液相色谱-紫外检测器	40 ～ 90 [a]	[126]
莠去津	三嗪类除草剂	土壤、水果和蔬菜	基质固相分散	毛细管电泳-紫外检测器	12.9 ～ 31.5 [a]	[127]
特丁津	三嗪类除草剂	大米、苹果、蔬菜和土壤	搅拌棒吸附萃取	高效液相色谱-紫外检测器	0.04 ～ 0.12	[128]
三唑酮	三唑酮杀菌剂	土壤	搅拌棒吸附萃取	高效液相色谱-紫外检测器	0.14 ～ 0.34	[129]

除 SPME 纤维外，还可以通过原位聚合法制备 MIPs 从而形成 MIPs 微整体柱[119]。将由模板、功能单体、交联剂和引发剂组成的聚合混合物填充到 30 cm × 530 μm 毛细管中。用橡胶密封毛细管的两端，然后将毛细管置于 60℃的水浴中反应 24 h。聚合后，将毛细管切成碎片，每个碎片 5 cm。然后，在毛细管一端的 1 cm 处用刀片机械剥离。1 cm MIPs 纤维的切割部分用于 SPME。最后，将毛细管浸入溶液中以去除模板化合物。所制备的 MIPs 整体柱可以浸入样品溶液中进行微萃取。溶液解吸后，用毛细管电泳法测定分析物。

2.7.2 碳纳米材料固相吸附剂

由于碳纳米材料的吸附面体积比大、亲和力强、物理化学稳定性好、成本低,所以在色谱样品前处理中碳纳米材料作为固相吸附剂越来越受欢迎。CNT 和 G/GO 被认为是最广泛使用的固相吸附剂,涉及萃取方法包括 SPE、SPME、MSPD 和 SBSE。表 2-3 总结了碳纳米材料在色谱分析前样品前处理中作为固相吸附剂的最新应用[27,35,130-177]。

表 2-3　碳纳米材料作为固体吸附剂在 SPE,SMPE,MSPD 和 SBSE 方面的应用

材料	分析物	样品基质	前处理方法	分析技术	检出限（ng/mL）	参考文献
多壁碳纳米管	双酚 A 等	自来水、河水和废水	固相萃取	高效液相色谱 - 荧光检测器	0.018 ~ 0.083	[35]
	甲基甲磺隆和氯磺隆	湖水、溪水、水库水、地下水	固相萃取	毛细管电泳 - 紫外检测器	0.40, 0.36	[130]
	海洋溶解性有机物	海水	固相萃取	尺寸排阻色谱	—	[131]
	16 种多环芳烃	自来水、河水和海水	固相萃取	气质联用	0.002 ~ 0.008 5	[132]
	有机磷农药	花生油	分散固相萃取	气质联用	0.7 ~ 1.6	[133]
	14 种农药	葱、洋葱、姜和蒜	分散固相萃取	气质联用	2 ~ 20	[134]
	喹诺酮类抗生素	矿泉水、自来水和废水	分散固相萃取	毛细管电泳 - 紫外检测器	0.028 ~ 0.094	[135]
	16 种多环芳烃	河水	微固相萃取	气质联用	0.004 2 ~ 0.046	[136]
	16 种多环芳烃	河水	微固相萃取	气质联用	0.001 ~ 0.15	[137]
磁性多壁碳纳米管	双酚 A 和双酚 F	自来水、河水和雪水	磁性固相萃取	气质联用	0.001 ~ 0.06	[138]
	氨基甲酸酯	饮料、香水	磁性固相萃取	气质联用	0.004 9 ~ 0.038	[139]

续表

材料	分析物	样品基质	前处理方法	分析技术	检出限（ng/mL）	参考文献
	雌激素	自来水、矿泉水、河水和蜂蜜	磁性固相萃取	毛细管电泳－紫外检测器	0.1 ~ 0.2	[140]
	乌头碱类	人血清	磁性固相萃取	高效液相色谱－紫外检测器	3.1 ~ 4.1	[141]
修饰的多壁碳纳米管	神经试剂的降解产物	水	固相萃取	气质联用	0.11 ~ 0.25	[142]
聚乙二醇修饰的多壁碳纳米管	苯、甲苯等	自来水、矿泉水、废水和井水	固相微萃取	气相色谱－氢火焰检测器	0.000 6 ~ 0.003	[143]
	多环芳烃	藏红花	固相微萃取	气相色谱－氢火焰检测器	0.001 ~ 0.05	[144]
	呋喃	苹果汁、橙汁、香蕉、小麦、牛奶	固相微萃取	气相色谱－氢火焰检测器	0.000 25，0.001	[145]
	非甾体类抗炎药物	自来水、河水、废水和井水	固相微萃取	气相色谱－氢火焰检测器	0.007 ~ 0.03	[146]
羟基修饰的多壁碳纳米管	苯巴比妥	医用废水	固相微萃取	高效液相色谱－紫外检测器	0.32	[147]
金线上修饰多壁碳纳米管	二嗪磷、倍硫磷	地上水、地下水、泻湖水和饮用水	固相微萃取	气相色谱－氢火焰检测器	0.2，0.3	[148]
不锈钢线上修饰多壁碳纳米管	酚类化合物	河水	固相微萃取	气相色谱－氢火焰检测器	0.01 ~ 0.02	[149]
单壁碳纳米管	内分泌干扰物	自来水和海水	在线固相微萃取	高效液相色谱－紫外检测器	0.32 ~ 0.52	[150]

续表

材料	分析物	样品基质	前处理方法	分析技术	检出限（ng/mL）	参考文献
多壁碳纳米管	雌激素	黄油	基质固相分散	气质联用	0.2 ~ 1.3	[151]
	9 种有机磷农药	水果和蔬菜	基质固相分散	液质联用	0.06 ~ 0.15	[152]
石墨烯	氯酚类化合物	自来水和海水	SPE	高效液相色谱 – 紫外检测器	0.1 ~ 0.4	[154]
	神经递质类化合物	鼠脑	SPE	高效液相色谱 – 荧光检测器	23.4 ~ 67.5	[155]
磁性石墨烯纳米粒子	三嗪类除草剂	水库水、湖水和河水	磁性固相萃取	高效液相色谱 – 紫外检测器	0.025 ~ 0.040	[156]
	新烟碱类杀虫剂	水库水、海水和河水	磁性固相萃取	高效液相色谱 – 紫外检测器	0.004 ~ 0.01	[157]
	邻苯二甲酸酯类	瓶装水、河水、可乐和绿茶	磁性固相萃取	高效液相色谱 – 紫外检测器	0.01 ~ 0.04	[158]
	氨基甲酸酯类杀虫剂	河水、池塘水和水库水	磁性固相萃取	高效液相色谱 – 紫外检测器	0.02 ~ 0.04	[159]
	多环芳烃	土壤	μSPE	气质联用	0.001 7 ~ 0.005	[160]
	多环芳烃	河水	μSPE	气质联用	0.000 8 ~ 0.003	[161]
石墨烯	氨基甲酸酯	海水、湖水和自来水	固相微萃取	高效液相色谱 – 紫外检测器	0.1 ~ 0.8	[162]
	多氯联苯	海道水	固相微萃取	气质联用	0.000 2 ~ 0.005 3	[163]
	三嗪类除草剂	自来水、海水和湖水	固相微萃取	高效液相色谱 – 紫外检测器	0.05 ~ 0.2	[164]
	有机氯农药	河水	固相微萃取	气相色谱 – 电子捕获检测器	0.000 16 ~ 0.000 93	[165]

续表

材料	分析物	样品基质	前处理方法	分析技术	检出限（ng/mL）	参考文献
	菊酯类农药	池塘水	固相微萃取	气相色谱－电子捕获检测器	0.003 69 ~ 0.006 94	[166]
	多环芳烃	河水和池塘水	固相微萃取	气质联用	0.001 52 ~ 0.002 72	[167]
	酚类化合物	池塘水	固相微萃取	气相色谱－氢火焰检测器	0.34 ~ 3.4	[168]
氧化石墨烯	多环芳烃	河水	固相微萃取	气相色谱－氢火焰检测器	0.005 ~ 0.08	[169]
	16 种多环芳烃	自来水和湖水	搅拌棒吸附萃取	气质联用	0.005 ~ 0.429	[170]
石墨烯	多氯联苯醚	土壤和鱼	基质固相分散	气相色谱－电子捕获检测器	0.005 3 ~ 0.212 6	[171]
碳纳米角	多环芳烃	河水、自来水和瓶装水	固相微萃取	气质联用	0.03 ~ 0.06	[172]
碳纳米角	三嗪类除草剂	河水、自来水和瓶装水	固相微萃取	气质联用	0.015 ~ 0.1	[173]
碳纳米盘	氯酚	饮用水、游泳池水、水库水、井水	固相萃取	气质联用	0.3 ~ 8	[27]
碳纳米盘	甲苯等	饮用水、井水、河水	固相微萃取	气质联用	0.15 ~ 2	[174]
碳纳米纤维	氯三嗪和脱烷基代谢物	地面水、溪水、自来水和土壤	固相微萃取	高效液相色谱－紫外检测器	0.004 ~ 0.03	[175]
碳纳米纤维	芳环胺	废水	固相微萃取	高效液相色谱－紫外检测器	0.009 ~ 0.081	[176]
碳纳米纤维	苯系物	废水	固相微萃取	气相色谱－氢火焰检测器	0.01 ~ 0.08	[177]

2.7.2.1 CNT 作为固相吸附剂

从表 2-3 可以看出，MWCNT、磁性 MWCNT、功能化 MWCNT 和 SWCNT 都可以用作 SPE、SPME 和 MSPD 的吸附剂。Zhang 等人对 CNT 在样品前处理方法的应用进行了详细综述[36]。使用磁性 MWCNT 作为 SPE 吸附剂可以避免烦琐的步骤，如离心和过滤[137-141]。自组装聚二甲基氯化铵（poly diallyldimethylammonium chloride, PDDA）功能化多壁碳纳米管作为阴离子交换吸附剂，萃取神经毒剂的酸性降解产物[141]。作者比较了强阴离子交换膜、MAX 膜和 PDDA 膜的萃取工艺。结果表明，PDDA-MWCNT 的回收率较高，这可能是由于高电荷密度的聚电解质加上高疏水性的 CNT 表面的综合作用所致。由于在中性 pH 下，分析物以阴离子形式存在，因此通过初级静电相互作用，它们保留在 PDDA-MWCNT 复合材料的阳离子表面上。而且，分析物的烷基与 CNT 表面之间的二次疏水作用也有助于它们的保留。这意味着在分析物和 PDDA-MWCNT 材料之间存在两种相互作用。因此，高电荷密度的聚电解质加上高疏水性的碳纳米管表面可以获得较高的萃取回收率。对于分散固相萃取和微固相萃取技术，MWCNT 可以成为 QuEChERS（Quick, Easy, Cheap, Effective, Rugged and Safe）方法的优良的吸附剂。Zhao 等人以多壁碳纳米管（MWCNTs）为反向分散固相萃取材料，结合气相色谱 - 质谱联用技术，测定了韭菜、洋葱、生姜和大蒜样品中 14 种农药的含量[134]。在 0.02 mg/kg 和 0.2 mg/kg 两种加标浓度水平下，复合基质中目标分析物的回收率为 78% ~ 110%。分析物的检出限为 1 ~ 6 μg/kg。在微固相萃取装置中，使用 MWCNT 作为吸附剂，并将其装在多孔聚丙烯膜"信封"内，该边缘经过热密封以固定内容物。将微固相萃取装置置于搅拌样品溶液中以萃取分析物[137]。Wu 等人用两个微量移液管制备了多壁碳纳米管填充微柱，然后使用流动注射 SPE 进行萃取，获得了良好的线性度、重现性和检出限[137]。

由于纳米碳管的刚性、化学惰性和自聚集性，以及较强的范德华力，使得碳纳米管很难在聚合物基体的常见有机溶剂中溶解或分散，这使得碳纳米管更适合作为 SPME 的吸附剂。为了提高碳纳米管的溶解性，科学家们对其功能化进行了大量的研究。Sarafraz Yazdi 小组研究了聚乙二醇接枝的 MWCNT 作为 SPME 的吸附剂[143-146]，而且—COOH 官能化基团功能化的 MWCNT 也增强了它们的分散性和兼容性[147,148]。Feng 等人将自组装氨基官能化碳纳米管作为酚类化合物 SPME 的固相吸附剂固定在不锈钢丝上[149]。结果表明，所制备的碳纳米管纤维具有比市售纤维更高的萃取效率。除多壁碳纳米管外,单壁碳纳米管还具有良好的萃取效率。例如,SWCNTs 纤维是使用电泳沉积法制成的,将纤维浸入样品溶液中,萃取内分泌干扰物(endocrine disrupting chemicals,EDC);然后将纤维插入界面解吸室。当阀门从加载位置切换到注射位置时,解吸的分析物通过流动相输送到高效液相色谱柱中[150]。

表 2-3 列出了 MWCNT 在 MSPD 中的应用[151,152]。对于 MSPD 和 SBSE 而言,CNT 作为固相吸附剂的研究较少,进一步的探索对今后的样品前处理发展具有重要意义。

2.7.2.2 石墨烯/氧化石墨烯和其他碳纳米材料作为固相吸附剂

Sitko 等人综述了 G 和 GO 的吸附性能及其在 SPE、SPME 和磁性 SPE 法预富集有机物和微量金属离子中的应用,包括利用色谱和光谱技术对水、食品、生物和环境样品进行微量分析[153]。表 2-3 总结了 SPE、SPME、MSPD 和 SBSE 中使用的 G/GO 固相吸附剂[154-171]。与 CNT 一样,也有许多关于石墨烯[154,155,162-164,165,170,171]、在不锈钢纤维[165,166]上嫁接的磁性石墨烯[156-159]、功能化石墨烯(例如聚吡咯/石墨烯复合涂层纤维[168])和用于固相吸附剂的氧化石墨烯[169]的研究。通常情况下,G 纳米粒子是由 GO 纳米粒子脱氧制得的。例如,Zhang 等人根据 GO 纳米粒子的脱氧作用制备了 G 涂层 SPME 纤维[167]。整个制造过程包括五个过程。根据硅烷化反应,首先用氨基对 SiO_2 基体表面进行修饰,然后将其插入 GO 分散液中完成 GO 修饰。最后,对纤维进行脱氧得到 G 涂层 SPME 纤维。将所制备的 G-涂层纤维置于水溶液上方的顶空环境中,萃取多环芳烃(polycyclic aromatic hydrocarbons,PAH),然后进行 GC-MS 测定。在优化的萃取和测定条件下,8 种多环芳烃的检出限为 1.52 ~ 2.72 ng/L,河流、池塘水和土壤样品的回收率为 72.7% ~ 101.7%。表 2-3 还列出了其他碳纳米材料的应用,如碳纳米角、碳纳米锥、碳纳米盘和碳纳米纤维[27,172-177]。所有的碳纳米材料在固相萃取、MSPD 和 SBSE 中均表现出良好的萃取效率。

2.7.3 四氧化三铁磁性纳米颗粒

如前所述,MNPs 可以萃取和富集大量的目标分析物,因为它们提供了大的比表面积、容易实现表面改性和强磁性。因此,在萃取后使用外磁铁可以快速地将 MNPs 从基体溶液中分离出来,具有很好的萃取效率。由于传统的固相萃取需要将吸附剂填充进柱中,对大体积样品加载时耗时久,因此磁萃取法不仅方便、经济、高效,而且克服了上述问题。然而,纯氧化铁纳米粒子很容易形成大团聚体,这可能改变其磁性。此外,这些纳米尺寸的金属氧化物不具有靶向选择性,不适合于复杂基体的样品。因此,适当的涂层对于克服这些限制是必不可少的。Chen 等人综述了磁性材料与其他材料(例如,二氧化硅、C_{18}、聚合物和表面活性剂)的结合在分离和富集水样中污染物方面的应用 [178]。

近年来,Al_2O_3 功能化的 Fe_3O_4 纳米粒子在萃取人类尿液样本中的阿仑膦酸 [179] 和水中的草甘膦酸和氨基甲基膦酸以及番石榴果萃取物 [180]中也有一些新的应用。还有一些应用如碳修饰的 Fe_3O_4 纳米粒萃取水样中的 BPA 和 PAHs [181,182]、C_{18} 功能化 Fe_3O_4 纳米粒萃取水样中的多环芳烃和邻苯二甲酸酯 [183],以及大鼠血浆样品中的利多卡因 [184]。此外,还有 C_{18} 功能化的 Fe_3O_4/SiO_2 萃取水溶液中的多环芳烃 [185],聚合(MAA-co-乙烯基苄基氯化物 co-dvb)和聚(MAA-co-egdma)萃取尿液样品中的苯丙胺和动物组织中的苯并咪唑残留 [186,187]。常用的聚合物有聚苯胺[188]、多巴胺 [189] 和聚吡咯 [189,190]。此外,三甲基溴化铵(trimethylammonium bromide,CTAB)和十二烷基硫酸钠(sodium dodecyl sulfate,SDS)[191,192] 等表面活性剂也用于磁性纳米材料的表面官能化。

近年来,也有一些新材料被移植到磁性纳米材料上。例如,一种离子液体,1-十六烷基-3-甲基咪唑溴化物(1-hexadecyl-3-methylimidazolium bromide,C_{16}mimbr)涂在 Fe_3O_4 磁性纳米粒子表面作为混合半胶束 SPE 的吸附剂,用于萃取富集环境水样中的两种氯酚。分析物的检出限分别为 0.12 μg/L 和 0.13 μg/L。三种浓度下的回收率为 74% ~ 90% [193]。将赭曲霉素 A 适配体固定在磁性纳米粒子表面上,建立了食品样品中赭曲霉素 A 的磁性 SPE 的萃取技术 [194]。Long 等人用三苯基胺改性磁性纳米粒子作为萃取水中多环芳烃的新吸附剂。该方法能够对低浓度 0.04 ~ 3.75 ng/L 的复杂环境水中的多环芳烃进行选择性和灵敏分析,回收率为 80.21% ~ 108.33% [195]。为了从水和牛奶样品中选择性地萃取多环芳烃,将生物相容性磷脂酰胆碱双层和二苯包裹在磁性纳米粒子表面,对多环芳烃萃取取得了良好的效果 [196,197]。

2.7.4 其他金属纳米粒子

在功能涂层改性的金属 Fe_3O_4,TiO_2,Al_2O_3,ZrO_2,MnO 和 CeO_2 中,除 Fe_3O_4 纳米材料外,TiO_2 纳米材料是另一种常用的纳米材料。作为一种新型的二氧化钛纳米材料,二氧化钛纳米管(Nanotubes,NTS)作为光催化剂经常用于光降解。然而,因为它具有更大的表面积,所以具有更强的吸附能力和更大吸附化合物的潜力[198]。例如,使用 NTS 作为 SPE 的固相吸附剂萃取水样中的有机磷农药[198]、环境水样中的苯甲酰脲杀虫剂[199] 和多氯联苯[200]。在微固相萃取方法中,使用二氧化钛 NT 萃取水样中的拟除虫菊酯农药[51] 和有机氯农药[52]。另外,近些年还报道了一些新型的功能化 NTS。Zhou 等介绍了一种新的测定百草枯和地枯的方法。该方法是在毛细管电泳分析前,用掺氮的 NTS 柱进行固相萃取,快速、灵敏地测定百草枯和地枯。在最佳条件下,百草枯和地枯的检出限分别为 1.95 mg/L 和 2.59 mg/L。该方法已成功地应用于几种环境水样中百草枯和地枯的分析[201]。Wang 等人研究了 Zr 掺杂的二氧化钛纳米管作为水样品中 BPA 富集的固相吸附剂。在最佳条件下,得到了 1 ~ 80 mg/L 的最佳线性范围和 0.016 mg/L 的检出限。采用四种不同的实际水样进行验证,加标回收率在 102.9% ~ 108.8% 范围内[202]。此外,在固相吸附剂中也引入了二氧化钛丝。通过在含有乙二醇和 NH_4F 的电解质中对 Ti 丝基体进行阳极氧化,可以制备一种新型的 SPME 纤维,并将其与 GC 结合,从实际水样中萃取多环芳烃,对多环芳烃具有很高的选择性[203]。Pan 等人采用 Ti 丝吸附剂,先通过阳极氧化形成二氧化钛,然后对金纳米粒子和正十八烷硫醇进行改性,萃取水样中的多环芳烃[204]。

2.7.5 金属 – 有机框架固相吸附剂

如上所述,MOFs 是可以形成多孔晶体结构的无机 – 有机固体,可以通过使用各种金属离子和有机配体来合成[205]。由于 MOFs 具有独特的性能,近年来越来越多地被用作固相吸附剂。目前已经有很多研究团队探索了 MOFs 材料的分析应用,从样品采集到色谱分离[206-211]。此外,近几年还报道了其他一些关于 MOFs 用作色谱固相的研究[212-214],即选择管状金属 – 有机骨架 MOFs-CJ3 作为固定相制备毛细管气相色谱柱。该色谱柱可以分离直链烷烃和支链烷烃以及芳香位置异构体[212]。色谱分离中也使用了一些修饰的 MOFs。例如,将具有电荷分离骨架的联吡啶配体引入到金属 – 有机骨架中,以生成具有电荷极化孔隙空间的多孔材料,该材料表现出对极性分子的选择性吸附,可进一步用于气相色谱分离醇 – 水混合物[213]。Yu 等人综述了金属 – 有机骨架作为色谱固定相的一些应用[215]。对于样品前处理,Xu 和 Tian 等人已将 MOFs 作为 SPE、SPME 等的固相吸附剂进行了综述[216,217]。Yang 等人制备了 MOFs,并将其作为固相萃取吸附剂,用高效液相色谱法测定环境基质中多环芳烃的含量[218]。由于大多数生物样品和环境样品都是含水的,因此水稳定性 MOFs 在生物化学领域非常流行。以聚醚醚酮(PEEK)管为微捕集器可以制备 MOFs–MIL–101,并将其应用于尿液中萘普生及其代谢物的吸附萃取。MIL–101 对萘普生的萃取能力高于 C_{18} 键合二氧化硅和多壁纳米管。结果表明,该方法灵敏度高,线性范围为 0.05 ~ 6.0 μg/L,萘普生和 6–O– 去甲基萘普生的检出限分别为 0.034 和 0.011 μg/L[219]。在文献[220] 中,采用溶胶 – 凝胶法制备了新型 PDMS/MOFs 涂层搅拌棒并建立了环境水体中 7 种目标雌激素的测定方法。在最佳实验条件下,LOD 在 0.15 ~ 0.35 μg/L 范围内。

2.8　结论和观点

样品前处理的固相吸附材料种类繁多,包括 MIPs、碳纳米材料、金属纳米颗粒和金属有机框架。固相吸附剂在固相萃取、固相微萃取、搅拌棒吸附萃取、基质固相分散等样品前处理方法中的应用无疑成为分析领域的热点。尽管各种固相吸附剂在样品前处理方面显示出独特的优势,但它们都有各自的优势,同时也有各自的缺点(见表 2–4)。所有固相吸附剂的共同特点是比表面积大;然而,每种材料都有其自身的特点,例如,碳纳米材料在固相萃取柱中可能产生高压,不利于目标分析物的扩散;由于金属有机框架的特殊性质,非常适合作为固相吸附剂的 SPME。因此,未来研究热点不仅包括探索克服上述缺点的新固相吸附剂,也包括探索新的样品前处理方法。为了持续改进固相吸附剂,还有以下三个主要问题尚待解决。

首先,固相吸附剂的主要要求是具有很高的选择性和富集能力,即在消除基体干扰的同时,它们能特异地吸附目标分析物,从而有助于获得较高的可检测性。各吸附剂都有各自的优点,如 MIPs 具有选择性高、物理稳定性好、热稳定性好、成本低、制备方便等优点。随着选择性和其他特性的不断提高,各种新的合成技术和方法也在不断发展。值得注意的是,通过将各种材料结合可以充分发挥各种材料的优势及其特性,因此,大力发展组合的固相吸附剂,可以使固相吸附剂迅速发展,显示出更好的选择性和吸附能力,如在 MNPs 和 G/GO 上包覆 MIPs 等。

表 2-4 各种固相吸附剂的优缺点

吸附剂	优点	缺点
MIPs	比表面积大，成本低，易合成，对苛刻的化学品具有高稳定性，具有优异的可重复使用性，是目标分析物的选择性吸附剂	难以印迹水溶性生物大分子和亲水性化合物，异构结合位点对结合有不良影响，与水性介质不相容，模板分子泄漏
碳纳米材料	吸附比表面积大，亲和力高，易被官能团修饰，易于共价或非共价官能化	易导致 SPE 柱出现高压，而且很容易从 SPE 柱中逸出
金属纳米粒子	比表面积大，吸附容量高，温度低，通过外部磁铁与基质溶液快速分离，经济高效，重复使用性极佳	选择性较低，表面具有官能团的 MNP 倾向于在水溶液中聚集，不适合复杂基质样品
金属–有机框架	表面积大，对气体分子具有出色的吸附能力，易于嵌入有机聚合物中特别适用于 SPME	对湿度敏感（应用于水性基质中时萃取效率显著降低），微孔（其空腔的小尺寸限制了掺入物质的选择，因此导致低扩散速率）

第二，固相吸附剂的主要趋势是未来更多地应用于 MSPD 和 SBSE 方法。由于固相萃取技术的传统应用和固相微萃取操作的简便性，对两种萃取技术进行的研究较多，包括吸附剂和仪器的改进。然而，尽管 MSPD 和 SBSE 的应用尚处于起步阶段，但它们可能在不久的将来成为样品前处理中常用的新工具，尤其是碳纳米颗粒用于 SBSE 方法中。因此，未来应该大力发展各种新型的固相吸附剂在这两种方法中的应用。

第三，加快萃取方法在线模式和整体柱的发展，以便于制备更新颖的固相吸附剂。为了满足样品前处理的一般目标，例如，更小的样品尺寸、有机溶剂的减少或消除、将几个制备步骤整合为一个步骤（例如，将被动采样器应用于从复杂基质中同时取样、萃取和富集分析物），以及自动化的实现等，在线萃取法和整体柱法是比较有潜力的。因此，我们强烈鼓励对基于固相吸附剂的整体柱和萃取方法进行新的探索，从而推动样品前处理技术的发展。

参考文献

[1] C.L.Arthur，Janusz Pawliszyn.Solid phase microextraction with thermal desorption using fused silica optical fibers [J].Anal.Chem.，1990，62：2145–2148.

[2] H.Lord，J.Pawliszyn.Evolution of solid–phase microextraction technology [J].J.Chromatogr.A，2000，885：153–193.

[3] A.Namera，T.Saito.Recent advances in unique sample preparation techniques for bioanalysis[J] Bioanalysis，2013，5：915–932.

[4] E.Baltussen，P.Sandra，F.David，et al. Stir bar sorptive extraction SBSE，a novel extraction technique for aqueous samples：theory and principles [J].J.Microcolumn Separations，1999，11：737–747.

[5] A.Namera，A.Nakamoto，M.Nishida，et al. Extraction of amphetamines and methylenedioxy amphetamines from urine using a monolithic silica disk–packed spin column and high–performance liquid chromatography–diode array detection [J].J.Chromatogr.A，2008，1208：71–75.

[6] T.Saito，R.Yamamoto，S.Inoue，et al. Simultaneous determination of amitraz and its metabolite in human serum by monolithic silica spin column extraction and liquid chromatography–mass spectrometry [J].J.Chromatogr.B Analyt.Technol.Biomed.Life Sci.，2008，867：99–104.

[7] Y.Wen，L.Chen，J.Li，et al. Molecularly imprinted matrix solid–phase dispersion coupled to micellar electrokinetic chromatography for simultaneous determination of triazines in soil，fruit，and vegetable samples [J].Electrophoresis，2012，33：2454–2463.

[8] Y.Wen，L.Chen，J.Li，et al. Recent advances in solid–phase sorbents for sample preparation prior to chromatographic analysis [J].TrAC Trend.Anal.Chem.，2014，59：26–41.

[9] Y.Wen，J.Li，J.Ma，et al. Recent advances in enrichment techniques for trace analysis in capillary electrophoresis [J].Electrophoresis，2012，33：2933–2952.

[10]C.W.Huck，G.K.Bonn.Recent developments in polymer–based sorbents for solid–phase extraction [J].J.Chromatogr.A ，2000，885：51–72.

[11] D.E.Raynie.Modern extraction techniques [J].Anal.Chem.,2010, 82：4911-4916.

[12] D.E.Raynie.Modern extraction techniques [J].Anal.Chem.,2006, 78：3997-4004.

[13] G.Alberti, V.Amendola, M.Pesavento, et al. Beyond the synthesis of novel solid phases：review on modelling of sorption phenomena [J].Coord. Chem.Rev.,2012,256：28-45.

[14] L.X.Chen, S.F.Xu, J.H.Li.Recent advances in molecular imprinting technology：current status, challenges and highlighted applications [J].Chem.Soc.Rev.,2011,40：2922-2942.

[15] J.H.Lin, Z.H.Wu, W.L.Tseng.Extraction of environmental pollutants using magnetic nanomaterials [J].Anal.Methods,2010,2：1874-1879.

[16] R.Lucena, B.M.Simonet, S.Cárdenas, et al. Potential of nanoparticles in sample preparation [J].J.Chromatogr., A ,2011,1218：620-637.

[17] E.Turiel, A.Martín-Esteban.Molecularly imprinted polymers for sample preparation：a review [J].Anal.Chim.Acta,2010,668：87-99.

[18] E.Turiel, A.Martín-Esteban.Molecularly imprinted polymers for solid-phase microextraction [J].J.Sep.Sci.,2009,32：3278-3284.

[19] F.Augusto, E.Carasek, R.G.C.Silva, et al. New sorbents for extraction and microextraction techniques [J].J.Chromatogr., A,2010, 1217：2533-2542.

[20] M.Tankiewicz, J.Fenik, M.Biziuk.Solventless and solvent-minimized sample preparation techniques for determining currently used pesticides in water samples：a review [J].Talanta,2011,86：8-22.

[21] A.Mehdinia, M.O.Aziz-Zanjani.Advances for sensitive, rapid and selective extraction in different configurations of solid-phase microextraction [J].TrAC, Trends Anal.Chem.,2013,51：13-22.

[22] A.Spieteluna, Ł.Marcinkowskia, M.de la Guardiab, et al. Recent developments and future trends in solid phase microextraction techniques towards green analytical chemistry [J].J.Chromatogr., A,2013,1321：1-13.

[23] Cui Yang, Juan Wang, Donghao Li.Microextraction techniques for the determination of volatile and semivolatile organic compounds from plants：a review [J].Anal.Chim.Acta,2013,799：8-22.

[24] A.Namera, T.Saito.Recent advances in unique sample preparation techniques for bioanalysis [J].Bioanalysis,2013,5：915-932.

[25]H.W.Kroto, J.R.Heath, S.C.O.Brien, et al. C60: buckminsterfullerene [J].Nature,1985,318: 162–163.

[26] L.M.Ravelo-Pérez, A.V.Herrera-Herrera, J.Hernández-Borges, et al. Carbon nanotubes: solid-phase extraction [J].J.Chromatogr., A, 2010,1217: 2618–2641.

[27] 常会,范文娟. 氨基功能化磁性 CoFe$_2$O$_4$/ 氧化石墨烯去除电镀废水中 Cr（Ⅵ）的研究 [J]. 人工晶体学报,2018,11: 2361–2369.

[28] 区韵莹,袁斌,李伟光. 氧化石墨烯改性淀粉复合吸附剂的制备及对 Cu^{2+}、Pb^{2+} 的吸附性能 [J]. 环境污染与防治,2018,12: 1412–1417.

[29] S.L.Zhang, Z.Du, G.K.Li.Layer-by-layer fabrication of chemical-bonded graphene coating for solid-phase microextraction [J].Anal.Chem., 2011,83: 7531–7541.

[30] W.H.Chen, S.C.Lee, S.Sabu, et al. Solid phase extraction and elution on diamond（SPEED）: a fast and general platform for proteome analysis with mass spectrometry [J].Anal.Chem.,2006,78: 4228–4234.

[31] M.Gallego, Y.P.de Peña, M.Valcárcel.Fullerenes as sorbent materials for metal preconcentration [J].Anal.Chem.,1994,66: 4074–4078.

[32] A.Serrano, M.Gallego.Fullerenes as sorbent materials for benzene, toluene, ethylbenzene, and xylene isomers preconcentration [J].J.Sep.Sci., 2006,29: 33–40.

[33] B.Jurado-Sánchez, E.Ballesteros, M.Gallego.Fullerenes for aromatic and non-aromatic N-nitrosamines discrimination [J].J.Chromatogr., A,2009,1216: 1200–1205.

[34] M.Valcárcel, S.Cárdenas, B.M.Simonet, et al. Carbon nanostructures as sorbent materials in analytical processes [J].TrAC, Trends Anal.Chem.,2008,27: 34–43.

[35] Y.Q.Cai, G.B.Jiang, J.F.Liu, et al. Multiwalled carbon nanotubes as a solid-phase extraction adsorbent for the determination of bisphenol A, 4-n-nonylphenol, and 4-tert-octylphenol [J].Anal.Chem.,2003,75: 2517–2521.

[36] B.T.Zhang, X.X.Zheng, H.F.Li, et al. Application of carbon-based nanomaterials in sample preparation: a review[J].Anal.Chim.Acta, 2013,784: 1–17.

[37] M.H.Ge, K.Sattler.Observation of fullerene cones [J].Chem.Phys. Lett.,1994,220: 192–196.

[38] A.Krishnan, E.Dujardin, M.M.J.Treacy, et al. Graphitic cones and the nucleation of curved carbon surfaces [J].Nature,1997,388: 451-454.

[39] J.M.Jiménez-Soto, S.Cárdenas, M.Valcárcel.Evaluation of carbon nanocones/disks as sorbent material for solid-phase extraction [J]. J.Chromatogr.A,2009,1216: 5626-5633.

[40] N.N.Bui, B.H.Kim, K.S.Yang, et al. Activated carbon fibers from electrospinning of polyacrylonitrile/pitch blends [J].Carbon,2009,47: 2538-2539.

[41] K.S.Novoselov, A.K.Geim, S.V.Morozov, et al. Electric field effect in atomically thin carbon films [J].Science,2004,306: 666-669.

[42] X.L.Fu, T.T.Lou, Z.P.Chen, et al. "Turn-on" fluorescence detection of lead ions based on accelerated leaching of gold nanoparticles on the surface of grapheme [J].ACS Appl.Mater.Interfaces,2012,4: 1080-1086.

[43] G.Chen, W.Weng, D.Wu, et al. Preparation and characterization of graphite nanosheets from ultrasonic powdering technique [J].Carbon, 2004,42: 753-759.

[44] D.R.Dreyer, S.Park, C.W.Bielawski, et al. The chemistry of graphene oxide [J].Chem.Soc.Rev.,2010,39: 228-240.

[45] C.Z.Jiang, Y.Sun, X.Yu, et al. Liquid-solid extraction coupled with magnetic solid-phase extraction for determination of pyrethroid residues in vegetable samples by ultra-fast liquid chromatography [J].Talanta,2013, 114: 167-175.

[46] C.Y.Li, L.G.Chen, W.Li.Magnetic titanium oxide nanoparticles for hemimicelle extraction and HPLC determination of organophosphorus pesticides in environmental water[J].Microchim Acta,2013,180: 1109-1116.

[47] R.Behnam, M.Morshed, H. Tavanai, et al. Destructive adsorption of diazinon pesticide by activated carbon nanofibers containing Al_2O_3 and MgO nanoparticles [J].Bull.Environ.Contam.Toxicol.,2013,91: 475-480.

[48] H.Bagheri, R.Daliri, A.Roostaie.A novel magnetic poly（aniline-naphthylamine）-based nanocomposite for micro solid phase extraction of rhodamine B [J].Anal.Chim.Acta,2013,794: 38-46.

[49] A.A.Ensafi, H.Karimi-Maleh, M.Ghiaci, et al. Characterization of Mn-nanoparticles decorated organo-functionalized SiO_2-Al_2O_3 mixed-oxide as a novel electrochemical sensor: application for the voltammetric determination of captopril [J].J.Mater.Chem.,2011,21: 15022-15030.

[50] H.M.Liu, D.A.Wang, L.Ji, et al. A novel TiO$_2$ nanotube array/Ti wire incorporated solid-phase microextraction fiber with high strength, efficiency and selectivity [J].J.Chromatogr., A,2010,1217: 1898–1903.

[51] Y.R.Huang, Q.X.Zhou, J.P.Xiao.Establishment of trace determination method of pyrethroid pesticides with TiO$_2$ nanotube array micro-solid phase equilibrium extraction combined with GC–ECD [J]. Analyst,2011,136: 2741–2746.

[52] Q.X.Zhou, Y.R.Huang, J.P.Xiao, et al. Micro-solid phase equilibrium extraction with highly ordered TiO$_2$ nanotube arrays: a new approach for the enrichment and measurement of organochlorine pesticides at trace level in environmental water samples [J].Anal.Bioanal.Chem.,2011, 400: 205–212.

[53] L.Fan, X.P.Yan.Evaluation of isostructural metal-organic frameworks coated capillary columns for the gas chromatographic separation of alkane isomers [J].Talanta,2012,99: 944–950.

[54] O.M.Yaghi, M.O'Keeffe, N.W.Ockwig, et al. Reticular synthesis and the design of new materials [J].Nature,2003,423: 705–714.

[55] M.Eddaoudi, D.B.Moler, H.Li, et al. Modular chemistry: secondary building units as a basis for the design of highly porous and robust metal-organic carboxylate frameworks [J].Acc.Chem.Res.,2001,34: 319–330.

[56] J.L.C.Rowsell, O.M.Yaghi.Metal-organic frameworks: a new class of porous materials [J].Microporous Mesoporous Mater.,2004,73: 3–14.

[57] J.R.Li, J.Sculley, H.C.Zhou.Metal-organic frameworks for separations [J].Chem.Rev.,2012,112: 869–932.

[58] A.Corma, H.García, F.X.Llabrési Xamena.Engineering metal organic frameworks for heterogeneous catalysis [J].Chem.Rev.,2010,110: 4606–4655.

[59] S.M.Xie, Z.J.Zhang, Z.Y.Wang, et al. Chiral metal-organic frameworks for high-resolution gas chromatographic separations [J].J.Am. Chem.Soc.,2011,133: 11892–11895.

[60] R.B.Getman, Y.S.Bae, C.E.Wilmer, et al. Review and analysis of molecular simulations of methane, hydrogen, and acetylene storage in metal-organic frameworks [J].Chem.Rev.,2011,112: 703–723.

[61] K.M.L.Taylor-Pashow, J.D.Rocca, Z.Xie, et al. Post-synthetic modifications of iron-carboxylate nanoscale metal-organic frameworks for

imaging and drug delivery[J].J.Am.Chem.Soc.,2009,131: 14261-14263.

[62] F.Barahona, E.Turiel, A.Martín-Esteban.Molecularly imprinted polymer grafted to porous polyethylene frits: A new selective solid-phase extraction format [J].J.Chromatogr., A, 2011,1218: 7065-7070.

[63] V.Pakade, S.Lindahl, L.Chimuka, et al. Molecularly imprinted polymers targeting quercetin in high-temperature aqueous solutions [J]. J.Chromatogr., A ,2012,1230: 15-23.

[64] M.Javanbakht, M.H.Namjumanesh, B.Akbari-adergani. Molecularly imprinted solid-phase extraction for the selective determination of bromhexine in human serum and urine with high performance liquid chromatography [J].Talanta,2009,80: 133-138.

[65] T.Jing, Y.Wang, Q.Dai, et al. Preparation of mixed-templates molecularly imprinted polymers and investigation of the recognition ability for tetracycline antibiotics [J].Biosens.Bioelectron.,2010,25: 2218-2224.

[66] H.Zeng, Y.Z.Wang, X.J.Liu, et al. Preparation of molecular imprinted polymers using bi-functional monomer and bi-crosslinker for solid-phase extraction of rutin [J].Talanta,2012,93: 172-181.

[67] M.D.C.López, M.C.C.Pérez, M.S.D.García, et al. Preparation, evaluation and characterization of quercetin-molecularly imprinted polymer for preconcentration and clean-up of catechins [J].Anal.Chim.Acta,2012, 721: 68-78.

[68] X.L.Song, J.H.Li, J.T.Wang, et al. Quercetin molecularly imprinted polymers: preparation, recognition characteristics and properties as sorbent for solid-phase extraction [J].Talanta,2009,80: 694-702.

[69] T.Muhammad, L.Cui, W.Jide, et al. Rational design and synthesis of water-compatible molecularly imprinted polymers for selective solid phase extraction of amiodarone [J].Anal.Chim.Acta,2012,709: 98-104.

[70] L.Zhang, F.Han, Y.Y.Hu, et al. Selective trace analysis of chloroacetamide herbicides in food samples using dummy molecularly imprinted solid phase extraction based on chemometrics and quantum chemistry [J].Anal.Chim.Acta, 2012,729: 36-44.

[71] D.De Smet, S.Monbaliu, P.Dubruel, et al. Synthesis and application of a T-2 toxin imprinted polymer [J].J.Chromatogr., A,2010, 1217: 2879-2886.

[72] Y.K.Lv, L.M.Wang, L.Yang, et al. Synthesis and application of molecularly imprinted poly (methacrylic acid)–silica hybrid composite material for selective solid–phase extraction and high–performance liquid chromatography determination of oxytetracycline residues in milk [J]. J.Chromatogr., A,2012,1227: 48–53.

[73] M.Abdouss, S.Azodi–Deilami, E.Asadi, et al. Synthesis of molecularly imprinted polymer as a sorbent for solid phase extraction of citalopram from human serum and urine [J].J.Mater.Sci.: Mater.Med.,2012, 23: 1543–1552.

[74] G.F.Zhu, J.Fan, Y.B.Gao, et al. Synthesis of surface molecularly imprinted polymer and the selective solid phase extraction of imidazole from its structural analogs [J].Talanta,2011,84: 1124–1132.

[75] R.N.Rao, P.K.Maurya, R.Kuntamukkala, et al. Molecularly imprinted polymer for selective extraction of 3–methylflavone–8–carboxylic acid from human urine followed by its determination using zwitterionic hydrophilic interaction liquid chromatography [J].J.Sep.Sci.,2011,34: 3265–3271.

[76] Y.M.Yin, Y.P.Chen, X.F.Wang, et al. Dummy molecularly imprinted polymers on silica particles for selective solid–phase extraction of tetrabromobisphenol A from water samples [J].J.Chromatogr., A,2012, 1220: 7–13.

[77] M.X.Huang, W.S.Pang, J.Zhang, et al. A target analogue imprinted polymer for the recognition of antiplatelet active ingredients in Radix Salviae Miltiorrhizae by LC/MS/MS [J].J.Pharm.Biomed.Anal.,2012, 58: 12–18.

[78] Z.Zhang, S.F.Xu, J.H.Li, et al. Selective solid–phase extraction of Sudan I in chilli sauce by single–hole hollow molecularly imprinted polymers [J].J.Agric.Food Chem.,2012,60: 180–187.

[79] S.F.Xu, J.H.Li, L.X.Chen.Molecularly imprinted core–shell nanoparticles for determination of trace atrazine by reversible addition–fragmentation chain transfer surface imprinting [J].J.Mater.Chem.,2011, 21: 4346–4351.

[80] S.F.Xu, L.X.Chen, J.H.Li, et al. Preparation of hollow porous molecularly imprinted polymers and their applications to solid–phase extraction of triazines in soil samples [J].J.Mater.Chem.,2011,21: 12047–12053.

[81] X.Z.Shi, J.H.Liu, A.L.Sun, et al. Group-selective enrichment and determination of pyrethroid insecticides in aquaculture seawater via molecularly imprinted solid phase extraction coupled with gas chromatography-electron capture detection [J].J.Chromatogr., A,2012, 1227: 60-66.

[82] Z.L.Shen, D.Yuan, Q.D.Su, et al. Selective solid-phase extraction using molecular imprinted polymer for ananlysis of methamidophos in water and soil samples [J].Biosci.Biotechnol.Biochem.,2011,75: 473-479.

[83] X.L.Song, J.H.Li, S.F.Xu, et al. Determination of 16 polycyclic aromatic hydrocarbons in seawater using molecularly imprinted solid-phase extraction coupled with gas chromatography-mass spectrometry [J].Talanta, 2012,99: 75-82.

[84] F.Canale, C.Cordero, C.Baggiani, et al. Development of a molecularly imprinted polymer for selective extraction of bisphenol A in water samples [J].J.Sep.Sci.,2010,33: 1644-1651.

[85] H.Y.Yan, X.L.Cheng, G.L.Yang.Dummy molecularly imprinted solid-phase extraction for selective determination of five phthalate esters in plastic bottled functional beverages [J].J.Agric.Food Chem.,2012,60: 5524-5531.

[86] R.J.Krupadam, B.Bhagat, M.S.Khan. Highly sensitive determination of polycyclic aromatic hydrocarbons in ambient air dust by gas chromatography-mass spectrometry after molecularly imprinted polymer extraction [J].Anal.Bioanal.Chem.2010,397: 3097-3106.

[87] H.P.Zhu, L.G.Ma, G.Z.Fang, et al. Preparation of a molecularly imprinted polymer using TMB as a dummy template and its application as SPE sorbent for determination of six PBBs in water and fish samples [J]. Anal.Methods,2011,3: 393-399.

[88] S.Alsudir, Z.Iqbal, E.P.C.Lai.Competitive CE-UV binding tests for selective recognition of bisphenol A by molecularly imprinted polymer particles [J].Electrophoresis,2012,33: 1255-1262.

[89] S.R.Mei, D.Wu, M.Jiang, et al. Determination of trace bisphenol A in complex samples using selective molecularly imprinted solid-phase extraction coupled with capillary electrophoresis [J].Microchem.J.,2011, 98: 150-155.

[90] Y.Peng, Y.Xie, J.Luo, et al. Molecularly imprinted polymer layer-coated silica nanoparticles toward dispersive solid-phase extraction of trace sulfonylurea herbicides from soil and crop samples [J].Anal.Chim. Acta,2010,674: 190-200.

[91] H.Ebrahimzadeh, H.Abedi, Y.Yamini, et al. Molecular-imprinted polymer extraction combined with dispersive liquid-liquid micro-extraction for ultra-preconcentration of mononitrotoluene [J].J.Sep.Sci.,2010,33: 3759-3766.

[92] T.P.Lee, B.Saad, W.S.Khayoon, et al. Molecularly imprinted polymer as sorbent in micro-solid phase extraction of ochratoxin A in coffee, grape juice and urine [J].Talanta,2012,88: 129-135.

[93] K.Demeestere, M.Petrović, M.Gros, et al. Trace analysis of antidepressants in environmental waters by molecularly imprinted polymer-based solid-phase extraction followed by ultra-performance liquid chromatography coupled to triple quadrupole mass spectrometry [J].Anal. Bioanal.Chem.,2010,396: 825-837.

[94] M.Rejtharová, L.Rejthar.Determination of chloramphenicol in urine, feed water, milk and honey samples using molecular imprinted polymer clean-up [J].J.Chromatogr., A,2009,1216: 8246-8253.

[95] M.Lombardo-Agüí, A.M.García-Campaña, L.Gámiz-Gracia, et al. Laser induced fluorescence coupled to capillary electrophoresis for the determination of fluoroquinolones in foods of animal origin using molecularly imprinted polymers [J].J.Chromatogr., A,2010,1217: 2237-2242.

[96] Y.Hiratsuka, N.Funaya, H.Matsunaga, et al. Preparation of magnetic molecularly imprinted polymers for bisphenol A and its analogues and their application to the assay of bisphenol A in river water [J].J.Pharm. Biomed.Anal.,2013,75: 180-185.

[97] Z.K.Lin, Q.Y.He, L.T.Wang, et al. Preparation of magnetic multi-functional molecularly imprinted polymer beads for determining environmental estrogens in water samples [J].J.Hazard.Mater.,2013,252-253: 57-63.

[98] Z.H.Zhang, X.Yang, H.B.Zhang, et al. Novel molecularly imprinted polymers based on multi-walled carbon nanotubes with binary functional monomer for the solid-phase extraction of erythromycin from chicken muscle [J].J.Chromatogr., B: Anal.Technol.Biomed.Life Sci.,

2011,879: 1617-1624.

[99] R.X.Gao, X.Kong, F.H.Su, et al. Synthesis and evaluation of molecularly imprinted core-shell carbon nanotubes for the determination of triclosan in environmental water samples [J].J.Chromatogr., A,2010,1217: 8095-8102.

[100] C.D.Zhao, T.Zhao, X.Y.Liu, et al. A novel molecularly imprinted polymer for simultaneous extraction and determination of sudan dyes by on-line solid phase extraction and high performance liquid chromatography [J]. J.Chromatogr., A,2010,1217: 6995-7002.

[101] Z.X.Xu, J.Zhou, D.Y.Zhao, et al. Determination of trace para red residues in foods through on-line molecularly imprinted solid phase extraction coupled with high-performance liquid chromatography [J].J.Food Sci.,2010,75: C49-C54.

[102] H.M.Oliveira, M.A.Segundo, J.L.F.C.Lima, et al. Exploiting automatic on-line renewable molecularly imprinted solid-phase extraction in lab-on-valve format as front end to liquid chromatography: application to the determination of riboflavin in foodstuffs [J].Anal.Bioanal.Chem.,2010, 397: 77-86.

[103] E.Rodríguez, F.Navarro-Villoslada, E.Benito-Peña, et al. Multiresidue determination of ultratrace levels of fluoroquinolone antimicrobials in drinking and aquaculture water samples by automated online molecularly imprinted solid phase extraction and liquid chromatography [J].Anal.Chem.,2011,83: 2046-2055.

[104] T.Jing, J.W.Niu, H.Xia, et al. Online coupling of molecularly imprinted solid-phase extraction to HPLC for determination of trace tetracycline antibiotic residues in egg samples [J].J.Sep.Sci.,2011,34: 1469-1476.

[105] W.Boonjob, Y.L.Yu, M.Miró, et al. Online hyphenation of multimodal micro-solid phase extraction involving renewable molecularly imprinted and reversed-phase sorbents to liquid chromatography for automatic multiresidue assays [J].Anal.Chem.,2010,82: 3052-3060.

[106] C.D.Zhao, X.M.Guan, X.Y.Liu, et al. Synthesis of molecularly imprinted polymer using attapulgite as matrix by ultrasonic irradiation for simultaneous on-line solid phase extraction and high performance liquid chromatography determination of four estrogens [J].J.Chromatogr., A,2012,

1229：72-78.

[107] L.Guo, Q.L.Deng, G.Z.Fang, et al. Preparation and evaluation of molecularly imprinted ionic liquids polymer as sorbent for on-line solid-phase extraction of chlorsulfuron in environmental water samples [J]. J.Chromatogr., A, 2011, 1218: 6271-6277.

[108] Z.H.Zhang, H.B.Zhang, Y.F.Hu, et al. Synthesis and application of multi-walled carbon nanotubes-molecularly imprinted sol-gel composite material for on-line solid-phase extraction and high-performance liquid chromatography determination of trace Sudan Ⅳ [J].Anal.Chim.Acta, 2010, 661: 173-180.

[109] B.Sellergren.Direct drug determination by selective sample enrichment on an imprinted polymer [J] .Anal.Chem., 1994, 66: 1578-1582.

[110] F.J.Lara, F.Lynen, P.Sandra, et al. Evaluation of a molecularly imprinted polymer as in-line concentrator in capillary electrophoresis [J]. Electrophoresis, 2008, 29: 3834-3841.

[111] X.F.Zhang, S.X.Xu, Y.I.Lee, et al. LED-induced in-column molecular imprinting for solid phase extraction/capillary electrophoresis [J]. Analyst, 2013, 138: 2821-2824.

[112] C.Zheng, Y.P.Huang, Z.S.Liu.Recent developments and applications of molecularly imprinted monolithic column for HPLC and CEC [J].J.Sep.Sci., 2011, 34: 1988-2002.

[113] Y.Y.Wen, J.H.Li, J.P.Ma, et al. Recent advances in enrichment techniques to enhancing sensitivity in capillary electrophoresis [J]. Electrophoresis, 2012, 33: 2933-2952.

[114] Y.L.Hu, Y.Y.Wang, X.G.Chen, et al. A novel molecularly imprinted solid-phase microextraction fiber coupled with high performance liquid chromatography for analysis of trace estrogens in fishery samples [J]. Talanta, 2010, 80: 2099-2105.

[115] M.A.Golsefidi, Z.Es'haghi, A.Sarafraz-Yazdi.Design, synthesis and evaluation of a molecularly imprinted polymer for hollow fiber-solid phase microextraction of chlorogenic acid in medicinal plants [J]. J.Chromatogr., A, 2012, 1229: 24-29.

[116] A.R.Khorrami, A.Rashidpur.Development of a fiber coating based on molecular sol-gel imprinting technology for selective solid-phase micro extraction of caffeine from human serum and determination by gas

chromatography/mass spectrometry [J].Anal.Chim.Acta,2012,727: 20-25.

[117] D.Djozan, B.Ebrahimi, M.Mahkam, et al. Evaluation of a new method for chemical coating of aluminum wire with molecularly imprinted polymer layer.Application for the fabrication of triazines selective solid-phase microextraction fiber [J].Anal.Chim.Acta,2010,674: 40-48.

[118] X.G.Hu, Q.L.Cai, Y.N.Fan, et al. Molecularly imprinted polymer coated solid-phase microextraction fibers for determination of Sudan Ⅰ - Ⅳ dyes in hot chili powder and poultry feed samples [J].J.Chromatogr., A, 2012,1219: 39-46.

[119] D.L.Deng, J.Y.Zhang, C.Chen, et al. Monolithic molecular imprinted polymer fiber for recognition and solid phase microextraction of ephedrine and pseudoephedrine in biological samples prior to capillary electrophoresis analysis [J].J.Chromatogr., A,2012,1219: 195-200.

[120] F.Tan, M.J.Deng, X.Liu, et al. Evaluation of a novel microextraction technique for aqueous samples: Porous membrane envelope filled with multiwalled carbon nanotubes coated with molecularly imprinted polymer [J].J.Sep.Sci.,2011,34: 707-715.

[121] L.J.Qiu, W.Liu, M.Huang, et al. Preparation and application of solid-phase microextraction fiber based on molecularly imprinted polymer for determination of anabolic steroids in complicated samples [J]. J.Chromatogr., A,2010,1217: 7461-7470.

[122] A.Prieto, A.Vallejo, O.Zuloaga, et al. Selective determination of estrogenic compounds in water by microextraction by packed sorbents and a molecularly imprinted polymer coupled with large volume injection-in-port-derivatization gas chromatography-mass spectrometry [J].Anal.Chim.Acta, 2011,703: 41-51.

[123] J.Li, H.X.Chen, H.Chen, et al. Selective determination of trace thiamphenicol in milk and honey by molecularly imprinted polymer monolith microextraction and high-performance liquid chromatography [J].J.Sep.Sci., 2012,35: 137-144.

[124] F.Barahona, E.Turiel, A.Martín-Esteban.Supported liquid membrane-protected molecularly imprinted fibre for solid-phase microextraction of thiabendazole [J].Anal.Chim.Acta,2011,694: 83-89.

[125] A.Prieto, S.Schrader, C.Bauer, et al. Synthesis of a molecularly imprinted polymer and its application for microextraction by packed sorbent

for the determination of fluoroquinolone related compounds in water [J].Anal. Chim.Acta,2011,685: 146-152.

[126] F.X.Qiao, H.Y.Yan.Simultaneous analysis of fluoroquinolones and xanthine derivatives in serum by molecularly imprinted matrix solid-phase dispersion coupled with liquid chromatography [J]. J.Chromatogr., B: Anal.Technol.Biomed.Life Sci.,2011,879: 3551-3555.

[127] Y.Y.Wen, L.X.Chen, J.H.Li, et al. Molecularly imprinted matrix solid-phase dispersion coupled to micellar electrokinetic chromatography for simultaneous determination of triazines in soil, fruit, and vegetable samples [J].Electrophoresis,2012,33: 2454-2463.

[128] Y.L.Hu, J.W.Li, Y.F.Hu, et al. Development of selective and chemically stable coating for stir bar sorptive extraction by molecularly imprinted technique [J].Talanta,2010,82: 464-470.

[129] Y.L.Hu, J.W.Li, G.K.Li.Synthesis and application of a novel molecularly imprinted polymer-coated stir bar for microextraction of triazole fungicides in soil [J].J.Sep.Sci.,2011,34: 1190-1197.

[130] V.H.Springer, A.G.Lista.A simple and fast method for chlorsulfuron and metsulfuron methyl determination in water samples using multiwalled carbon nanotubes (MWCNTs) and capillary electrophoresis [J]. Talanta,2010,83: 126-129.

[131] J.Sánchez-González, N.García-Otero, A.Moreda-Piñeiro, et al. Multi-walled carbon nanotubes-solid phase extraction for isolating marine dissolved organic matter before characterization by size exclusion chromatography [J].Microchem.J.,2012,102: 75-82.

[132] J.P.Ma, R.H.Xiao, J.H.Li, et al. Determination of 16 polycyclic aromatic hydrocarbons in environmental water samples by solid-phase extraction using multi-walled carbon nanotubes as adsorbent coupled with gas chromatography-mass spectrometry [J]. J.Chromatogr., A,2010,1217: 5462-5469.

[133] R.Su, X.Xu, X.H.Wang, et al. Determination of organophosphorus pesticides in peanut oil by dispersive solid phase extraction gas chromatography-mass spectrometry [J]. J.Chromatogr., B: Anal.Technol. Biomed.Life Sci.,2011,879: 3423-3428.

[134] P.Y.Zhao, L.Wang, J.H.Luo, et al. Determination of pesticide residues in complex matrices using multi-walled carbon nanotubes as

reversed-dispersive solid phase extraction sorbent [J].J.Sep.Sci.,2012,35: 153-158.

[135] A.V.Herrera-Herrera, L.M.Ravelo-Pérez, J.Hernández-Borges, et al. Oxidized multi-walled carbon nanotubes for the dispersive solid-phase extraction of quinolone antibiotics from water samples using capillary electrophoresis and large volume sample stacking with polarity switching [J]. J.Chromatogr., A,2011,1218: 5352-5361.

[136] L.Guo, H.K.Lee.Development of multiwalled carbon nanotubes based micro-solid-phase extraction for the determination of trace levels of sixteen polycyclic aromatic hydrocarbons in environmental water samples [J]. J.Chromatogr., A,2011,1218: 9321-9327.

[137] H.Wu, X.C.Wang, B.Liu, et al. Flow injection solid-phase extraction using multi-walled carbon nanotubes packed micro-column for the determination of polycyclic aromatic hydrocarbons in water by gas chromatography-mass spectrometry [J]. J.Chromatogr., A,2010,1217: 2911-2917.

[138] Y.N.Jiao, L.Ding, S.L.Fu, et al. Determination of bisphenol A, bisphenol F and their diglycidyl ethers in environmental water by solid phase extraction using magnetic multiwalled carbon nanotubes followed by GC-MS/MS [J].Anal.Methods, 2012,4: 291-298.

[139] Y.B.Luo, Q.W.Yu, B.F.Yuan, et al. Fast microextraction of phthalate acid esters from beverage, environmental water and perfume samples by magnetic multi-walled carbon nanotubes [J].Talanta,2012,90: 123-131.

[140] Y.Guan, C.Jiang, C.F.Hu, et al. Preparation of multi-walled carbon nanotubes functionalized magnetic particles by sol-gel technology and its application in extraction of estrogens [J].Talanta,2010,83: 337-343.

[141] H.F.Zhang, Y.P.Shi.Preparation of Fe_3O_4 nanoparticle enclosure hydroxylated multi-walled carbon nanotubes for the determination of aconitines in human serum samples [J].Anal.Chim.Acta,2012,724: 54-60.

[142] P.K.Kanaujia, D.Pardasani, A.K.Purohit, et al. Polyelectrolyte functionalized multi-walled carbon nanotubes as strong anion-exchange material for the extraction of acidic degradation products of nerve agents [J]. J.Chromatogr., A,2011,1218: 9307-9313.

[143] A.Sarafraz-Yazdi, A.Amiri, G.Rounaghi, et al. A novel solid-

phase microextraction using coated fiber based sol-gel technique using poly (ethylene glycol) grafted multi-walled carbon nanotubes for determination of benzene, toluene, ethylbenzene and o-xylene in water samples with gas chromatography-flam ionization detector [J].J.Chromatogr., A, 2011,1218: 5757-5764.

[144] A.Sarafraz-Yazd, F.Ghaemi, A.Amiri.Comparative study of the sol-gel based solid phase microextraction fibers in extraction of naphthalene, fluorene, anthracene and phenanthrene from saffron samples extractants [J]. Microchim.Acta,2012,176: 317-325.

[145] A.Sarafraz-Yazdi, M.Abbasian, A.Amiri.Determination of furan in food samples using two solid phase microextraction fibers based on sol-gel technique with gas chromatography-flame ionization detector [J].Food Chem.,2012,131: 698-704.

[146] A.Sarafraz-Yazdi, A.Amiri, G.Rounaghi, et al. Determination of non-steroidal anti-inflammatory drugs in water samples by solid-phase microextraction based sol-gel technique using poly (ethylene glycol)grafted multi-walled carbon nanotubes coated fiber[J].Anal.Chim.Acta,2012,720: 134-141.

[147] Z.Es' haghi, Z.Rezaeifar, G.H.Rounaghi, et al. Synthesis and application of a novel solid-phase microextraction adsorbent: hollow fiber supported carbon nanotube reinforced sol-gel for determination of phenobarbital [J].Anal.Chim.Acta,2011,689: 122-128.

[148] H.Bagheri, Z.Ayazi, H.Sistani.Chemically bonded carbon nanotubes on modified gold substrate as novel unbreakable solid phase microextraction fiber [J].Microchim.Acta,2011,174: 295-301.

[149] J.J.Feng, M.Sun, L.L.Xu, et al. Preparation of metal wire supported solid phase microextraction fiber coated with multi-walled carbon nanotubes [J].J.Sep.Sci.,2011,34: 2482-2488.

[150] X.X.Ma, Q.L.Li, D.X.Yuan.Determination of endocrine-disrupting compounds in water by carbon nanotubes solid-phase microextraction fiber coupled online with high performance liquid chromatography [J].Talanta,2011,85: 2212-2217.

[151] R.Su, X.H.Wang, X.Xu, et al. Application of multiwall carbon nanotubes-based matrix solid phase dispersion extraction for determination of hormones in butter by gas chromatography mass spectrometry [J].

J.Chromatogr., A,2011,1218: 5047-5054.

[152] S.X.Guan, Z.G.Yu, H.N.Yu, et al. Multi-walled carbon nanotubes as matrix solid-phase dispersion extraction adsorbent for simultaneous analysis of residues of nine organophosphorus pesticides in fruit and vegetables by rapid resolution LC-MS-MS [J].Chromatographia, 2011,73: 33-41.

[153] R.Sitko, B.Zawisza, E.Malicka.Graphene as a new sorbent in analytical chemistry [J].TrAC, Trends Anal.Chem.,2013,51: 33-43.

[154] Q.Liu, J.B.Shi, L.X.Zeng, et al. Evaluation of graphene as an advantageous adsorbent for solid-phase extraction with chlorophenols as model analytes [J].J.Chromatogr., A,2011,1218: 197-204.

[155] K.J.Huang, S.Yu, J.Li, et al. Extraction of neurotransmitters from rat brain using graphene as a solid-phase sorbent, and their fluorescent detection by HPLC [J]. Microchim.Acta,2012,176: 327-335.

[156] G.Y.Zhao, S.J.Song, C.Wang, et al. Determination of triazine herbicides in environmental water samples by high-performance liquid chromatography using graphene-coated magnetic nanoparticles as adsorbent [J].Anal.Chim.Acta,2011,708: 155-159.

[157] W.N.Wang, Y.P.Li, Q.H.Wu, et al. Extraction of neonicotinoid insecticides from environmental water samples with magnetic graphene nanoparticles as adsorbent followed by determination with HPLC [J].Anal. Methods,2012,4: 766-772.

[158] Q.H.Wu, M.Liu, X.X.Ma, et al. Extraction of phthalate esters from water and beverages using a graphene-based magnetic nanocomposite prior to their determination by HPLC [J].Microchim.Acta,2012,177: 23-30.

[159] Q.H.Wu, G.Y.Zhao, C.Feng, et al. Preparation of a graphene-based magnetic nanocomposite for the extraction of carbamate pesticides from environmental water samples [J].J.Chromatogr., A,2011,1218: 7936-7942.

[160] L.Xu, H.K.Lee.Novel approach to microwave-assisted extraction and micro-solid-phase extraction from soil using graphite fibers as sorbent [J].J.Chromatogr., A,2008,1192: 203-207.

[161] H.Zhang, W.P.Low, H.K.Lee.Evaluation of sulfonated graphene sheets as sorbent for micro-solid-phase extraction combined with gas chromatography-mass spectrometry [J]. J.Chromatogr., A,2012,1233: 16-21.

[162] G.Y.Zhao, S.J.Song, C.Wang, et al. Solid-phase microextraction

with a novel graphene-coated fiber coupled with high-performance liquid chromatography for the determination of some carbamates in water samples [J].Anal.Methods,2011,3: 2929-2935.

[163] H.Zhang, H.K.Lee.Plunger-in-needle solid-phase microextraction with graphene-based sol-gel coating as sorbent for determination of polybrominated diphenyl ethers [J].J.Chromatogr., A, 2011,1218: 4509-4516.

[164] Q.H.Wu, C.Feng, G.Y.Zhao, et al. Graphene-coated fiber for solid-phase microextraction of triazine herbicides in water samples [J].J.Sep. Sci.,2012,35: 193-199.

[165] V.K.Ponnusamy, J.F.Jen.A novel graphene nanosheets coated stainless steel fiber for microwave assisted headspace solid phase microextraction of organochlorine pesticides in aqueous samples followed by gas chromatography with electron capture detection [J].J.Chromatogr., A, 2011,1218: 6861-6868.

[166] J.M.Chen, J.Zou, J.B.Zeng, et al. Preparation and evaluation of graphene-coated solid-phase microextraction fiber [J].Anal.Chim.Acta, 2010,678: 44-49.

[167] S.L.Zhang, Z.Du, G.K.Li.Layer-by-layer fabrication of chemical-bonded graphene coating for solid-phase microextraction [J].Anal. Chem.,2011,83: 7531-7541.

[168] J.Zou, X.H.Song, J.J.Ji, et al. Polypyrrole/graphene composite-coated fiber for the solid-phase microextraction of phenols [J].J.Sep.Sci., 2011,34: 2765-2772.

[169] L.L.Xu, J.J.Feng, J.B.Li, et al. Graphene oxide bonded fused-silica fiber for solid-phase microextraction-gas chromatography of polycyclic aromatic hydrocarbons in water [J].J.Sep.Sci.,2012,35: 93-100.

[170] Y.B.Luo, J.S.Cheng, Q.Ma, et al. Graphene-polymer composite: extraction of polycyclic aromatic hydrocarbons from water samples by stir rod sorptive extraction [J].Anal.Methods,2011,3: 92-98.

[171] Q.Liu, J.B.Shi, J.T.Sun, et al. Graphene-assisted matrix solid-phase dispersion for extraction of polybrominated diphenyl ethers and their methoxylated and hydroxylated analogs from environmental samples [J].Anal. Chim.Acta,2011,708: 61-68.

[172] J.M.Jiménez-Soto, S.Cárdenas, M.Valcárcel.Evaluation of

single-walled carbon nanohorns as sorbent in dispersive micro solid-phase extraction [J].Anal.Chim.Acta,2012,714: 76-81.

[173] J.M.Jiménez-Soto, S.Cárdenas, M.Valcárcel.Dispersive micro solid-phase extraction of triazines from waters using oxidized single-walled carbon nanohorns as sorbent [J].J.Chromatogr., A,2012,1245: 17-23.

[174] J.M.Jiménez-Soto, S.Cárdenas, M.Valcárcel.Carbon nanocones/disks as new coating for solid-phase microextraction [J].J.Chromatogr., A, 2010,1217: 3341-3347.

[175] W.Boonjob, M.Miró, M.A.Segundo, et al. Flow-through dispersed carbon nanofiber-based microsolid-phase extraction coupled to liquid chromatography for automatic determination of trace levels of priority environmental pollutants [J].Anal.Chem.,2011,83: 5237-5244.

[176] S.Vadukumpully, C.Basheer, C.S.Jeng, et al. Carbon nanofibers extracted from soot as a sorbent for the determination of aromatic amines from wastewater effluent samples [J].J.Chromatogr., A,2011,1218: 3581-3587.

[177] J.W.Zewe, J.K.Steach, S.V.Olesik.Electrospun fibers for solid-phase microextraction [J].Anal.Chem.,2010,82: 5341-5348.

[178] L.G.Chen, T.Wang, J.Tong.Application of derivatized magnetic materials to the separation and the preconcentration of pollutants in water samples [J].TrAC, Trends Anal.Chem.,2011,30: 1095-1108.

[179] S.W.Su, Y.C.Liao, C.W.Zhang.Analysis of alendronate in human urine and plasma by magnetic solid-phase extraction and capillary electrophoresis with fluorescence detection [J].J.Sep.Sci.,2012,35: 681-687.

[180] C.C.Hsu, C.W.Whang.Microscale solid phase extraction of glyphosate and aminomethylphosphonic acid in water and guava fruit extract using alumina-coated iron oxide nanoparticles followed by capillary electrophoresis and electrochemiluminescence detection [J].J.Chromatogr., A,2009,1216: 8575-8580.

[181] Y.Y.Geng, M.Y.Ding, H.Chen, et al. Preparation of hydrophilic carbon- functionalized magnetic microspheres coated with chitosan and application in solid-phase extraction of bisphenol A in aqueous samples [J]. Talanta,2012,89: 189-194.

[182] S.X.Zhang, H.Y.Niu, Z.J.Hu, et al. Preparation of carbon coated Fe_3O_4 nanoparticles and their application for solid-phase extraction of polycyclic aromatic hydrocarbons from environmental water samples [J].

J.Chromatogr., A,2010,1217: 4757-4764.

[183] S.X.Zhang, H.Y.Niu, Y.Q.Cai, et al. Barium alginate caged Fe$_3$O$_4$@C$_{18}$ magnetic nanoparticles for the pre-concentration of polycyclic aromatic hydrocarbons and phthalate esters from environmental water samples [J].Anal.Chim.Acta,2010,665: 167-175.

[184] B.Chu, D.J.Lou, P.F.Yu, et al. Development of an on-column enrichment technique based on C$_{18}$-functionalized magnetic silica nanoparticles for the determination of lidocaine in rat plasma by high performance liquid chromatography [J].J.Chromatogr., A,2011,1218: 7248-7253.

[185] X.L.Zhang, H.Y.Niu, W.H.Li, et al. A core-shell magnetic mesoporous silica sorbent for organic targets with high extraction performance and anti-interference ability [J].Chem.Commun.,2011,47: 4454-4456.

[186] Q.Gao, C.Y.Lin, D.Luo, et al. Magnetic solid-phase extraction using magnetic hyper cross linked polymer for rapid determination of illegal drugs in urine [J].J.Sep.Sci.,2011,34: 3083-3091.

[187] X.Z.Hu, M.L.Chen, Q.Gao, et al. Determination of benzimidazole residues in animal tissue samples by combination of magnetic solid-phase extraction with capillary zone electrophoresis [J].Talanta,2012,89: 335-341.

[188] A.Mehdinia, F.Roohi, A.Jabbari.Rapid magnetic solid phase extraction with in situ derivatization of methylmercury in seawater by Fe$_3$O$_4$/polyaniline nanoparticle [J].J.Chromatogr., A,2011,1218: 4269-4274.

[189] Z.Iqbal, S.Alsudir, M.Miah, et al. Rapid CE-UV binding tests of environmentally hazardous compounds with polymer-modified magnetic nanoparticles [J].Electrophoresis,2011,32: 2181-2187.

[190] J.R.Meng, J.Bu, C.H.Deng, et al. Preparation of polypyrrole-coated magnetic particles for micro solid-phase extraction of phthalates in water by gas chromatography-mass spectrometry analysis [J].J.Chromatogr., A,2011,1218: 1585-1591.

[191] J.Ding, Q.Zhao, L.Sun, et al. Magnetic mixed hemimicelles solid phase extraction of xanthohumol in beer coupled with high-performance liquid chromatography determination [J].J.Sep.Sci.,2011,34: 1463-1468.

[192] H.Bagheri, O.Zandi, A.Aghakhani.Reprint of: Extraction of fluoxetine from aquatic and urine samples using sodium dodecyl sulfate-

coated iron oxide magnetic nanoparticles followed by spectrofluorimetric determination [J].Anal.Chim.Acta,2012,716: 61-65.

[193] Q.Cheng, F.Qu, N.B.Li, et al. Mixed hemimicelles solid-phase extraction of chlorophenols in environmental water samples with 1-hexadecyl-3-methylimidazolium bromide-coated Fe_3O_4 magnetic nanoparticles with high-performance liquid chromatographic analysis [J]. Anal.Chim.Acta,2012,715: 113-119.

[194] X.M.Wu, J.Hu, B.H.Zhu, et al. Aptamer-targeted magnetic nanospheres as a solid-phase extraction sorbent for determination of ochratoxin A in food samples [J].J.Chromatogr., A,2011,1218: 7341-7346.

[195] Y.M.Long, Y.Z.Chen, F.Yang, et al. Triphenylamine-functionalized magnetic microparticles as a new adsorbent coupled with high performance liquid chromatography for the analysis of trace polycyclic aromatic hydrocarbons in aqueous samples [J].Analyst,2012,137: 2716-2722.

[196] S.X.Zhang, H.Y.Niu, Y.Y.Zhang, et al. Biocompatible phosphatidylcholine bilayer coated on magnetic nanoparticles and their application in the extraction of several polycyclic aromatic hydrocarbons from environmental water and milk samples [J].J.Chromatogr., A,2012, 1238: 38-45.

[197] F.Bianchi, V.Chiesi, F.Casoli, et al. Magnetic solid-phase extraction based on diphenyl functionalization of Fe_3O_4 magnetic nanoparticles for the determination of polycyclic aromatic hydrocarbons in urine samples [J].J.Chromatogr., A,2012,1231: 8-15.

[198] Y.R.Huang, Q.X.Zhou, J.P.Xiao, et al. Determination of trace organophosphorus pesticides in water samples with TiO_2 nanotubes cartridge prior to GC-flame photometric detection [J].J.Sep.Sci.,2010,33: 2184-2190.

[199] Y.R.Huang, Q.X.Zhou, G.H.Xie, et al. Titanium dioxide nanotubes for solid phase extraction of benzoylurea insecticides in environmental water samples, and determination by high performance liquid chromatography with UV detection [J].Microchim.Acta,2011,172: 109-115.

[200] Q.X.Zhou, Y.R.Huang, G.H.Xie.Investigation of the applicability of highly ordered TiO_2 nanotube array for enrichment and determination of polychlorinated biphenyls at trace level in environmental water samples [J]. J.Chromatogr., A,2012,1237: 24-29.

[201] Q.X.Zhou, J.L.Mao, J.P.Xiao, et al. Determination of paraquat

and diquat preconcentrated with N doped TiO_2 nanotubes solid phase extraction cartridge prior to capillary electrophoresis [J].Anal.Methods, 2010,2: 1063-1068.

[202] X.F.Wang, Q.X.Zhou, M.X.Zhai.Using Zr doped TiO_2 nanotubes for the pre-concentration and sensitive determination of bisphenol A prior to fluorescence spectrometry in water samples [J].Anal.Methods,2012 ,4: 394-398.

[203] H.M., Liu, D.A.Wang, L.Ji, et al. A novel TiO_2 nanotube array/ Ti wire incorporated solid-phase microextraction fiber with high strength, efficiency and selectivity [J].J.Chromatogr., A,2010,1217: 1898-1903.

[204] D.Pan, C.Y.Chen, F.Yang, et al. Titanium wire-based SPE coupled with HPLC for the analysis of PAHs in water samples [J].Analyst, 2011,136: 4774-4779.

[205] L.J.Murray, M.Dinca, J.R.Long.Hydrogen storage in metal-organic frameworks [J].Chem.Soc.Rev.,2009,38: 1294-1314.

[206] L.M.Li, F.Yang, H.F.Wang, et al. Metal-organic framework polymethyl methacrylate composites for open-tubular capillary electrochromatography [J].J.Chromatogr., A,2013,1316: 97-103.

[207] 邢以晶,李赏,朱从懿,等 . 基于选择性吸附实现有机染料分离的一种金属有机框架薄膜材料制备与表征 [J]. 化工进展,2019,2: 1010-1017.

[208] N.Chang, X.P.Yan.Exploring reverse shape selectivity and molecular sieving effect of metal-organic framework UIO-66 coated capillary column for gas chromatographic separation [J].J.Chromatogr., A, 2012,1257: 116-124.

[209] Y.Y.Fu, C.X.Yang, X.P.Yan.Metal-organic framework MIL-100 (Fe) as the stationary phase for both normal-phase and reverse-phase high performance liquid chromatography[J]. J.Chromatogr., A,2013,1274: 137-144.

[210] Y.Y.Fu, C.X.Yang, X.P.Yan.Fabrication of ZIF-8@SiO_2 core-shell microspheres as the stationary phase for high-performance liquid chromatography [J].Chem.Eur.J.,2013,19: 13484-13491.

[211] X.Q.Yang, C.X.Yang, X.P.Yan.Zeolite imidazolate framework-8 as sorbent for on-line solid-phase extraction coupled with high-performance liquid chromatography for the determination of tetracyclines in water and milk samples [J].J.Chromatogr., A,2013,1304: 28-33.

[212] Z.L.Fang, S.R.Zheng, J.B.Tan, et al. Tubular metal-organic

framework-based capillary gas chromatography column for separation of alkanes and aromatic positional isomers [J].J.Chromatogr., A,2013,1285: 132-138.

[213] J.K.Sun, M.Ji, C.Chen, et al. A charge-polarized porous metal-organic framework for gas chromatographic separation of alcohols from water [J].Chem.Commun.,2013,49: 1624-1626.

[214] H.Y.Huang, C.L.Lin, C.Y.Wu, et al. Metal organic framework-organic polymer monolith stationary phases for capillary electrochromatography and nano-liquid chromatography[J].Anal.Chim.Acta, 2013,779: 96-103.

[215] Y.B.Yu, Y.Q.Ren, W.Shen, et al. Applications of metal-organic frameworks as stationary phases in chromatography [J].TrAC, Trends Anal. Chem.,2013,50: 33-41.

[216] J.Q.Xu, J.Zheng, J.Y.Tian, et al. New materials in solid-phase microextraction [J].TrAC, Trends Anal.Chem.,2013,47: 68-83.

[217] J.Y.Tian, J.Q.Xu, F.Zhu, et al. Application of nanomaterials in sample preparation [J].J.Chromatogr., A,2013,1300: 2-16.

[218] S.L.Yang, C.Y.Chen, Z.H.Yan, et al. Evaluation of metal-organic framework 5 as a new SPE material for the determination of polycyclic aromatic hydrocarbons in environmental waters [J].J.Sep.Sci., 2013,36: 1283-1290.

[219] Y.L.Hu, C.Y.Song, J.Liao, et al. Water stable metal-organic framework packed microcolumn for online sorptive extraction and direct analysis of naproxen and its metabolite from urine sample[J].J.Chromatogr., A,2013,1294: 17-24.

[220] C.Hu, M.He, B.B.Chen, et al. Polydimethylsiloxane/metal-organic frameworks coated stir bar sorptive extraction coupled to high performance liquid chromatography-ultraviolet detector for the determination of estrogens in environmental water samples [J].J.Chromatogr., A,2013, 1310: 21-30.

第 3 章 液相萃取方法

经典的液相萃取方法是液液萃取（Liquid Liquid Extraction，LLE），目前在实验室里仍经常使用。影响 LLE 萃取效率的参数主要有萃取溶剂类型、氯化钠含量、萃取溶剂体积、萃取时间、样品 pH 等。然而，这个方法耗时长、操作烦琐，需要消耗大量的有毒有机溶剂，这不符合环境友好的要求。近年来，一些液相微萃取方法如盐析辅助液液萃取法（Salting-Out Assisted Liquid Liquid Extraction，SALLE）、中空纤维液相微萃取（Hollow-Fiber Liquid Microextraction，HF-LPME）、支撑液相萃取（Supported Liquid Extraction，SLE）、电膜萃取（Electromembrance Extraction，EME）、浊点萃取（Cloud Point Extraction，CPE）、分散液液微萃取（Dispersive Liquid-Liquid Microextraction，DLLME）、单滴微萃取（Single Drop Microextraction，SDME）、超声辅助萃取（Ultrasonic Assisted Extraction，UAE）、微波辅助萃取（Microwave-Assisted Extraction，MAE）、压力流体萃取（Pressurized Liquid Extraction，PLE）和超临界流体萃取（Supercritical Fluid Extraction，SFE）等得到了广泛的应用。蛋白沉淀（Protein Precipitation，PP）作为大多数生物样品的重要制备方法，在一些文献中被归为 LLE。

3.1 PP

尽管 PP 的选择性和样品净化能力被认为是非常低的，但由于其简单、方法优化快速和无特定设备等优点，PP 目前仍然是分析物萃取的主要方法之一。蛋白质沉淀是基于样品内源性蛋白质和目标化合物的不同溶解性来实现的。此外，一些含酚类化合物（如黄酮类化合物）的天然化合物对光、热和 pH 值变化敏感，因此 PP 作为一种可以防止降解和氧化的方法，成为萃取这些分析物不错的选择[1]。

无论目标分析物是否与蛋白质结合，向蛋白质含量高的样品中添加沉淀剂会导致蛋白质变性，从而使分析物在液相中溶解并与蛋白质颗粒分离[1]。沉淀剂可以是有机溶剂(乙腈、甲醇、乙醇或丙酮)、酸(高氯酸、三氯乙酸或磷酸)、高浓度的盐溶液或 SDS[2,3]。样品与沉淀溶剂的常用体积比为 1∶1、1∶2、1∶4 和 1∶5[3]。有机溶剂可以去除 95% 以上的血浆蛋白,其中甲醇由于效率较高,常被用于蛋白质沉淀;乙腈在某些生物样品中比甲醇和乙醇具有更强的沉淀性。酸是一种很好的沉淀剂。例如,在全血中血浆蛋白被水分子所包围。在较低的 pH 值下,带正电荷的氨基酸成为不溶性盐,这些盐将夺取蛋白质表面的水分子,所以蛋白质之间由于疏水作用而聚集[1]。为了提高 PP 的效率,目前还发展了 96 孔板半自动化和自动化的除蛋白质方法[4-7]。

　　然而,上面所述 PP 方法的回收率是不同的。有机溶剂在沉淀蛋白质的同时还可以对目标分析物进行少量的萃取,而盐或酸则无法溶解适量的目标分析物于上清液中[8]。为了解决这个问题,建议使用不同溶剂的组合,例如,有机溶剂和盐的结合,称为 SALLE,是目前非常流行的同时除蛋白质和萃取的样品前处理方法。

3.2　SALLE

　　盐析辅助液液萃取是一种均相液 - 液萃取(Homogeneous Liquid-Liquid Extraction, HLLE)技术。HLLE 是溶剂萃取的一种变体,涉及与水互溶有机溶剂的萃取[9,10],它基于添加添加剂(即盐和蔗糖)形成两种液体互溶的两相体系[11,12]。1973 年,Matkovich 和 Christian 首次对丙酮与水的分离进行了实验并验证了这一效果[11]。后来,这项技术就成为一种非常流行的萃取方法,叫作 SALLE。此方法的原理是基于液液萃取,即向有机相和水相的混合溶液中加入一定量的盐溶液使有机相从混合溶液中盐析出来,同时目标分析物将被萃取到盐析出的有机相中,其原理图见图 3-1。用两个相似的理论解释 SALLE 过程:一种仅适用于离子化合物,这个理论认为由于静电吸引力使得两种溶剂中的极性较强的溶剂(例如水)优先聚集在盐周围。另一种理论假设其中一种溶剂优先溶解电解质(离子型或非离子型)而使其无法溶解另一种溶剂[11,13]。

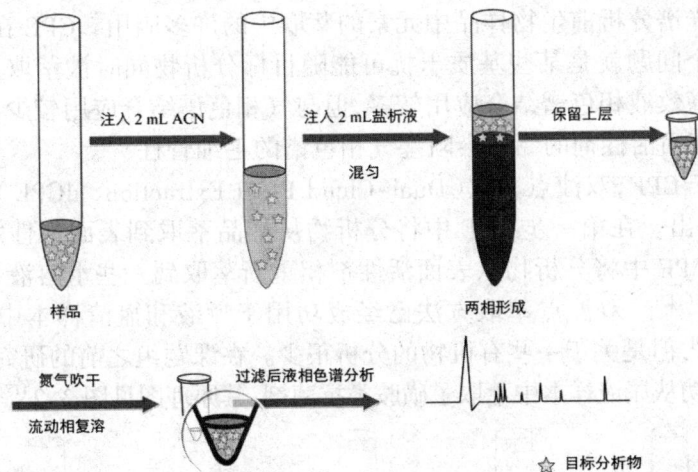

图 3-1　SALLE 方法图

　　由于操作中涉及盐的添加,所以该方法尤其适用于高盐样品,例如海水[10]。考虑到有机溶剂作为蛋白质沉淀剂,所以 SALLE 又特别适用于生物样品的萃取及除蛋白质。这种方法可以将样品除基质效应[例如乙腈(ACN)除蛋白质]与富集(通过盐析萃取)结合起来。

3.3　CPE 和 dual-CPE

　　CPE 最初是由 Watanabe 和同事在 1976 年引进的[14]。与 LLE 类似,CPE 主要基于中性表面活性剂(包括非离子表面活性剂和两性表面活性剂)之间的温差引起的相分离。当温度高于浊点,表面活性剂浓度接近临界胶束浓度时,形成浑浊溶液。离心后形成两相:一相是富含表面活性剂的相,另一种是水相。疏水性物质可以被萃取到表面活性剂相然后进行分析。浊点萃取的操作程序如下:样品被调整到一定的 pH 值。在样品溶液中加入表面活性剂胶束(通常使用 Triton X-114 或 110),然后将混合物浸入恒温槽中。在此步骤中,形成浑浊的溶液并将水样中的分析物萃取到富含表面活性剂的相中。将混合物离心并在冰浴中冷却以增加表面活性剂相的黏度后,用移液管小心地除去上清液水相并保留有机相用于仪器分析。与 LLE、SPE、SPME 等萃取方法相比,CPE 有其自身的优点:不需要有机溶剂、毒性小、表面活性剂价格便宜、所需样品体积小等。此外,萃取和富集只需一步即可实现[14]。参考文献[15]综述了

CPE 在光谱分析前生物样品中元素的萃取中的许多应用。CPE 在萃取时存在一个问题就是某些基质干扰可能随目标分析物同时被萃取及富集。CPE 与高效液相色谱结合应用较多，但与气相色谱结合应用较少，这可能是因为表面活性剂的黏性会阻塞气相色谱的毛细管柱[14]。

基于 CPE，双浊点萃取（Dual-Cloud Point Extraction，dCPE）首先由 Yin[16] 提出。在第一步 CPE 中将分析物从样品萃取到表面活性剂相，在第二步 CPE 中将分析物从表面活性剂相重新萃取到一些水溶液，例如碱性溶液[16,17]。双浊点萃取方法已经成功用于唾液和血清样本中的元素萃取[18,19]，但是关于一些有机物的分析很少。在课题组之前的研究中采用 dCPE 成功从尿液样本中萃取了磺胺类抗菌剂，其原理图见图 3-2[17]。

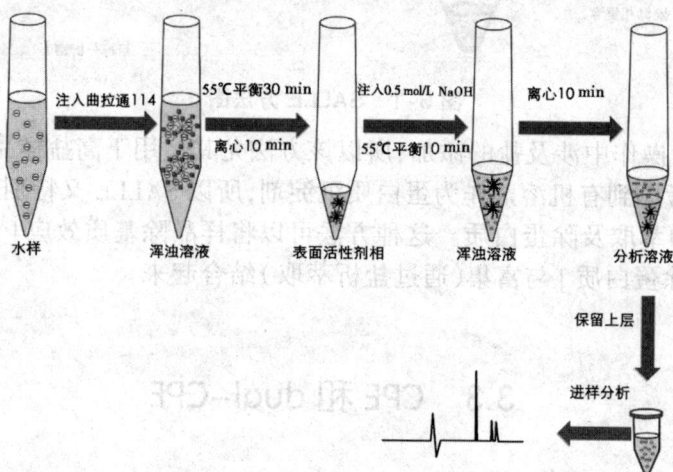

图 3-2 dCPE 方法原理图

3.4 DLLME

2006 年，Rezaee 及其同事首次将 DLLME 作为一种新的萃取方法引入样品前处理技术中[20]。与 HLLE 或 CPE 一样，DLLME 也是基于三元组分溶剂系统的萃取方法。在 DLLME 中，通过注射器将适当的萃取溶剂和分散溶剂混合物快速注入水样中。萃取溶剂的微粒分散在水相中，形成浑浊的溶液并与分析物相互作用。分析物从样品中萃取到萃取溶剂的细小液滴中。经过离心分离实现相分离并用仪器分析沉积相中的富集分析物。分散液液微萃取的萃取溶剂必须是密度大于水的不溶性溶剂，如氯苯、四氯化碳、四氯乙烯和离子液体等，而分散剂溶剂必须是水溶性的极性溶剂,如丙酮、甲醇、四氢呋喃、乙醇和乙腈等[21]。Shahawi 等人综述了 DLLME 在血清和头发等生物样品微量金属分析中的应用[22],DLLME 的原理图见图 3-3 [21]。

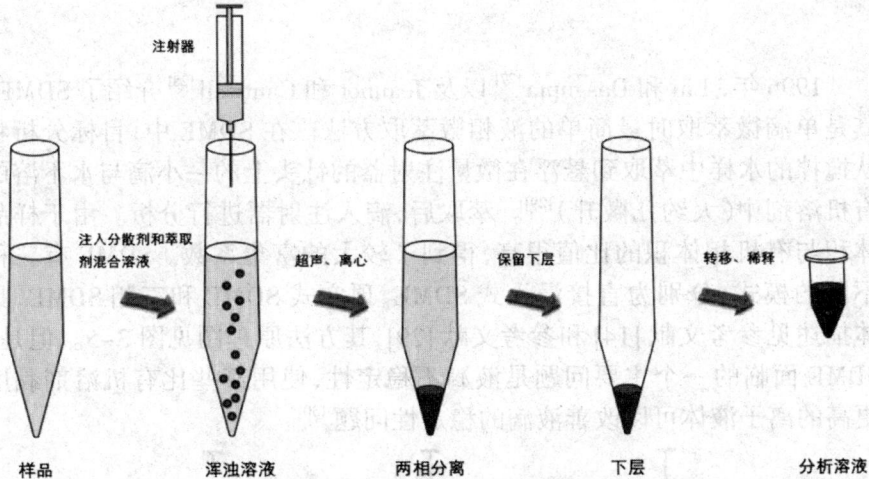

图 3-3　DLLME 方法原理图

分散液液微萃取-上浮溶剂固化(DLLME with Solidification of Floating Organic Drop, DLLME-SFO)是近年来发展起来的 DLLME 的另一种前处理模式。在 DLLME-SFO[23-26] 中,十二烷醇和 2-十二烷醇代替了一些密度大于水的不溶性溶剂作为萃取溶剂。离心分离后,萃取溶剂浮于水相上层并在冰浴中通过冷却快速凝固。最后可将固化后的萃取溶剂转移到室温下融化后进行分析,其方法原理图见图 3-4。

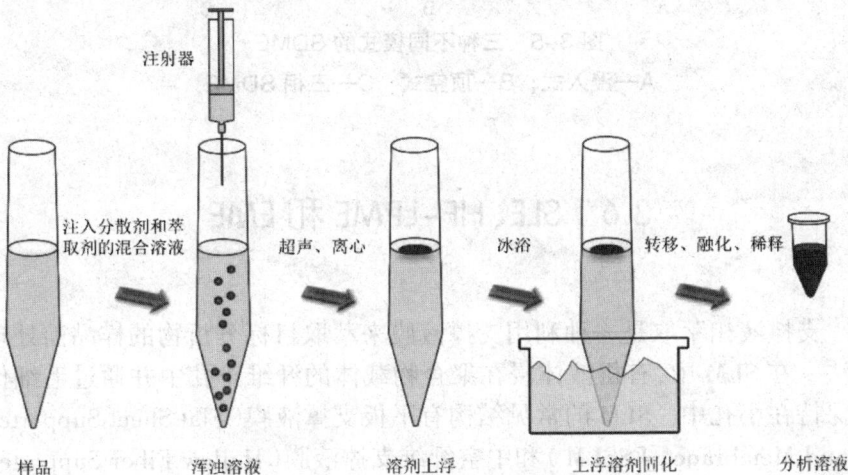

图 3-4　DLLME-SFO 方法原理图

3.5　SDME

1996 年，Liu 和 Dasgupta[27] 以及 Jeannot 和 Cantwell[28] 介绍了 SDME，其是单滴微萃取时最简单的液相微萃取方法。在 SDME 中，目标分析物从搅拌的水样中萃取到悬浮在微量注射器的针头上的一小滴与水不溶的有机溶剂中(大约几微升)[29]。萃取后，滴入注射器进行分析。由于样品体积与有机相体积的比值很高，得到了较大的富集系数。SDME 有三种不同的模式，分别为直接浸入式 SDME、顶空式 SDME 和三相 SDME，具体描述见参考文献 [14] 和参考文献 [29]，其方法原理图见图 3-5。但是，SDME 面临的一个主要问题是液滴不稳定性，使用某些比有机溶剂黏度更高的离子液体可以改善液滴的稳定性问题[30]。

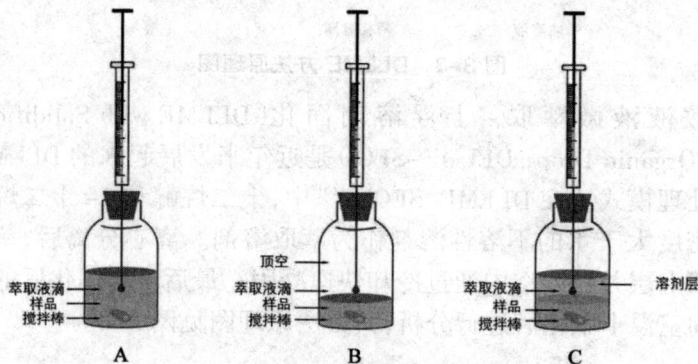

图 3-5　三种不同模式的 SDME
A—浸入式；B—顶空式；C—三相 SDME

3.6　SLE、HF-LPME 和 EME

支撑液相萃取是一种利用支撑液膜来萃取目标分析物的样品前处理方法。在 SLM 中，有机液体浸在聚合物载体的纤维小孔中并通过毛细作用保持在小孔中。SLM 的常见结构有平板支撑液膜(Flat Sheet Supported Liquid Membrane，FSSLM)和中空纤维支撑液膜(Hollow Fiber Supported Liquid Membrane，HFSLM)[31]。

3.6.1 SLE

支撑液相萃取的过程描述如下：首先将一块纤维的管腔中充满接收溶液，然后将纤维浸入膜液中几秒钟，使纤维壁的孔隙浸润形成有机液膜就得到了支撑液膜萃取装置。萃取时，将萃取装置浸入样品溶液中并摇动／搅拌以进行萃取和富集。分析物通过中空纤维的孔从样品转移到接收溶液中。整个萃取过程取决于分析物的性质，例如分配系数[14]。萃取后，收集并分析含有萃取分析物的接收溶液[32]。通常中空纤维支撑液膜更昂贵，但它们具有更大的比表面积有利于提高萃取效率；商业化的支撑液膜比表面积更大，可达 220 m²/g[31]。

3.6.2 HF–LPME

1999 年，Pedersen Bjergaard 及其同事首次介绍了 HF–LPME[33]。液相微萃取有两种模式，分别称为两相和三相液相微萃取。在两相 HF–LPME 中，固定在低分子纤维孔隙中的有机溶液可以与接收溶液相同，接收溶液直接注入色谱仪器中。在三相 HF–LPME 中，可以使用水溶液作为接收溶液。分析物从样品溶液中萃取到有机膜中，然后从有机膜中反萃取到接受水溶液中。虽然这种方法现在很流行，但也有一些缺点。一个缺点是在分析复杂生物样品（如血浆和尿液）时在纤维表面吸附疏水性物质可能会堵塞膜的孔[14]。因此，对于这些样品，建议在使用 HF–LPME 之前先进行 PP 处理；另一个缺点是在中空纤维表面产生的气泡会降低传输速率和萃取的重现性。此外，样品和接收溶剂之间的膜屏障降低了萃取速率并增加了萃取时间。

3.6.3 MEM

为了缩短 SLE 的萃取时间，Pedersen Bjergard 和 Rasmussen 首先引入了 MEM[34]。在萃取过程中在 SLM 施加一个电位差作为驱动力。方法是将一个铂电极置于样品溶液中，另一个铂电极置于萃取剂中。样品中的带电分析物穿过 SLM 向萃取剂中的相反带电电极迁移[35]。对于净带正电荷分析物的萃取，阳极置于样品中而阴极置于接收溶液中；对于净带负电荷分析物的萃取，电场的方向是相反的[36]。有趣的是，其设置同时从废水中萃取酸性和碱性分析物[37]。将阳极和阴极分别置于酸性（pH=2）和碱性（pH=12）缓冲液中。在外加电压下，碱性药物向阴极迁移并去离子变为中性；带负电荷的酸性药物向阳极迁移并去离子变为中性。两种中性药物最终被转移到有机接收溶剂中，这是同时萃取酸性和碱性药物的过程。

有关影响 EME 萃取效率的 EME 设置、一般程序和参数的更多信息，请参阅其他文献[35,38]，而且在参考文献 [35] 中阐述了 EME 的一些新的发展，如芯片 EME、低压 EME、脉冲 EME 和以及低密度溶剂型超声辅助乳化 EME 微萃取。

3.7　UAE、MAE、PLE 和 SFE

与上述方法一样，UAE、MAE、PLE 和 SFE 也是基于液相萃取的萃取方法。这些方法通常用于固体或半固体样品，具有萃取时间短、溶剂消耗量低、样品需求量小等优点，在很多情况下都取代了传统的索氏萃取法。下面就简单介绍这几种萃取方法。

3.7.1 UAE

超声辅助萃取是利用声波振动在液体中产生空化，空化增强了分析物从基质到萃取溶剂的萃取。影响 SAE 萃取效率的变量主要包括萃取溶剂、萃取温度和萃取时间。超声辅助萃取使用的典型萃取剂是甲醇、乙醇、乙腈和丙酮，超声波处理时间为 2 ~ 120 min[29]。超声波处理后，通过过滤或离心分离所萃取的分析物。为了获得较高的萃取效率，该流程可操作两到三次。然后将萃取剂组合在一起，用氮气吹干，再复溶在小体积溶剂中进行分析。而且复溶后的试剂也可再用 SPE 进行下一步的萃取及富集。但是由于超声能量分布不均匀所导致的选择性低是 UAE 的主要缺点。

3.7.2 MAE

微波辅助萃取是利用微波加热样品和有机溶剂或溶剂混合物，将分析物从样品基质中分离到萃取剂中的一种样品前处理技术。频率在 $300 ~ 3 \times 10^6$ Hz 之间的微波能通过离子传导和偶极子旋转引起分子运动，离子传导是离子在外加电磁场中的电泳迁移。溶液对离子流动的阻力引起摩擦从而加热溶液。偶极子旋转是在外加磁场作用下偶极子发生重排并产生加热效应[39]。因此,理论上只有含有偶极矩变化的材料或微波吸收剂的样品或溶剂会受到微波的影响。微波辅助萃取效率主要受萃取溶剂、萃取温度和萃取时间的影响,使用的溶剂主要是甲醇、乙醇或水、二元或多元溶剂 [例如己烷∶Acteone（1∶1）]。己烷不能在微波炉中加热,但是和丙酮一起混合会发生加热现象。MAE 有两种模式:开罐式或闭罐式,实际操作中常使用开罐式。在闭罐式模式下,溶剂可以在大气压下加热至沸点以上,这样可以提高其萃取速率和效率。因为溶剂被快速加热,所以 MAE 的主要优点是萃取时间短(约 15 ～ 30 min)。与 UAE 相比,选择性差是 MAE 的主要缺点。

3.7.3　PLE

压力流体萃取也称为加速溶剂萃取(Accelerated Solvent Extraction, ASE),这种萃取方法是通过对样品池加压,使萃取剂保持在相对较高的萃取温度(甚至高达 200 ℃)下仍然为液体。这样可以减少萃取时间和溶剂消耗。压力流体萃取有商用、自动化系统,还有微型化的 PLE 系统。压力流体萃取系统由一个不锈钢萃取单元组成,通过电子元件控制加热器、泵和程序参数(温度和压力)。影响 PLE 工艺效率的最重要参数是萃取溶剂、萃取温度和萃取时间。一些有机溶剂、水、低极性和高极性溶剂的混合物通常作为萃取溶剂来萃取目标分析物[29]。近年来,由于纯水的极化程度太高,不能溶解某些具有生物活性的化合物,所以在水中加入表面活性剂也被用作 PLE 的萃取溶剂。

3.7.4　SFE

超临界流体萃取依靠超临界流体进行萃取,可以萃取复杂基质中的多种化合物。超临界流体的性质介于气体和液体之间,这主要取决于流体的压力、温度和组成。超临界流体的黏度比液体的黏度低,扩散系数也大,这使得其萃取效率更高。许多溶剂,如二氧化碳、一氧化二氮、乙烷、丙烷、正戊烷、氨、氟化物、六氟化硫和水,都可以用作超临界流体[29]。在所有这些溶剂中,纯二氧化碳是最受欢迎的,因为它的临界温度低、化学惰性、低毒和低成本,以及它广泛地溶解有机化合物的能力。然而,由于对高极性分析物的萃取回收率低而限制了二氧化碳的使用,但是可以通过使用适当的改性剂(如水或甲醇)来提高萃取效率。影响萃取的参数有温度和压力、萃取时间、流速、改性剂的选择和收集方式(如溶剂、捕集器、空容器等)[29]。

参考文献

[1] J.H.Oh, Y.J.Lee.Sample preparation for liquid chromatographic analysis of phytochemicals in biological fluids[J].Phytochem.Anal.,2014, 25: 314-330.

[2] I.Kohler, D.Guillarme.Multi-target screening of biological samples using LC-MS/MS: focus on chromatographic innovations[J].Bioanalysis, 2014,6: 1255-1273.

[3] B.Cervinkova, L.K.Krcmova, D.Solichova, et al. Recent advances in the determination of tocopherols in biological fluids: From sample pretreatment and liquid chromatography to clinical studies[J].Anal Bioanal Chem,2016,408: 2407-2424.

[4] R.A.Biddlecombe, S.Pleasance.Automated protein precipitation by filtration in the 96-well format[J].J.Chromatogr.B Analyt.Technol.Biomed. Life Sci.,1999,734: 257-265.

[5] J.Ma, J.Shi, H.Le, et al. A fully automated plasma protein precipitation sample preparation method for LC-MS/MS bioanalysis[J]. J.Chromatogr.B Analyt.Technol.Biomed.Life Sci.,2008,862: 219-226.

[6] C.Ji, J.Walton, Y.Su, et al. Simultaneous determination of plasma epinephrine and norepinephrine using an integrated strategy of a fully automated protein precipitation technique, reductive ethylation labeling and UPLC-MS/MS[J].Anal.Chim.Acta,2010,670: 84-91.

[7] C.Kitchen.A semi-automated 96-well protein precipitation method for the determination of montelukast in human plasma using high performance liquid chromatography/fluorescence detection[J].J.Pharmaceu. Biomed.Anal.,2003,31: 647-654.

[8] S.Soltani, A.Jouyban.Biological sample preparation: Attempts on productivity increasing in bioanalysis[J].Bioanalysis,2014,6: 1691-1710.

[9] A.Jain, M.Gupta, K.K.Verma.Salting-out assisted liquid-liquid extraction for the determination of biogenic amines in fruit juices and alcoholic beverages after derivatization with 1-naphthylisothiocyanate and high performance liquid chromatography[J].J.Chromatogr., A,2015,1422: 60-72.

[10] Y.Wen, J.Li, F.Yang, et al. Salting-out assisted liquid-liquid extraction with the aid of experimental design for determination of benzimidazole fungicides in high salinity samples by high-performance liquid chromatography[J].Talanta,2013,106: 119-126.

[11] C.E.Matkovich, G.D.Christian.Salting-out of acetone from water-basis of a new solvent extraction system[J].Anal.Chem.,1973,45: 1915-1921.

[12] C.E.Matkovich, G.D.Christian.Solvent extraction of metal chelates into water-immiscible acetone[J].Anal.Chem.,1974,46: 102-106.

[13] I.M.Valente, L.M.Goncalves, J.A.Rodrigues.Another glimpse over the salting-out assisted liquid-liquid extraction in acetonitrile/water mixtures[J].J.Chromatogr., A,2013,1308: 58-62.

[14] A.Namera, T.Saito.Recent advances in unique sample preparation techniques for bioanalysis[J].Bioanalysis,2013,5,915-932.

[15] A.Taylor, M.P.Day, S.Hill, et al. Atomic spectrometry update: Review of advances in the analysis of clinical and biological materials, foods and beverages[J].J.Anal.At.Spectrom.,2014,29: 386-406.

[16] W.Wei, X.B.Yin, X.W.He.pH-mediated dual-cloud point extraction as a preconcentration and clean-up technique for capillary electrophoresis determination of phenol and m-nitrophenol[J].J.Chromatogr., A,2008,1202: 212-215.

[17] C.Nong, Z.Niu, P.Li, et al. Dual-cloud point extraction coupled to high performance liquid chromatography for simultaneous determination of trace sulfonamide antimicrobials in urine and water samples[J].J.Chromatogr. B Analyt.Technol.Biomed.Life Sci.,2017,1051: 9-16.

[18] S.S.Arain, T.G.Kazi, J.B.Arain, et al. Preconcentration of toxic elements in artificial saliva extract of different smokeless tobacco products by dual-cloud point extraction[J].Microchem.J.,2014,112: 42-49.

[19] S.A.Arain, T.G.Kazi, H.I.Afridi, et al. Application of dual-cloud point extraction for the trace levels of copper in serum of different viral hepatitis patients by flame atomic absorption spectrometry: A multivariate study[J].Spectrochim.Acta A Mol.Biomol.Spectrosc.,2014,133: 651-656.

[20] M.Rezaee, Y.Assadi, M.R.Milani Hosseini, et al. Determination of organic compounds in water using dispersive liquid-liquid microextraction[J].J.Chromatogr., A,2006,1116: 1-9.

[21] Y.Wen, J.Li, W.Zhang, et al. Dispersive liquid-liquid microextraction coupled with capillary electrophoresis for simultaneous determination of sulfonamides with the aid of experimental design[J]. Electrophoresis,2011,32: 2131-2138.

[22] M.S.El-Shahawi, H.M.Al-Saidi.Dispersive liquid-liquid microextraction for chemical speciation and determination of ultra-trace concentrations of metal ions[J].TrAC Trend.Anal.Chem.,2013,44: 12-24.

[23] M.I.Leong, S.D.Huang.Dispersive liquid-liquid microextraction method based on solidification of floating organic drop combined with gas chromatography with electron-capture or mass spectrometry detection[J]. J.Chromatogr., A,2008,1211: 8-12.

[24] L.E.Vera-Avila, T.Rojo-Portillo, R.Covarrubias-Herrera, et al. Capabilities and limitations of dispersive liquid-liquid microextraction with solidification of floating organic drop for the extraction of organic pollutants from water samples[J].Anal.Chim.Acta,2013,805: 60-69.

[25] M.R.Khalili Zanjani, Y.Yamini, S.Shariati, et al. A new liquid-phase microextraction method based on solidification of floating organic drop[J].Anal.Chim.Acta,2007,585: 286-293.

[26] H.Yan, H.Wang.Recent development and applications of dispersive liquid-liquid microextraction[J].J.Chromatogr., A,2013, 1295: 1-15.

[27] H.H.Liu, P.K.Dasgupta. Analytical chemistry in a drop solvent extraction in a microdrop[J]. Anal.Chem,1996,68: 1817-1821.

[28] M.A.Jeannot, F.F.Cantwell.Solvent microextraction into a single drop[J].Anal.Chem.,1996,68: 2236-2240.

[29] Y.Wen, J.Li, J.Ma, et al. Recent advances in enrichment techniques for trace analysis in capillary electrophoresis[J].Electrophoresis, 2012,33,2933-2952.

[30] P.Zhang, L.Hu, R.Lu, et al. Application of ionic liquids for liquid-liquid microextraction[J].Anal.Methods,2013,5: 5376-5385.

[31] N.M.Kocherginsky, Q.Yang, L.Seelam.Recent advances in supported liquid membrane technology[J].Sep.Purif.Technol.,2007,53: 171-177.

[32] G.Zhao, J.F.Liu, M.Nyman, et al. Determination of short-chain fatty acids in serum by hollow fiber supported liquid membrane extraction

coupled with gas chromatography[J].J.Chromatogr.B Analyt.Technol.Biomed. Life Sci.,2007,846: 202-208.

[33] S.Pedersen-Bjergaard, K.E.Rasmussen.Electrokinetic migration across artificial liquid membranes.New concept for rapid sample preparation of biological fluids[J].J.Chromatogr., A,2006,1109: 2650-2656.

[34] S.Pedersen-Bjergaard, K.E.Rasmussen.Electrokinetic migration across artificial liquid membranes.New concept for rapid sample preparation of biological fluids[J].J.Chromatogr., A,2006,1109: 183-190.

[35] V.Krishna Marothu, M.Gorrepati, R.Vusa.Electromembrane extraction——a novel extraction technique for pharmaceutical, chemical, clinical and environmental analysis[J].J.Chromatogr.Sci.,2013,51: 619-631.

[36] K.F.Seip, A.Gjelstad.The potential application of electromembrane extraction for the analysis of peptides in biological fluids[J].Bioanalysis, 2012,4: 1971-1973.

[37] C.Basheer, J.Lee, S.Pedersen-Bjergaard, et al. Simultaneous extraction of acidic and basic drugs at neutral sample pH: A novel electro-mediated microextraction approach[J].J.Chromatogr., A,2010,1217: 6661-6667.

[38] A.Gjelstad, S.Pedersen-Bjergaard.Recent developments in electromembrane extraction[J].Anal.Methods,2013,5: 4549-4557.

[39] C.C.Teo, W.P.K.Chong, Y.S.Ho.Development and application of microwave-assisted extraction technique in biological sample preparation for small molecule analysis[J].Metabolomics,2013,9: 1109-1128.

第4章 毛细管电泳在线堆积

上述样品前处理方法大都是离线富集技术,而基于色谱分析技术的毛细管电泳(Capillary Electrophoresis, CE)是其他分析技术所无法比拟的在线富集技术。关于 CE 的基本理论及其在各个领域中的应用已经有学者进行了详细的描述[1]。CE 在线富集与离线富集技术(各种样品前处理方法)相结合可以进一步提高分析灵敏度。CE 在线堆积一般包括四种基本模式,即场放大样品堆积(Field Amplified Sample Stacking, FASS)、瞬时等速电泳(Isotachophoresis, ITP)、pH 介导(pH Regulation)和扫集(Sweeping)。近年来,这些方法的改进、衍生及双/多模式联用也得到了快速发展。下面分别介绍这四种常用的在线富集模式。

4.1 场放大(FASS)

场放大样品堆积是最流行和最简单的堆积技术之一,由 Mikkers 等人首先介绍[2]。这种方法基于样品和 CE 缓冲液之间的导电性差异。样品离子在比缓冲液导电率低的基质中制备。基质导电率越低,电场强度越高,离子速度越高。因此,样品区的电场远高于分离缓冲液区域的电场。一旦电压接通,样品离子的迁移速度比它们在分离缓冲区的迁移速度快。当离子通过样品基质和缓冲液区域之间的边界时,由于局部电场的急剧下降,离子的速度将显著降低[3],从而在边界处发生堆积。

场放大样品堆积可以简单地认为是用纯溶剂稀释样品或将一部分纯溶剂置于毛细管中的样品前面来实现的。最简单的 FASS 模式包括压力进样(一般模式)和电动进样(场放大样品进样)两个模式[4]。大体积样品堆积(Large-Volume Sample Stacking, LVSS)被称为一般模式。Chien 和 Burgi[5] 使用极性反转进行分离。该技术通过暂时将正负极反转实现堆叠后立即去除样品基质,以确保电渗流(Electroosmosis Flow, EOF)将基质排出毛细管。但单次大体积进样并不总是能提高灵敏度。事实上，增加的样品量会增强扩散效应而导致谱带变宽[6]。这种情况可以通过电动进样来改善。压力辅助电动进样（Pressure-Assisted Electrokinetic Injection，PAEKI）就是一种有效的进样方式。该技术基于如下理念，即在给定电场下，进样过程中毛细管柱中电渗流 EOF 作用可以被反向电压条件下产生的电渗流作用平衡掉，并由此可实现缓冲液在毛细管柱内形成一个静止的状态而减少样品扩散作用[7]。在平衡状态下，CZE-MS 的进样时间可延长至 1 200 s，CZE-UV 的进样时间可延长至 3 600 s[8]。

　　Zhang 等人通过样品溶液中强酸改变 EOF 建立了胶束电动色谱（Micellar Electrokinetic Chromatography，MEKC）中阳离子超大体积电动堆积的简便方法。在最优条件下，与无样品堆积的常规压力进样相比，CE 的灵敏度提高了 1 000 倍以上[9]。图 4-1 显示了进样和堆积的示意图[9]。电动堆积进样（Electrokinetic Stacking Injection，EKSI）是通过将已填充了分离缓冲液毛细管的一端插入到具有低 pH 样品基质的样品溶液中进行的，然后在毛细管（见图 4-1a）上施加 10 kV 电压（正极为入口），通过电渗流将样品溶液吸入毛细管。阳离子分析物不断向阴极迁移，直到遇到胶束，在那里它们失去了大部分正电荷，堆积在低导电带中，于是就建立如图 4-1b 所示的稳态，并可维持相当长的时间（随着低导电率堆积区的逐渐扩大），这样大量样品就可以注入到毛细管中。进样后，样品瓶与分离缓冲瓶（见图 4-1c）交换，并施加电压（27.5 kV，正极为入口）。由于硅醇的离解，样品区的酸碱度逐渐升高，EOF 逐渐恢复。因为稳定状态受到干扰实现了充分分离分析物（见图 4-1d）。

　　近年来，很多学者使用 LVSS、PAEKI、FESI、EKSI 和一般模式的 FASS 来进行 CE 富集[3,4,6,8-19]。从环境样品（如水和土壤样品）、生物样品（如尿液、血液、血浆和肝脏）、食品样品（如葡萄）和医药样品（中草药）中萃取并经过 FASS 富集后，测定了卤代酚、磺胺类、磺酰脲类除草剂、血浆精氨酸和二甲基精氨酸等各种化合物。虽然 FASS 是一种高效的在线富集方法，但它只适用于低电导率的基质。最近使用的另一个在线浓缩程序"清扫"可以克服这个缺点。

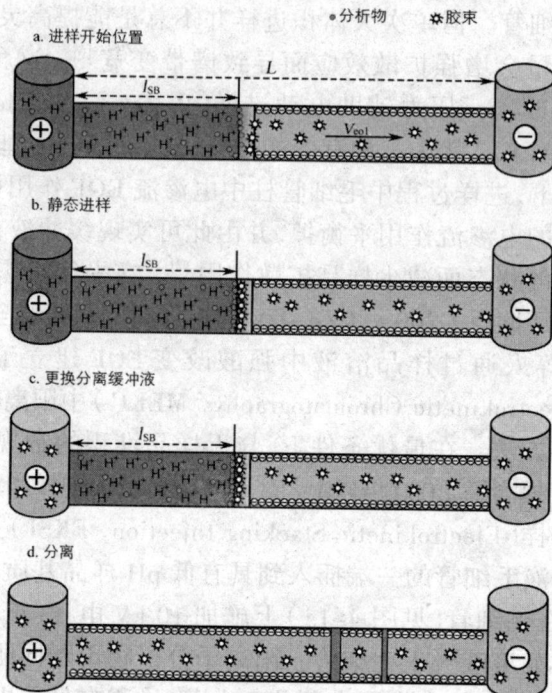

图 4-1　进样和堆积的示意图

标记 H^+ 的区域表示磷酸盐缓冲液中的样品溶液。圆圈代表分析物。带有胶束的灰色区域代表分离缓冲液。L 是总毛细管长度，l_{SB} 是样品缓冲液长度，V_{eo1} 是瞬时 EOF 速度

4.2　扫集（Sweeping）

扫集模式是由 Quilino 和 Terabe 首次介绍的并引起了广泛的关注[20]。其基本原理是将一个与背景缓冲溶液导电性相同但没有胶束的样品区注入充满胶束缓冲液的毛细管中。一旦施加了高压，两个区域将被迫相互移动，分析物将被"扫集"并被萃取到胶束相，在胶束区形成一个狭窄的边界[21]。因此，MEKC 中分析物与准固定相（胶束）之间的亲和力决定了其富集能力。虽然富集效率与 EOF 无关，但扫集区将由 EOF 驱动，分析物可能在扫集未完成时到达检测器。因此，可以使用 pH 值很低的缓冲液来降低 EOF[22]。SDS 是最常用的在线扫集胶束。扫集技术适用于疏水性化合物[22]、多种滥用药物[23]、芳香胺[24]、吗啡及其四代谢物[25]、烟草特

异性 $N-$ 亚硝胺[26]、伏立康唑[27]等物质。此外，Maijó 等人在 MEKC 中开发了阴离子选择性耗尽注射扫集法，用于分析非甾体抗炎药[28]。

将 FESI 与扫集联用起来的另一个过程称为选择性耗尽进样扫集。实验中对不同参数进行了优化，如 SDS 浓度、样品基质组成、水柱、高导电缓冲溶液和进样时间等[28]。到目前为止，扫集技术的创新主要在于对新的准固定相的探索。Su 等人以离子液体型阳离子表面活性剂 1- 十六烷基 -3- 甲基咪唑溴（C_{16}MIMBr）和 $N-$ 十六烷基 -$N-$ 甲基吡咯烷溴（C_{16}MPYB）为准固定相，对七种苯二氮卓类物质进行了扫集[29]。结果表明，与 C_{16}MIMBr 相比，C_{16}MPYB 具有更好的扫集能力。由此可见，扫集法是一种很好的在线富集方法，在 CE 中有着广阔的应用前景。此外，Aranas 等人对不同实验条件下的扫集机理进行了详细的讨论和图解说明[30]。

4.3　pH 介导（pH Regulation）

虽然 FASS 和扫集是在线浓缩分析物的常用方法，但在分析非强电解质的实际生物样品时，尤其首选 pH 调节在线富集方法。pH 介导过程中产生了一个不连续的酸性 – 碱性边界，使弱电解质在堆积过程中突然失去电泳速度[21]。Britz-McKibbin 和 Chen[31]首先提出了动态 pH 介导。在动态 pH 介导中不同 pH 值的两种电解质形成了尖锐的 pH 连续连接带，从而使样品中的离子根据 pKa 值不同分配在不同类型的电解质中，以便聚焦弱酸、碱性或两性离子分析物[32]。pH 介导主要机制是利用了速度差诱导聚焦，即分析物在两个不同的背景电解质段内有差异地迁移，导致分析物在到达检测器之前压缩到一个狭窄的区域[33]。Zhang 等描述了动态 pH 介导方案，并应用于苯甲酸和山梨酸的预富集[34]。

另一种调节酸碱度的方式是由 Lunte 等人引入的酸碱度介导的叠加[35-37]，它被用于在高导电溶液中预富集样品。在这种模式下，分析物溶液夹在高酸性和高碱性溶液柱之间。当施加电压时，H^+ 和 OH^- 离子将向彼此迁移，将原始样品转换成低导电率区，在那里分析物快速迁移，直到它们到达缓冲区的边界并发生堆积。Wu 等人采用 pH 介导的酸堆积法预富集人血清中的 IgG[38]。用 50 mmol/L 磷酸盐缓冲液（pH=7.4）制备样品，运行缓冲液为 50 mmol/L 硼砂（pH=9.3），其中含有 10 mmol/L SDS。在最佳条件下，与 6 s 压力进样法相比，100 s 电动进样提高了 40.3 倍的检测灵敏度,获得了一张仅含 IgG 峰的非常干净的电泳图。此研究表明通过去除人血清白蛋白和稀释法可以很好地消除复杂的血清基质,该方法成功地应用于人血清中 IgG 的测定,结果令人满意。

4.4 等速电泳(Isotachophoresis, ITP)

在实际样品分析物的测定中,尿液、血清和海水等基质中离子强度是很高的。由于样品区和缓冲溶液区之间的导电性差异很小,高离子基质成分不允许进行样品堆积,而等速电泳模式特别适用于高盐样品。ITP 主要基于至少两种具有不同流动性的小体积电解质,例如,导引电解质(Leading Electrolyte, LE)和终止电解质(Terminating Electrolyte, TE),其中分别含有比分析物电泳速度更快和更慢的离子,以聚集具有中间电泳速度的分析物。在导引电解质和终止电解质溶液之间引入样品溶液。当施加电压时,在电解质和样品区之间建立一个电位梯度,场强与每个毛细管区离子的迁移率成反比。在平衡状态下,每个分析物根据其各自的迁移率以不连续带的形式移动,高迁移率离子先于低迁移率离子移动。在移动过程中,样品区带的堆积总是在与导引离子速度相同时发生。这样,就可以获得窄样品区的高浓度分析物[39]。堆积是通过引入一段导引电解质和一段带有终止电解质的样品溶液来实现的,或者引入一段带有导引电解质的样品溶液和一段终止电解质来实现的[21]。ITP 方法已成功应用于非甾体抗炎药[40]、离子液体实体[41]、兴奋剂[39]和肽[42]等的在线富集。

4.5 组合堆积技术和其他堆积方式

以上在线富集技术均可用于 CE 中灵敏度较高的分析。此外,多种在线堆积模式的联用也越来越普遍。此外,其他堆积方式也日益发展。

Zhu 等克服了 LVSS 在分离低迁移率和中性分析物方面的不足,将 LVSS 与 CE 中的扫集相结合,成功地同时富集和分离了中性分子和阴离子[43]。对富集和分离条件的优化使分析物的峰高和峰面积的富集倍数分别比常规进样模式高出 9 ~ 33 和 21 ~ 35 倍。五种分析物在 15 min 内实现基线分离,检测限为 26.5 ~ 55.8 ng/mL。该方法是一个简单、快速和灵敏度较高的方法,可以同时检测复杂样品基质中存在的不同电荷的分析物。Cheng 等人结合 LVSS、动态 pH 介导、扫集等三种堆积技术,用 MEKC 对甲氨蝶呤及其全血八种代谢产物进行分析,与简单的区带电泳模式相比灵敏度提高了 40 倍左右[44]。Cheng 等人还采用这种三重堆积 –CE 模式监测甲氨蝶呤及其在脑脊液中的八种代谢产物,为临床诊断提供信息[45]。甲氨蝶呤、7– 羟基甲氨蝶呤、甲氨蝶呤 –（谷胱甘肽）$_n$（$n=2 \sim 5$）的检测限均为 0.1 μmol/g,甲氨蝶呤 –（谷胱甘肽）$_6$ 的检测限为 0.2 μmol/g,DAMPA 和甲氨蝶呤 –（谷胱甘肽）$_7$ 的检测限为 0.3 μmol/g。与作为最低有效抗白血病浓度的 1 μmol/g 甲氨蝶呤相比[46],LOD 为检测脑脊液样品中的甲氨蝶呤及其代谢物提供了足够的水平。有趣的是,多重堆积技术在芯片电泳中也得到了进一步的应用。Wang 等人建立了壳聚糖扫集、反向场堆积和场放大样品堆积相结合的芯片内多浓度法对细菌进行超灵敏检测[47]。结果表明,与无浓度法相比,大肠杆菌的浓度富集倍数约为 6000,检出限为 145 cfu/mL。采用此多浓度法对地表水中细菌进行定量分析,取得了满意的结果。

Quilino 和 Guidote 描述了在共电透流毛细管区电泳中,利用阳离子十六烷基三甲基铵胶束扫集和其他溶剂堆积两步堆积有机阴离子[48]。堆积后的分析物被胶束带到溶剂堆积的边界,第二个堆积步骤是由缓冲溶液中的有机溶剂引起的。此方法证明低脂药物、非甾体抗炎药和除草剂的峰高灵敏度分别增加了 20 ～ 29 倍、17 ～ 33 倍和 18 ～ 21 倍。

参考文献

[1] 陈义 . 毛细管电泳技术及应用 [M]. 第二版,北京: 化学工业出版社,2006.

[2] F.E.P.Mikkers, F.M.Everaerts, Th.P.E.M.Verheggen.High performance zone electrophoresis[J].J.Chromatogr., A,1979,169: 11–20.

[3] X.Hou, D.Deng, X.Wu, et al. Simultaneous stacking of cationic and anionic compounds in single run capillary zone electrophoresis by two–end field amplified sample injection[J].J.Chromatogr., A,2010,1217: 5622–5627.

[4] F.Wei, J.Fan, M.M.Zheng, et al. Combining poly（methacrylic acid–coethylene, glycol dimethacrylate）monolith, microextraction and octadecyl phosphonic, acid–modified zirconia–coated CEC with

fieldenhanced, sample injection for analysis of antidepressants in human plasma and urine[J].Electrophoresis,2010,31：714-723.

[5] R.L.Chien, D.S.Burgi.On-column sample concentration using field amplification in CZE[J].Anal.Chem.,1992,64：1046-1050.

[6] S.Almeda, L.Arce, M.Valcárcel.Combination of solid-phase extraction and large-volume stacking with polarity switching in micellar electrokinetic capillary chromatography for the determination of traces of nonsteroidal anti-inflammatory drugs in saliva[J].Electrophoresis,2008,29：3074-3080.

[7] Y.L.Feng, J.P.Zhu.On-line enhancement technique for the analysis of nucleotides using capillary zone electrophoresis/mass spectrometry[J].Anal.Chem.,2006,78：6608-6613.

[8] H.J.Zhang, J.P.Zhu, Y.L.Feng.On-line enrichment and measurement of four halogenated phenols in water samples using pressure-assisted electrokinetic injection-tandem mass spectrometry[J].Anal.Sci.,2010,26：1157-1162.

[9] H.Zhang, J.Zhu, S.Qi, et al. Extremely large volume electrokinetic stacking of cationic molecules in MEKC by EOF modulation with strong acids in sample solutions[J].Anal.Chem.,2009,81：8886-8891.

[10] Y.L.Kuo, W.L.Liu, S.H.Hsieh, et al. Analyses of non-steroidal anti-inflammatory drugs in environmental water samples with microemulsion electrokinetic chromatography[J].Anal.Sci.,2010,26：703-707.

[11] Y.T Lin, Y.W.Liu, Y.J.Cheng, et al. Analyses of sulfonamide antibiotics by a successive anion- and cation-selective injection coupled to microemulsion electrokinetic chromatography[J].Electrophoresis,2010,31：2260-2266.

[12] J.Zhang, H.Cui, L.Xu, et al. Analysis of aliphatic amines using headcolumn field-enhanced sample stacking in MEKC with LIF detection[J].Electrophoresis,2009,30：674-681.

[13] Y.L.Feng, J.P.Zhu.Constant pressure-assisted electrokinetic injection for on-line enhanced detection of monophthalates in capillary electrophoresis-mass spectrometry with application to human urine[J].Electrophoresis,2008,29：1965-1973.

[14] B.Gao, H.Peng, W.Wang, et al. Determination of a novel fungicide phenazine-1-carboxylic acid in soil samples using sample stacking capillary

electrophoresis combined with solid phase extraction[J].Anal.Lett.,2010,43：1823-1833.

[15] A.Zinellu, S.Sotgia, M.F.Usai, et al. Improved method for plasma ADMA, SDMA, and arginine quantification by field-amplified sample injection capillary electrophoresis UV detection[J].Anal.Bioanal.Chem., 2011,399：1815-1821.

[16] E.Blanco, M.del C.Casais, M.del C.Mejuto, et al. Simultaneous determination of p-hydroxybenzoic acid and parabens by capillary electrophoresis with improved sensitivity in nonaqueous media[J]. Electrophoresis,2008,29：3229-3238.

[17] C.Quesada-Molina, M.del Olmo-Iruela, A.M.García-Campaña. Trace determination of sulfonylurea herbicides in water and grape samples by capillary zone electrophoresis using large volume sample stacking[J]. Anal.Bioanal.Chem.,2010,397：2593-2601.

[18] M.I.Bailón-Pérez, A.M.García-Campaña, C.Cruces-Blanco, et al. Trace determination of β-lactam antibiotics in environmental aqueous samples using off-line and on-line preconcentration in capillary electrophoresis[J].J.Chromatogr., A,2008,1185：273-280.

[19] N.Yan, L.Zhou, Z.Zhu, et al. Constant pressure-assisted head-column field-amplified sample injection in combination with in-capillary derivatization for enhancing the sensitivity of capillary electrophoresis[J]. J.Chromatogr., A,2009,1216：4517-4523.

[20] J.P.Quirino, S.Terabe.Exceeding 5000-fold concentration of dilute analytes in micellar electrokinetic chromatography[J].Science,1998,282：465-468.

[21] Y.Chen, Z.Guo, X.Wang, et al. Sample preparation[J]. J.Chromatogr., A,2008,1184：191-219.

[22] Z.Xia, T.Gan, H.Chen, et al. A new open tubular capillary microextraction and sweeping for the analysis of super low concentration of hydrophobic compounds[J].J.Sep.Sci.,2010,33：3221-3230.

[23] J.F.Chiang, Y.T.Hsiao, W.K.Ko, et al. Analysis of multiple abused drugs and hypnotics in urine by sweeping CE[J].Electrophoresis, 2009,30：2583-2589.

[24] X.Wu, W.Zhang, L.Xu, et al. A sweeping-micellar electrokinetic chromatography method for direct detection of some aromatic amines in

water samples[J].Electrophoresis,2008,29: 796-802.

[25] Y.H.Lin, J.F.Chiang, M.R.Lee, et al. Cation-selective exhaustive injection and sweeping micellar electrokinetic chromatography for analysis of morphine and its four metabolites in human urine[J].Electrophoresis, 2008,29: 2340-2347.

[26] Y.Yang, H.Nie, C.Li , et al. On-line concentration and determination of tobacco-specific N-nitrosamines by cation-selective exhaustive injection-sweeping-micellar electrokinetic chromatography[J]. Talanta,2010,82: 1797-1801.

[27] S.C.Lin, S.W.Linc, J.M.Chen, et al. Using sweeping-micellar electrokinetic chromatography to determine voriconazole in patient plasma[J].Talanta,2010,82: 653-659.

[28] I.Maijó, F.Borrull, C.A.M.Calull.On-column preconcentration of anti-inflammatory drugs in river water by anion-selective exhaustive injection-sweeping-MEKC[J].Chromatographia,2011,73: 83-91.

[29] H.L.Su, M.T.Lan, Y.Z.Hsieh.Using the cationic surfactants N-cetyl-N-methylpyrrolidinium bromide and 1-cetyl-3-methylimidazolium bromide for sweeping-micellar electrokinetic chromatography[J]. J.Chromatogr., A,2009,1216: 5313-5319.

[30] A.T.Aranas, A.M.Guidote, J.P.Quirino.Sweeping and new on-line sample preconcentration techniques in capillary electrophoresis[J].Anal. Bioanal.Chem.,2009,394: 175-185.

[31] P.Britz-McKibbin, D.D.Y.Chen.Selective focusing of catecholamines and weakly acidic compounds by capillary electrophoresis using a dynamic pH junction[J].Anal.Chem.,2000, 72: 1242-1252.

[32] J.Jaafar, Z.Irwan, R.Ahamad, et al. Online preconcentration of arsenic compounds by dynamic pH junction-capillary electrophoresis[J]. J.Sep.Sci.,2007,30: 391-398.

[33] A.K.Su, Y.S.Chang, C.H.Lin.Analysis of riboflavin in beer by capillary electrophoresis/blue light emitting diode（LED）-induced fluorescence detection combined with a dynamic pH junction technique[J]. Talanta,2004,64: 970-974.

[34] X.Zhang, S.Xu, Y.Sun, et al. Simultaneous determination of benzoic acid and sorbic acid in food products by CE after on-line preconcentration by dynamic pH junction[J].Chromatographia,2011,73:

1217-1221.

[35] S.Park，C.E.Lunte.On‐column sample concentration of high‐ionic‐strength samples in capillary electrophoresis[J].J.Microcol.Sep.，1998，10：511-517.

[36] Y.Zhao，C.E.Lunte.pH-mediated field amplification on-column preconcentration of anions in physiological samples for capillary electrophoresis[J].Anal.Chem.，1999，71：3985-3991.

[37] Y.Zhao，K.McLaughlin，C.E.Lunte.On-column sample preconcentration using sample matrix switching and field amplification for increased sensitivity of capillary electrophoretic analysis of physiological samples[J].Anal.Chem.，1998，70：4578-4585.

[38] Y.W.Wu，J.F.Liu，Z.L.Deng，et al. MEKC determination of IgG in human serum via a pH-mediated acid stacking method[J].J.Sep.Sci.，2010，33：3068-3074.

[39] L.Zheng，L.Zhang，P.Tong，et al. Highly sensitive transient isotachophoresis sample stacking coupling with capillary electrophoresis-amperometric detection for analysis of doping substances[J].Talanta，2010，81：1288-1294.

[40] M.Dawod，M.C.Breadmore，R.M.Guijt，et al. Electrokinetic supercharging for on-line preconcentration of seven non-steroidal anti-inflammatory drugs in water samples[J].J.Chromatogr.，A，2008，1189：278-284.

[41] A.Markowska，P.Stepnowski.Capillary isotachophoresis for the analysis of ionic liquid entities[J].J.Sep.Sci.，2010，33：1991-1996.

[42] N. Vizioli，R. Gil，L.D. Martínez，et al. On‐line solid phase extraction CZE for the simultaneous determination of lanthanum and gadolinium at picogram per liter levels[J].Electrophoresis，2009，30：2681-2687.

[43] Z.Zhu，N.Yan，X.Zhou，et al. Simultaneous enrichment and separation of neutral and anionic analytes through combining large volume sample stacking with sweeping in CE[J].J.Sep.Sci.，2009，32：3481-3488.

[44] H.L.Cheng，Y.M.Liao，S.S.Chiou，et al. On-line stacking capillary electrophoresis for analysis of methotrexate and its eight metabolites in whole blood[J].Electrophoresis，2008，29：3665-3673.

[45] H.L.Cheng，S.S.Chiou，Y.M.Liao，et al. Analysis of methotrexate and its eight metabolites in cerebrospinal fluid by solid-phase extraction and triple-stacking capillary electrophoresis[J].Anal.Bioanal.Chem.，2010，398：

2183-2190.

[46] P.Jönsson, P.Höglund, T.Wiebe, et al. Methotrexate concentrations in cerebrospinal fluid and serum, and the risk of central nervous system relapse in children with acute lymphoblastic leukaemia[J]. Anticancer Drugs,2007,18: 941-948.

[47] Z.F.Wang, S.Cheng, S.L.Ge, et al. Ultrasensitive detection of bacteria by microchip electrophoresis based on multiple-concentration approaches combining chitosan sweeping, field-amplified sample stacking, and reversed-field stacking[J].Anal.Chem., 2012,84: 1687-1694.

[48] J.P.Quirino, A.M.Guidote Jr.Two-step stacking in capillary zone electrophoresis featuring sweeping and micelle to solvent stacking: II.Organic anions[J].J.Chromatogr.A,2011,1218: 1004-1010.

第二篇　环境样品中环境污染物样品前处理方法研究

第 5 章　固相萃取方法

5.1　超声辅助分散固相萃取 – 高效液相色谱检测水样中的雌激素

5.1.1 简介

雌激素是一类具有生物活性的类固醇化合物。环境中的雌激素主要有两类,一类是动物代谢产生的天然雌激素,另一类为人工合成雌激素。其中最常用的人工合成雌激素药物为二乙基己烯雌酚,它被广泛用于治疗雌激素不足所导致的更年期综合征及骨质疏松症等。但是,雌激素作为内分泌干扰物的一种,可以干扰体内正常内分泌物质的合成、释放、运输、结合、代谢,激活或抑制内分泌系统的功能。据 Gammon 等推测,避孕药中的雌激素可以刺激乳腺肿瘤基因 HER–2 的扩增,从而导致乳腺癌的发生 [1]。而且,雌激素可以通过食物链进行富集,且难以降解,从而可使生物体中雌激素大量蓄积。调查研究表明雌激素与男性精液密度和质量的下降、发育异常及某些癌症如乳腺癌、卵巢癌等疾病具有很强的相关性 [2]。近几十年来,由于激素类药物在人类日常生活和养殖业中被大量使用,不同种类的雌激素进入城市污水管网,经污水处理厂处理后,排放进入环境。雌激素造成的环境污染及危害问题已经引起全世界的广泛关注。因此,建立雌激素在环境中的准确检测方法具有很重要的意义。

目前检测环境中雌激素的主要方法有气相色谱 [3],液相色谱 [4-9] 和免疫方法[10]等。但是由于环境样品的复杂性,样品中的干扰不可避免,导致直接测定样品中的目标分析物有一定的难度而且检测灵敏度较低,所以必须使用一定的样品前处理方法对样品中的雌激素类物质进行萃取及富集来实现雌激素的高效、准确的测定。在上述常用的色谱方法中,主要采用的样品前处理方法有磁性固相萃取[3, 5]、固相萃取[6]、固相微萃取[7]、浊点萃取[8]、液液固相微萃取[9]和分子印迹固相微萃取[4]。其中 SPE 和 SPME 由于其吸附材料的可变性一直备受青睐,如采用选择性高的分子印迹材料、吸附性能高的多壁碳纳米管等许多材料。另外,作为固相萃取的一种模式——分散固相萃取也越来越多地被用来作为样品前处理的行之有效的方法。

分散固相萃取的主要原理是将分散吸附剂加入到含有待测物的溶液中或者样品基质中,经过一定时间的萃取,被测物就会被吸附到吸附剂的表面,然后采用一定的洗脱溶剂对被测物进行洗脱[11,12]。尽管在整个萃取过程中,基质干扰也会被吸附到吸附剂的表面,但是整个萃取过程相对简单而且节约时间。更重要的是,可以选择具有选择性的固体吸附剂及液体洗脱剂来有选择性地完成被分析物的萃取及富集。现阶段,作为一种比较新型的材料,多壁碳纳米管由于其大的比表面积和强的吸附能力被广泛地应用于 dSPE 的吸附剂[11, 12]。而石墨烯材料作为吸附材料在 dSPE 方面的应用比较少见。

2004 年,曼彻斯特大学的 Geim 等[13-15]成功制备了石墨烯材料,这是继富勒烯[16]和碳纳米管[17]之后富勒烯家族的又一重大发现。石墨烯(graphene, G)是由单层碳原子六方紧密堆积而成的理想二维晶体,具有完美的晶体结构和独特的电学、光学、力学和热学等物理性质。如图 5-1 所示,石墨烯包裹起来能够形成零维富勒烯,卷曲可形成一维的碳纳米管,而将石墨烯平行放置一层层堆积又可形成三维石墨。氧化石墨烯(graphene oxide, GO)或称功能化的石墨烯,是石墨烯重要的派生物,它的结构与石墨烯大体相同,只是在一层碳原子构成的二维空间无限延伸的基面上连有羰基、羟基、羧基等的官能团,如图 5-2 所示。这些官能团赋予了 GO 一些新的特性,如分散性、亲水性和与聚合物的兼容性等。由于石墨烯及氧化石墨烯大的比表面积及大共轭键使得它们在吸附剂方面应用较广。Zhang 等[18]将石墨烯修饰在硅纤维上作为 SPME 的支撑材料来萃取环境水样中的多环芳烃类化合物,并与市售的聚二甲基硅烷纤维进行比较,结果表明自制的石墨烯基纤维的效果优于市售的聚二甲基硅烷纤维。Liu 等[19]将石墨烯修饰在磁性二氧化硅微球上作为吸附材料来富集人唾液样品中的蛋白质和多肽。结果表明,此材料在除盐和富集方面表现了良好的特性,适用于高盐样品中蛋白质和多肽的富集,而且整个富集过程方便、快速,所用材料可以重复利用。而用 GO 作为吸附材料来萃取环境水样中的雌激素至今还未见报道。下面将氧化石墨烯修饰在二氧化硅微球(SiO_2@GO)上作为 dSPE 的吸附材料来萃取环境水样中的雌激素——己烯雌酚(diethylstilbestrol, DES)、二烯雌酚(dienestrol, DS)和双酚 A (bisphenol A,BPA)(见图 5-3),方法简单、快速、易操作,并采用高效液相色谱分离测定。所建立的 dSPE-HPLC 方法准确、简单,适用于环境水样中雌激素的测定。

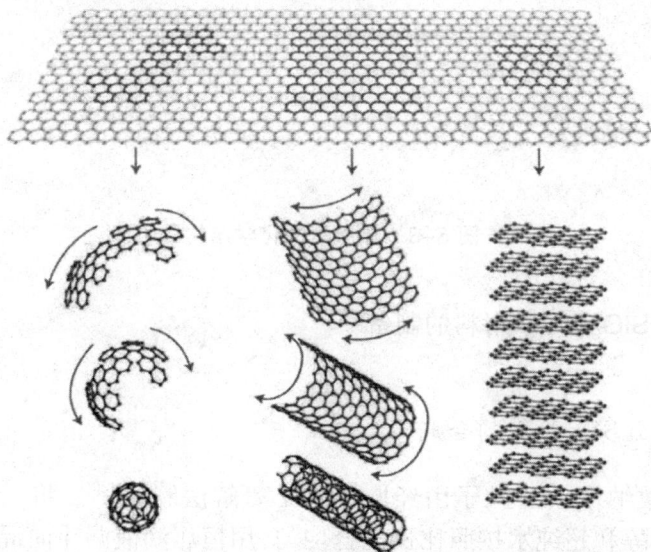

图 5-1　石墨烯演变成 C_{60}、碳纳米管和石墨的示意图

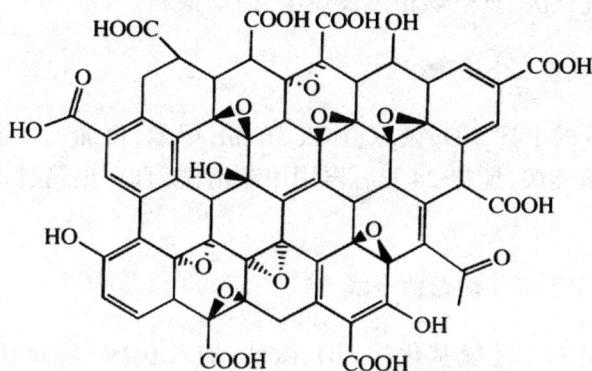

图 5-2　单片层氧化石墨烯示意图

己烯雌酚　　　　　　　　　　　　　　　二烯雌酚

双酚A

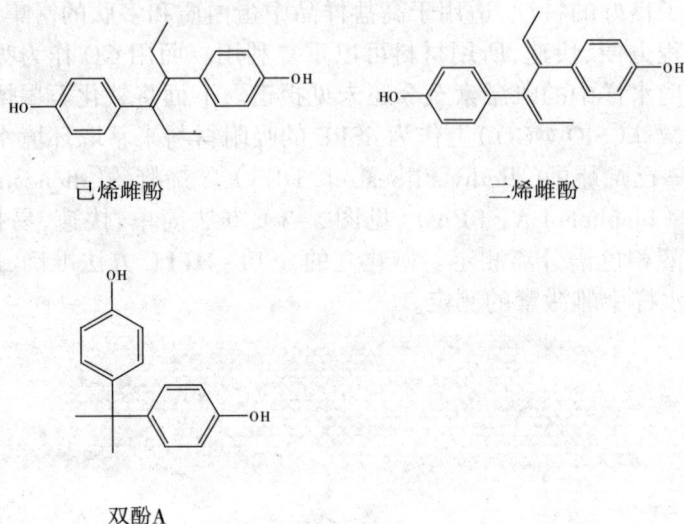

图 5-3　雌激素的化学结构

5.1.2 SiO₂@GO 材料的制备

5.1.2.1 SiO₂ 微球的合成

单分散纳米 SiO₂ 粒子由经典 Stöber 氨解法制备[20]。将一定量的氨水、无水乙醇和超纯水按照比例混合均匀,用恒压滴液漏斗向混合溶液中匀速滴加适量正硅酸乙酯(tetraethyl orthosilicate, TEOS),搅拌 24 h 后用无水乙醇清洗三次,真空烘箱过夜烘干,研磨成粉。

5.1.2.2 氨基化 SiO₂ 微球的合成

取一定量的上述 SiO₂ 微球,加入 50 mL 甲苯,再加入一定量的 3- 氨丙基三乙氧基硅烷,搅拌 24 h 后再用甲苯清洗,真空烘箱过夜烘干,研磨成粉。

5.1.2.3 SiO₂@GO 微球的合成

取一定量的上述氨基化的 SiO₂ 微球,加入 0.2%（质量比）GO 溶液,70℃水浴搅拌 24 h 后用水清洗,120℃烘干,研磨成粉,整个合成步骤见图 5-4。

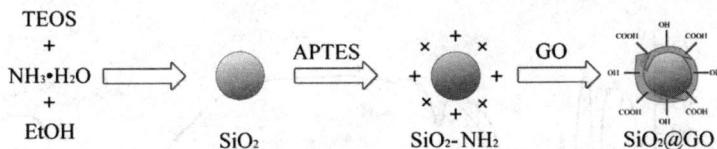

图 5-4　SiO₂@GO 微球的合成

5.1.2.4 SiO₂@GO 微球的表征

SiO₂@GO 微球形貌用扫描电子显微镜（Hitachi S-4800 Field Emission Scanning Electron Microscope）和透射电子显微镜（JEM-1230 Electron Microscope，100 kV）观测。为提高样品的导电性，使用真空镀膜设备在样品表面镀上一层金膜。微球表面的官能团用红外光谱仪（Thermo Nicolet Corporation，USA）表征观测。

表面修饰的 SiO₂ 微球的扫描电镜和透射电镜图见图 5-5a 和图 5-5b。从图中可以看出，所制备的 SiO₂ 微球具有密集、均一和粗糙的表面，说明氧化石墨烯已经修饰到微球的表面，而且此材料具有很好的机械强度。这种均一、多孔结构有利于模板分子的吸附和传质。

微球的傅里叶红外光谱图见图 5-5c。从图中可以看出，最强吸收带是波数（σ）为 3 410 cm^{-1}、1 629 cm^{-1} 和 1 107 cm^{-1}，它们分别代表的是 O—H 键、C＝O 键和 C—OH 键的伸缩振动吸收带。这也说明氧化石墨烯已经被成功地修饰到 SiO₂ 微球的表面。

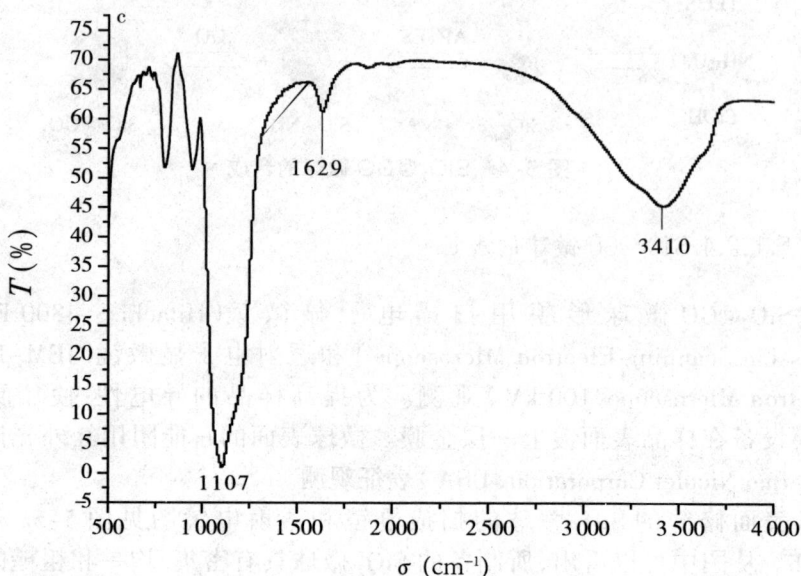

图 5-5　SiO$_2$@GO 微球的扫描电镜、透射电镜图和红外光谱图

5.1.3 dSPE 萃取条件的优化

移取 10.0 mL 样品溶液（DES、DS 和 BPA 加标浓度分别为 2 μg/mL、0.2 μg/mL 和 1 μg/mL）于 15 mL 锥形塑料离心管中，将 20 mg SiO$_2$@GO 微球固体吸附剂加入样品溶液中，40℃超声 40 min。然后以 9 000 r/min 离心 5 min，GO 沉积到试管底部。将上层溶液吸干，向管中加入约 100 μL ACN，40℃超声 40 min 后 9 000 r/min 离心 5 min，将上层溶液过膜后进行 HPLC 测定。整个萃取方法见图 5-6。

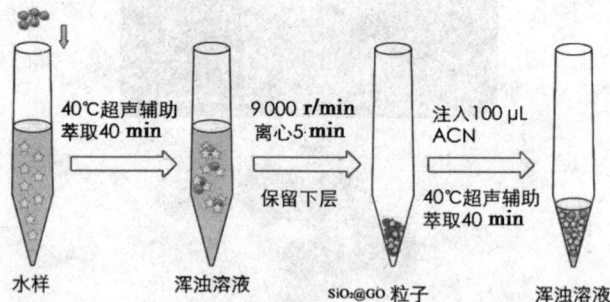

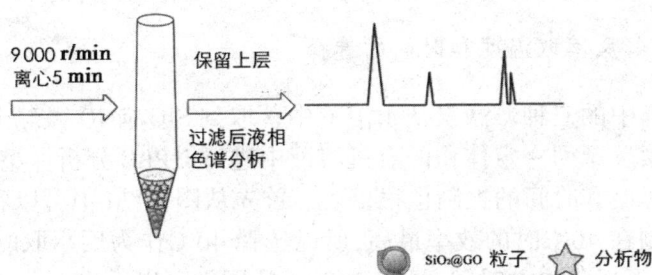

9 000 r/min
离心 5 min

保留上层

过滤后液相
色谱分析

● SiO₂@GO 粒子　☆ 分析物

图 5-6　dSPE 萃取过程图

　　影响 dSPE 的因素有很多,例如样品溶液 pH、萃取温度和时间、洗脱溶剂、反萃温度和时间等。本实验用 20 mg 吸附剂和 10 mL 样品来选取最优萃取条件。采用超声波来辅助萃取,萃取效率用分析物的色谱峰面积来衡量。

5.1.3.1　溶液 pH 的选择

　　由于溶液的 pH 会影响萃取效率,所以首先对 pH 进行考察,见图 5-7a。从图中可以看出,在 pH 值为 4 ~ 8 范围内,pH = 6 时对三种雌激素的萃取效率最高,所以选择 6 为最佳 pH 值进行后续实验。

5.1.3.2　萃取温度的选择

　　为了加快萃取过程及提高分析灵敏度,对萃取过程进行了加热。温度考察范围为 20 ~ 70℃,见图 5-7b。尽管对于 BPA 来讲,随着温度的升高其萃取效率提高,但是对于 DES 和 DS 来说,40℃时萃取效率最高;在温度超过 40℃后,萃取效率反而降低,这可能是由于 DES 和 DS 的酚羟基在温度较高时容易转化成醌基或其他结构的化合物而影响了萃取的效率[21]。但是为了同时萃取三种雌激素,选择了 40℃作为最佳萃取温度。

5.1.3.3　萃取时间的选择

　　尽管采取加热的方法来提高萃取效率,但是超声时间也是影响萃取效率的一个重要因素。下面选取了 10 ~ 60 min 作为考察的时间范围,见图 5-7c。从图中可以明显看出三种雌激素均在 40 min 时达到了最佳萃取效率,所以超声时间选取 40 min。

5.1.3.4 反萃取温度和时间的选择

当水样中的三种雌激素从水溶液中萃取到 SiO₂@GO 微球上后，需要再将雌激素反萃回一定体积的有机溶液中进行 HPLC 分析。整个反萃取的过程中温度和时间的控制也很重要。首先从图 5-7d 中可以看出，反萃取温度控制在 40℃时的效率最高，所以选择 40℃作为反萃取的温度；其次，又考察了反萃取的时间，见图 5-7e。从图中可以看出，40 min 时反萃取过程已经到达平衡，所以选择 40 min 作为最佳反萃取时间。

5.1.3.5 洗脱溶剂的选择

本节选取了三种常用萃取有机溶剂乙腈、甲醇和乙醇进行考察，见图 5-7f。图中的结果显示 ACN 是反萃取的最佳洗脱溶剂。至此，就选出了最优的 dSPE 的条件，即向 10 mL 水样中加入 20 mg 固体吸附剂，40℃超声萃取 40 min，9 000 r/min 离心 5 min，弃水相后再加入 100 μL ACN，40℃超声 40 min 后 9 000 r/min 离心 5 min。

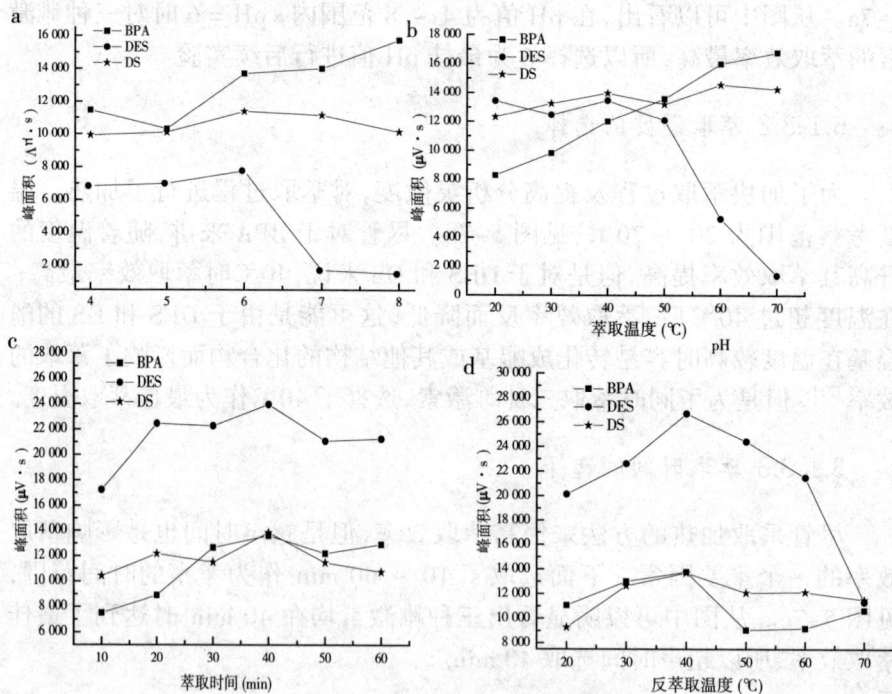

图 5-7 最优 dSPE 的条件选择

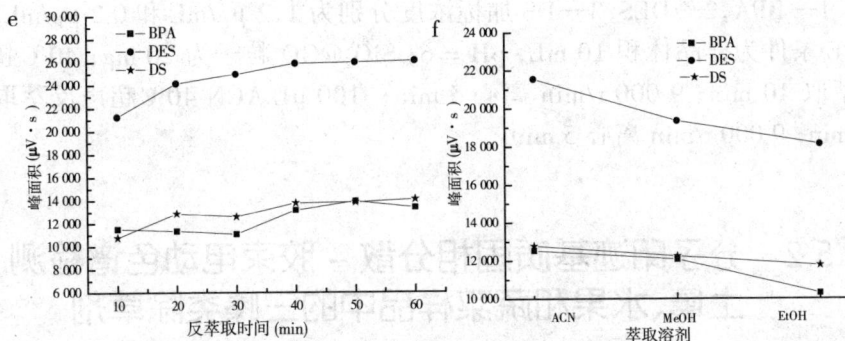

图 5-7　最优 dSPE 的条件选择（续）
BPA—双酚 A；　DES—己烯雌酚；　DS—二烯雌酚

5.1.4 方法评价与应用

将 dSPE 方法应用于三种环境水样——湖水、水库水和自来水。对加标前的样品进行测定得知样品中均不含三种待测物。三种加标样品 dSPE 萃取前和萃取后的色谱图见图 5-8。峰面积和线性范围内（ 0.5 ~ 2000 μg/L ）六个浓度间的线性相关性良好（ R^2>0.9990 ）。BPA、DES 和 DS 检出限（ S/N = 3 ）分别为和 3.0 μg/L、6.1 μg/L 和 0.2 μg/L。加标 10、20 和 50 μg/L 的回收率为 70% ~ 106 %,相对标准偏差为 1.1% ~ 6.9%。以上结果证明此方法在检测环境水样中的 SAs 具有很好的利用价值。

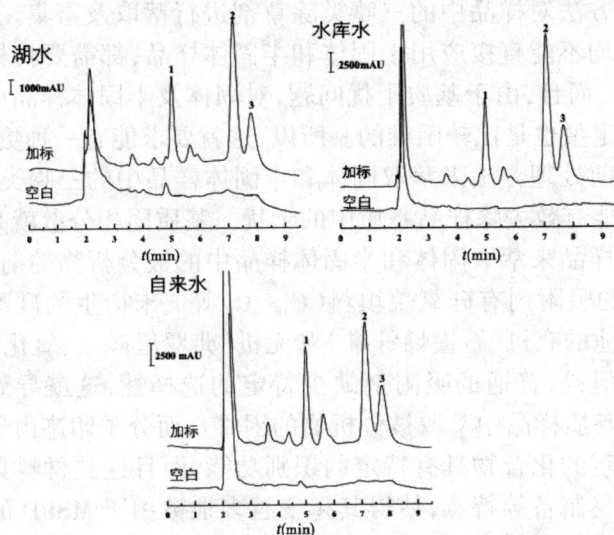

图 5-8　三种样品 dSPE-HPLC-UV 空白和加标水样色谱图

1—BPA,2—DES,3—DS 加标浓度分别为 1,2 μg/mL 和 0.2 μg/mL。dSPE 条件为样品体积 10 mL, pH = 6;SiO₂@GO 粒子为 20 mg;40℃超声萃取 40 min；9 000 r/min 离心 5 min；100 μL ACN 40℃超声反萃取 40 min；9 000 r/min 离心 5 min。

5.2 分子印迹基质固相分散 – 胶束电动色谱检测土壤、水果和蔬菜样品中的三嗪类除草剂

5.2.1 简介

三嗪类除草剂由于其能有效抑制植物的光合作用被广泛用作农作物的除草剂 [22]。但是持久应用会导致其在农作物及土壤中的残留。因为这类除草剂及其降解产物对环境具有很大的毒性并且能在环境基质中存在很多年 [23]，所以对这类物质的环境和健康方面的关注越来越多。包括美国、欧盟、日本和中国在内的很多国家建立了蔬菜和农作物中三嗪类除草剂的最大残留限量（ MRLs ），如 50 ~ 250 ng/g[24-26]。因此，对这类物质的检测就需要各种各样的高灵敏度的检测方法。现阶段最常用的方法为高效液相色谱 [27] 和气相色谱 [28, 29]，而且在这些检测方法前面通常通过诸如固相萃取 [30]、固相微萃取 [31]、浊点萃取 [32] 和分散液液微萃取 [33] 等样品前处理方法对样品中的三嗪类除草剂进行萃取及富集。然而，上述前处理方法均不能直接应用于固体和半固体样品，都需要将样品处理成溶液再进行；而且，由于基质干扰问题，对固体及半固体样品中的三嗪类除草剂进行定量也是比较困难的。所以，这就要求能有一种更加有效的、简单的样品前处理方法来萃取固体和半固体样品中的三嗪类除草剂，并且此种方法能有效去除样品基质中的干扰。基质固相分散就是一种用较少的溶剂及样品来萃取固体和半固体样品中的被分析物的前处理方法。MSPD 常用的吸附剂有硅氧烷填料（ C₁₈、C₈ 等 ）、未衍生的硅酸盐（硅胶、沙子等 ）、其他的有机（石墨烯纤维 ）和无机（弗罗里硅土、氧化铝等 ）吸附剂 [29,34-37]。但是，普通的吸附剂缺少特定的选择性，这就导致 MSPD 面临着从复杂基质样品中萃取被分析物的困难。而分子印迹由于其对某一或者一类给定的化合物具有特定的识别功能，而且这类材料具有高的稳定性、低耗、易制备等特点，使得其越来越多地被用于 MSPD 的吸附剂来提高萃取的选择性 [38-41]。Yan 等制备了一种水溶性的氧氟沙星 MIPs 用

作 MSPD 的吸附剂,同时选择性地萃取了鸡蛋和猪肉组织中的五种氟喹诺酮类药物[38]。Guo 等利用氯霉素 MIPs 作为 MSPD 的吸附剂高选择性、高效地萃取了鱼肉组织中的氯霉素[39]。Qiao 等合成的氧氟沙星 MIPs 对水溶液中德恩氟沙星和环丙沙星均具有高的吸附性,并成功用这种 MIPs 作为 MSPD 的吸附剂萃取了肌肉组织中的两种抗生素[40]。Yan 等合成了一种苯胺 – 萘酚 MIPs 微球,并用作微型化的 MSPD 的吸附剂,成功检测了鸡蛋黄样品中的四种苏丹红染料[41]。

　　近来,关于三嗪类 MIPs 的报道也越来越多。大多数应用是将 MIPs 作为 SPE 填料并与 HPLC 和毛细管电泳(Capillary Electrophoresis, CE) 联用[42-48]。例如,扑灭津 –MIPs 作为 SPE 填料选择性地萃取了饮用水、地表水、土壤和谷物样品萃取液中的三嗪类除草剂,并用胶束电动色谱进行分离测定[46]。Lara 等将 MIPs 填入在线萃取装置中,并与 CE 结合来测定莠去津及其代谢产物[47]。本书也制备了多孔莠去津 MIPs 并应用于 SPE 填料,选择性地萃取了土壤样品中的莠去津[48]。然而,三嗪类除草剂的分子印迹聚合物作为 MSPD 的填料来萃取并定量测定的研究现阶段还比较少。因此,采用自制备的莠去津(atrazine, ATR)–MIPs 作为 MSPD 的吸附剂来选择性地萃取土壤、水果和蔬菜中痕量的三嗪类除草剂,并采用 MEKC 进行分离测定。MIPs 以莠去津作为模板、甲基丙烯酸为功能单体、乙二醇二甲基丙烯酸酯为交联剂、采用本体聚合方法合成。而且,本实验还采用正交设计来优化 MEKC 的分离条件,并对影响 MSPD 效率的各个因素进行了系统的考察。分析结果显示,此 MI–MSPD–MEKC 方法对复杂样品基质中三嗪类除草剂的分离测定是一种不错的选择。

5.2.2 ATR–MIPs 的合成

　　本书采用了传统的、成熟的聚合方法——本体聚合来合成 ATR–MIPs。具体的合成方法如下:215.7 mg ATR 和 0.346 mL MAA 溶解于 2.5 mL 甲苯中制备成预聚合溶液,4℃ 保存 12 h,然后向上述溶液中加入 50 mg AIBN 和 3.017 mL EGDMA,超声 5 min,通氮除氧 5 min。将上述混合物密封置于 60℃水浴中 24 h 形成一整体聚合物。将上述聚合物打碎,磨成 10 μm 左右的粉末,再通过索氏提取将模板分子和残留的单体分子洗掉,索氏提取的溶剂为 MeOH/AA (90:10, V/V) 和 MeOH。重复进行上述清洗直到清洗溶液中检测不到 ATR。最后,将 MIPs 粒子 40℃真空烘干至恒温。

　　非分子印迹聚合物(NIPs)的合成同上,唯一不同就是不加入模板分子 ATR。

5.2.3 MIPs 形态及吸附性能表征

通过扫描电镜(SEM, JSM-5600LV, 日本)对 MIPs 进行形态表征。样品在表征之前进行喷金。而且还采用 Brunauer, Emmett and Teller (BET)方法[49]对其进行了氮气吸附实验(AUTOSORB1, Quantachrome Instruments, Germany)对比表面积进行了测定。吸附实验前样品真空 300℃煅烧。

MIPs 的扫描电镜图见图 5-9,从图中可以看出自制备的聚合物具有密集、均一和粗糙的表面,且具有许多大的孔洞,具有很好的机械强度。这种均一、多孔结构有利于模板分子的吸附和传质。经测定,印迹聚合物和非印迹聚合物的比表面积分别为 130.6 m^2/g 和 73.6 m^2/g,此结果表明印迹聚合物比非印迹聚合物有更强的吸附能力,见图 5-10。

图 5-9　本体聚合方法制备的 ATR-MIPs 扫描电镜图

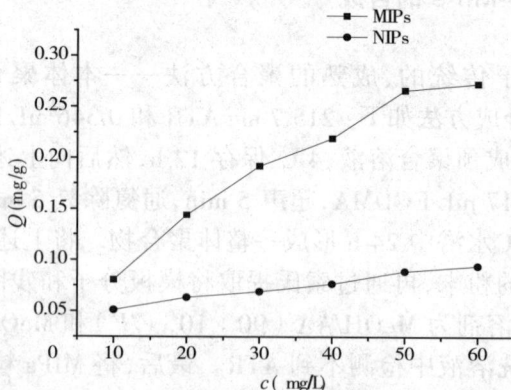

图 5-10　莠去津 MIPs 和 NIPs 吸附曲线

除了对 MIPs 进行形态表征外,还需要对其结合容量进行测定。具体步骤如下:20 mg 聚合物分子分散于 2 mL 含有不同浓度 ATR 标准的溶液中,室温下振荡 24 h,离心之后取上层清液 MEKC 测定。则原来未吸附前的总量减掉测定得到的数值即为吸附在 MIPs 表面的 ATR。另外,选择性实验选择 ATR 的同系物西玛津(simazine,SIM)、莠灭净(ametryn,AME)和扑灭津(propazine,PRO)及两个非同系物呋喃唑酮和己烯雌酚来进行上述的吸附实验。选择性实验考察采用的 ATR 及其同系物和非同系物的吸附浓度为 40 μg/mL,其结果见图 5–10。从图中可以看出,所制备的聚合物对四种三嗪类除草剂的吸附容量都差不多而且远远大于呋喃唑酮和己烯雌酚;对于四种三嗪类除草剂其吸附容量排序为 ATR > AME > SIM > PRO。从以上结果可以看出,ATR–MIPs 聚合物可以选择性地对三嗪类除草剂进行吸附。相反的,NIPs 对所选的六种物质的吸附性都基本上差不多,也就是说 NIPs 无特异性识别。此结果也证实了所制备的聚合物可以作为特异识别三嗪类除草剂的吸附材料供 MSPD 方法使用。

5.2.4 MIPs 用于 MSPD 吸附剂的优化

方法的选择性主要依赖于所使用的吸附剂和洗脱溶剂。本实验选取了三个主要的因素进行考察,包括:MIPs 和样品之间的质量比($r_{\text{MIPs}/\text{样品}}$)、洗脱溶剂的选择和洗脱体积。

MSPD 最常用的固体吸附剂为 C_{18}、弗罗里硅土和石墨化碳。本实验中,选择草莓样品作为代表,考察了以上三种固体吸附剂和 ATR–MIPs 四种固体吸附剂。萃取结果表明弗罗里硅土和石墨化碳的萃取效率明显低于 MIPs,而 C_{18} 虽然对 ATR 吸附很弱,但是对样品中的干扰吸附却很强。图 5–11 给出了弗罗里硅土、MIPs 和 NIPs 对样品中模板分子 ATR 的萃取效率比较。从图中也可以明显看出 ATR–MIPs 对 ATR 的萃取确实表现出了明显的优势;而且,MIPs 和 NIPs 比较也说明了 MIPs 高的吸附性能。但是,当 MIPs 单独用作吸附萃取剂时样品中的部分杂质也和 ATR 一起被洗脱下来,并没有很大程度地消除基质干扰。所以,又将 C_{18} 作为干扰吸附剂来增加 MSPD 方法的选择性。因此,将 C_{18} 装填在固相萃取小柱 MIPs 吸附剂的下部进行四种除草剂的选择性吸附萃取。

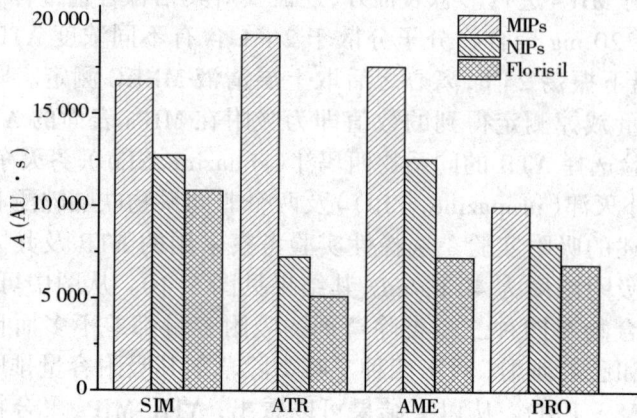

图 5-11　MIPs 和其他吸附剂的比较

　　在研磨混匀过程中，MSPD 的吸附剂主要作用有两个，一是和样品进行摩擦以破坏样品内在结构；二是和样品中的被分析物进行充分地混合并和其结合以达到萃取的目的。所以，$r_{MIPs/样品}$ 会影响萃取的效率。图 5-12 即为吸附剂和样品比例的考察结果。从图 5-12 A 可以看出，对于土壤样品，当比例为 1∶1 时，AME 和 PRO 的萃取效率是最高的。尽管 2∶1 时对 SIM 和 ATR 的萃取效率要稍微高于 1∶1，但是峰面积的数值是差不多的。所以，对于土壤样品，选择了 $r_{MIPs/样品}$ =1∶1。对于草莓样品，随着比例从 1∶1 增加到 3∶1，萃取效率也随着增加（见图 5-12 B）。但是，当比例为 2∶1 时，对 AME 的萃取效率明显高于其他比例。为了同时萃取草莓样品中的四种除草剂，选择了 $r_{MIPs/样品}$ =3∶1。对于西红柿样品，和草莓样品一样，随着比例从 1∶1 增加到 3∶1，萃取效率也随之增加（见图 5-12 C）；而且，当比例为 4∶1 时，对 SIM 和 ATR 的萃取效率还更高一些，但是 4∶1 时洗脱阻力增加得非常大，所以对于西红柿样品，选择 $r_{MIPs/样品}$ =3∶1 进行下一步的考察。

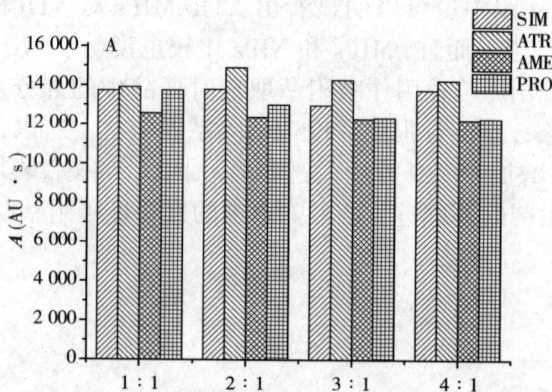

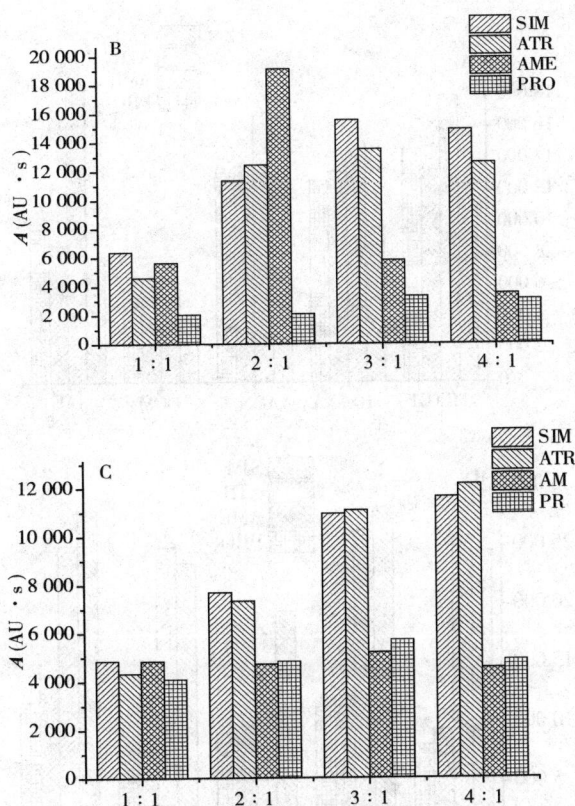

图 5-12　MIPs 和样品比例对三嗪类除草剂峰面积的影响

A—MIPs 和土壤的质量比；B—MIPs 和草莓的质量比；C—MIPs 和西红柿的质量比

A—峰面积；　SIM—西马津；　ATR—莠去津；　AME—莠灭净；　PRO—扑灭津

进行洗脱溶剂的考察选择的是比较常用的四种溶剂,有 MeOH、ACN、DCM 和 AE。而且,参考之前做过的测定 ATR 的一个工作[44],也将 10 % AA（MeOH/AA=90∶10, V/V）列入考察范围,即每个样品考察五种洗脱溶剂,如图 5-13 所示。从图 5-13A 中看出 MeOH 是土壤样品的最佳洗脱溶剂;对于草莓样品,图 5-13B 显示 AE 和 10 % AA 对 AME 和 PRO 的洗脱比较完全,并且 10% AA 对 SIM 和 ATR 的洗脱效率比 AE 稍高一些,但是 AE 洗脱后 MEKC 分析得到的样品峰的峰形比较窄且干扰少,所以选择 AE 作为草莓样品的洗脱溶剂;对于西红柿样品,选择 DCM 作为洗脱溶剂(见图 5-13 C)。

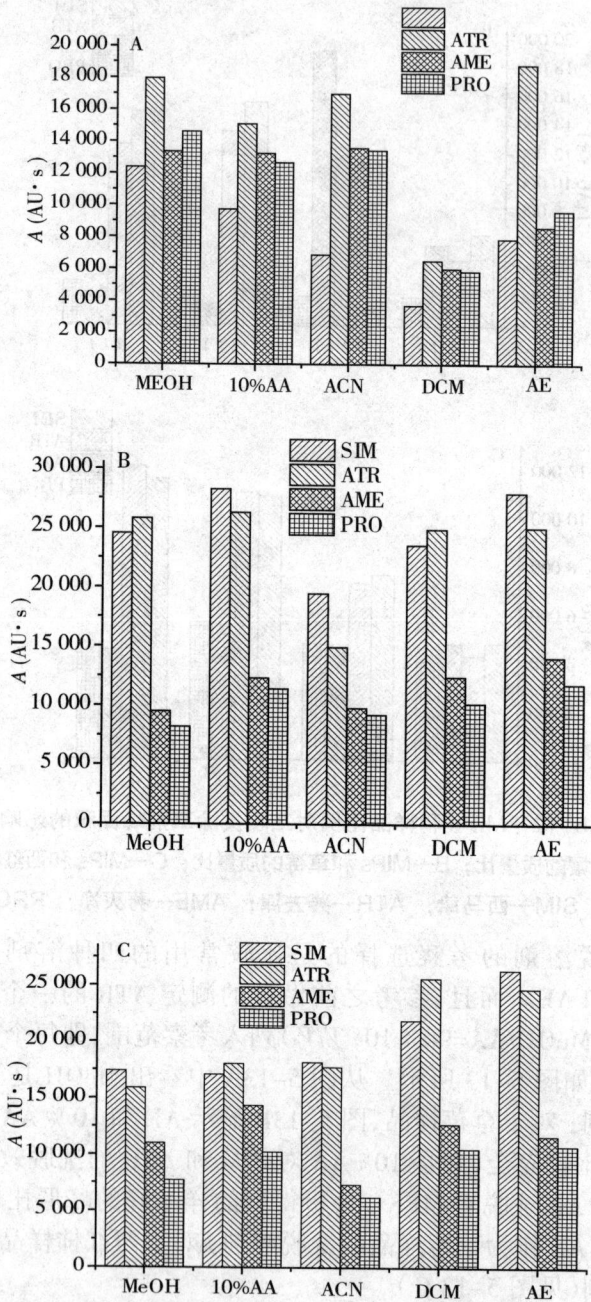

图 5-13 洗脱溶剂对除草剂峰面积的影响

A— 土壤样品洗脱溶剂；B—草莓洗脱溶剂；C—西红柿洗脱溶剂

A—峰面积；SIM—西马津；ATR—莠去津；AME—莠灭净；PRO—扑灭津

洗脱溶剂的体积考察选取 4 mL、5 mL、6 mL 和 7 mL,考察结果显示对于土壤、草莓和西红柿样品,分别选择 5 mL MeOH、5 mL AE 和 10 mL DCM 作为洗脱溶剂即可。

5.2.5　方法评价及应用

MI–MSPD–MEKC 方法应用于三种不同基质的环境样品——土壤、水果和蔬菜。对加标前的样品进行测定知样品中均不含四种三嗪类除草剂。峰面积和线性范围内(0.5 ～ 25 μg/g 或者 1.0 ～ 25 μg/g)六个浓度间的线性相关系数良好。四种除草剂检出限($S/N=3$)分别为 12.9 ～ 31.5 ng/g。

为了更深地挖掘 MI–MSPD–MEKC 方法潜在的应用价值,将三种样品分别加入四种标准品 12.5 μg/g 进行回收率的测定,其样品电泳谱图见图 5–14。从图 5–14 中可以看出,空白样品基质中并未检出四种除草剂,加入的四种标准品均选择性地萃取出除草剂,结果证明 MI–MSPD 方法有很好的选择性和去除干扰的能力。另外,还对样品进行了另外浓度的加标回收实验,所得回收率为 65.1% ～ 97.4%。这说明此方法可以适用于不同样品基质中痕量三嗪类除草剂的萃取、同时分离检测及准确定量。

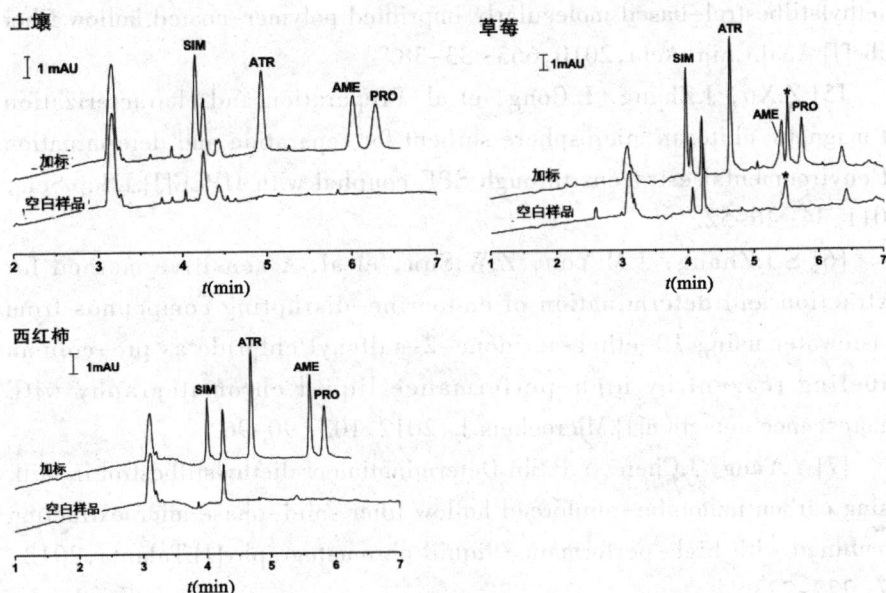

图 5–14　MI–MSPD 方法得到的不同样品的土壤、草莓和西红柿样品空白和加标电泳谱图

加标浓度为 12.5 μg/g。MSPD 条件:ATR–MIPs 作为分散吸附剂;土壤、草莓和

西红柿样品洗脱溶剂分别为 5 mL MeOH,5 mL AE 和 10 mL DCM,MIPs 和样品比例分别为 1：1、3：1 和 3：1

参考文献

[1] M.D.Gammon, H.Hibshoosh, M.B.Terry, et al. Oral contraceptive use and other risk factors in relation to HER-2/neu overexpression in breast cancer among young women[J].Cancer Epidemiol.Biomarkers Prev.,1999,8：413-419.

[2] 李德鹏, 李永东, 高会. 高效液相色谱 – 串联质谱法检测生物样品中 6 种雌激素 [J]. 分析实验室,2012,31：76-79.

[3] Y.Guan, C.Jiang, C.Hu, et al. Preparation of multi-walled carbon nanotubes functionalized magnetic particles by sol-gel technology and its application in extraction of estrogens[J].Talanta,2010,83：337-343.

[4] M.Liu, M.Li, B.Qiu, et al. Synthesis and applications of diethylstilbestrol-based molecularly imprinted polymer-coated hollow fiber tube[J].Anal.Chim.Acta,2010,663：33-38.

[5] Z.Xu, J.Zhang, L.Cong, et al. Preparation and characterization of magnetic chitosan microsphere sorbent for separation and determination of environmental estrogens through SPE coupled with HPLC[J].J.Sep.Sci.,2011,34：46-52.

[6] S.J.Zhang, J.M.You, Z.W.Sun, et al. A sensitive method for extraction and determination of endocrine-disrupting compounds from wastewater using 10-ethyl-acridone-2-sulfonyl chloride as pre-column labeling reagent by high-performance liquid chromatography with fluorescence detection[J].Microchem.J.,2012,103：90-96.

[7] Y.Yang, J.Chen, Y.P.Shi.Determination of diethylstilbestrol in milk using carbon nanotube-reinforced hollow fiber solid-phase microextraction combined with high-performance liquid chromatography[J].Talanta,2012,97：222-228.

[8] Y.Zou, Y.H.Li, H.Jin, et al. Determination of estrogens in human urine by high-performance liquid chromatography/diode array detection with ultrasound-assisted cloud-point extraction[J].Anal.Biochem.,2012,421：

378-384.

[9] Q.Zhong, Y.Hu, G.Li.Dynamic liquid-liquid-solid microextraction based on molecularly imprinted polymer filaments on-line coupling to high performance liquid chromatography for direct analysis of estrogens in complex samples[J].J.Chromatogr., A,2012,1241: 13-20.

[10] F.Secundo, M.A.Bacigalupo, C.Scalera, et al. Rapid time-resolved fluoroimmunoassay for diethylstilbestrol in cow milk samples with a highly luminescent Tb[3+] chelate[J].J.Food Compos.Anal.,2012,25: 221-225.

[11] R.Su, X.Xu, X.Wang, et al. Determination of organophosphorus pesticides in peanut oil by dispersive solid phase extraction gas chromatography-mass spectrometry[J].J.Chromatogr., B,2011,879: 3423-3428.

[12]A.V.Herrera-Herrera, L.M.Ravelo-Perez, J.Hernandez-Borges, et al. Oxidized multi-walled carbon nanotubes for the dispersive solid-phase extraction of quinolone antibiotics from water samples using capillary electrophoresis and large volume sample stacking with polarity switching[J]. J.Chromatogr., A,2011,1218: 5352-5361.

[13] J.C.Meyer, A.K.Geim, M.I.Katsnelson, et al. The structure of suspended graphene sheets[J].Nature,2007,446: 60-63.

[14] K.S.Novoselov, D.Jiang, F.Schedin, et al. Two-dimensional atomic crystals[J].P.National Acad.Sci.,2005,102: 10451-10453.

[15] K.S.Novoselov, A.K.Geim, S.V.Morozov, et al. Electric field effect in atomically thin carbon films[J].Science,2004,306: 666-669.

[16] H.W.Kroto, J.R.Heath, S.C.Obrien, et al. C-60-buckminsterfullerene[J].Nature,1985,318: 162-163.

[17] S.Iijima.Helical microtubules of graphitic carbon[J].Nature,1991,354: 56-58.

[18] S.Zhang, Z.Du, G.Li.Layer-by-layer fabrication of chemical-bonded graphene coating for solid-phase microextraction[J].Anal.Chem.,2011,83: 7531-7541.

[19] Q.Liu, J.Shi, M.Cheng, et al. Preparation of graphene-encapsulated magnetic microspheres for protein/peptide enrichment and MALDI-TOF MS analysis[J].Chem.Commun.,2012,48: 1874-1876.

[20] W.Stober, A.Fink, E.Bohn.Controlled growth of monodisperse silica spheres in micron size range[J].J.Colloid Interf.Sci.,1968, 26: 62-69.

[21] http://baike.baidu.com/view/52181.html.

[22] P.Panuwet, J.V.Nguyen, P.Kuklenyik, et al. Quantification of atrazine and its metabolites in urine by on-line solid-phase extraction-high-performance liquid chromatography-tandem mass spectrometry[J]. Anal.Bioanal.Chem.,2008,391: 1931-1939.

[23] C.Hidalgo, J.V.Sancho, F.Hernandez.Trace determination of triazine herbicides by means of coupled-column liquid chromatography and large volume injection[J].Anal.Chim.Acta,1997,338: 223-229.

[24] G.Shen, X.Hu, Y.Hu.Kinetic study of the degradation of the insecticide pymetrozine in a vegetable-field ecosystem[J].J.Hazard.Mater., 2009,164: 497-501.

[25] Commission Regulation（EC）no.149/2008 January 29th ed.p.4-285.

[26] 中华人民共和国标准, GB 16323-1996.

[27] S.A.Barker.Matrix solid phase dispersion（MSPD）[J].J.Biochem. Bioph.Meth.,2007,70: 151-162.

[28] J.Moreda-Pineiro, E.Alonso-Rodriguez, P.Lopez-Mahia, et al. Matrix solid-phase dispersion of organic compounds and its feasibility for extracting inorganic and organometallic compounds[J].TrAC-Trend.Anal. Chem.,2009,28: 110-116.

[29] G.M.Acosta-Tejada, S.Medina-Peralta, Y.B.Moguel-Ordonez, et al. Matrix solid-phase dispersion extraction of organophosphorus pesticides from propolis extracts and recovery evaluation by GC/MS[J].Anal.Bioanal. Chem.,2011,400: 885-891.

[30] B.Mhaka, E.Cukrowska, B.T.Bui, et al. Selective extraction of triazine herbicides from food samples based on a combination of a liquid membrane and molecularly imprinted polymers[J].J, Chromatogr., A,2009, 1216: 6796-6801.

[31] X.Hu, J.Pan, Y.Hu, et al. Preparation of molecularly imprinted polymer coatings with the multiple bulk copolymerization method for solid-phase microextraction[J].J.Appl.Polym.Sci.,2011,120: 1266-1277.

[32] J.Zhou, J.Chen, Y.Cheng, et al. Determination of prometryne in water and soil by HPLC-UV using cloud-point extraction[J].Talanta,2009, 79: 189-193.

[33] C.Wang, S.J.Ji, Q.H.Wu, et al. Determination of triazine herbicides in environmental samples by dispersive liquid-liquid microextraction coupled with high performance liquid chromatography[J].

J.Chromatogr.Sci.,2011,49: 689-694.

[34] D.Zhao, X.Liu, W.Shi, et al. Determination of cypermethrin residues in crucian carp tissues by MSPD/GC-ECD[J].Chromatographia, 2011,73: 1021-1025.

[35] X.Cai, C.Wang, J.Xu, et al. Application of matrix solid-phase dispersion methodology to the extraction of endogenous peptides from porcine hypothalamus samples for MS and LC-MS analysis[J].J.Chromatogr., B,2011,879: 657-661.

[36] E.Sobhanzadeh, N.K.Abu Bakar, M.R.Bin Abas, et al. Low temperature followed by matrix solid-phase dispersion-sonication procedure for the determination of multiclass pesticides in palm oil using LC-TOF-MS[J].J.Hazard.Mater.,2011,186: 1308-1313.

[37] S.X.Guan, Z.G.Yu, H.N.Yu, et al. Multi-walled carbon nanotubes as matrix solid-phase dispersion extraction adsorbent for simultaneous analysis of residues of nine organophosphorus pesticides in fruit and vegetables by rapid resolution LC-MS-MS[J].Chromatographia,2011,73: 33-41.

[38] H.Y.Yan, F.X.Qiao, K.H.Row.Molecularly imprinted-matrix solid-phase dispersion for selective extraction of five fluoroquinolones in eggs and tissue[J].Anal.Chem.,2007,79: 8242-8248.

[39] L.Guo, M.Guan, C.Zhao, et al. Molecularly imprinted matrix solid-phase dispersion for extraction of chloramphenicol in fish tissues coupled with high-performance liquid chromatography determination[J]. Anal.Bioanal.Chem.,2008,392: 1431-1438.

[40] F.Qiao, H.Sun.Simultaneous extraction of enrofloxacin and ciprofloxacin from chicken tissue by molecularly imprinted matrix solid-phase dispersion[J].J.Pharmaceut.Biomed.Anal.,2010,53: 795-798.

[41] H.Yan, H.Wang, J.Qiao, et al. Molecularly imprinted matrix solid-phase dispersion combined with dispersive liquid-liquid microextraction for the determination of four Sudan dyes in egg yolk[J]. J.Chromatogr., A,2011,1218: 2182-2188.

[42] S.Xu, J.Li, L.Chen.Molecularly imprinted polymers by reversible addition-fragmentation chain transfer precipitation polymerization for preconcentration of atrazine in food matrices[J].Talanta,2011,85: 282-289.

[43] I.Ferrer, F.Lanza, A.Tolokan, et al. Selective trace enrichment

of chlorotriazine pesticides from natural waters and sediment samples using terbuthylazine molecularly imprinted polymers[J].Anal.Chem.,2000,72: 3934-3941.

[44] S.Xu, J.Li, L.Chen.Molecularly imprinted core-shell nanoparticles for determination of trace atrazine by reversible addition-fragmentation chain transfer surface imprinting[J].J.Mater.Chem.,2011,21: 4346-4351.

[45] S.Wu, Z.Xu, Q.Yuan, et al. Recognition characteristics of molecularly imprinted microspheres for triazine herbicides using hydrogen-bond array strategy and their analytical applications for corn and soil samples[J].J.Chromatogr., A,2011,1218: 1340-1346.

[46] E.Turiel, A.Martin-Esteban, P.Fernandez, et al. Molecular recognition in a propazine-imprinted polymer and its application to the determination of triazines in environmental samples[J].Anal.Chem.,2001, 73: 5133-5141.

[47] F.J.Lara, F.Lynen, P.Sandra, et al. Evaluation of a molecularly imprinted polymer as in-line concentrator in capillary electrophoresis[J]. Electrophoresis,2008,29: 3834-3841.

[48] S.Xu, L.Chen, J.Li, et al. Preparation of hollow porous molecularly imprinted polymers and their applications to solid-phase extraction of triazines in soil samples[J].J.Mater.Chem.,2011,21: 12047-12053.

[49] S.Brunauer, P.H.Emmett, E.Teller.Adsorption of gases in multimolecular layers[J].J.Am.Chem.Soc.,1938,60: 309-319.

第6章 盐析辅助液液萃取方法在环境 污染物萃取方面的应用

前面章节已经讲过关于 SALLE 的原理,此方法的原理是基于液液萃取,即向有机相和水相的混合溶液中加入一定量的盐溶液使有机相从混合溶液中盐析出来同时目标分析物将被萃取到盐析出的有机相中。SALLE 中常用的有机试剂为乙腈、丙酮、乙酸乙酯和异丙醇;常用的无机盐为硫酸镁、硫酸铵、氯化钙、碳酸镁和硫酸钙,这种方法将样品清洗(如乙腈除蛋白)和富集过程集于一体,而且这种方法特别适用于高盐高蛋白样品,如海水、血液等样品。

6.1 实验设计辅助盐析液液萃取 – 高效液相色谱 检测海水中的四种苯并咪唑类杀菌剂

6.1.1 简介

苯并咪唑类杀菌剂广泛用于水果、蔬菜和一些农作物的杀虫、杀菌和除草[1]。在过去的这些年中对此类杀菌剂的过量使用使得其在环境中大量富集并对河流产生了不可忽视的污染问题,欧盟水框架指令对绝大多数苯并咪唑类杀菌剂在自然水中的最大残留限量为 0.1 μg/L,而对总量的限量为 0.5 μg/L[2]。

由于此类杀菌剂的大量使用和可能造成的不良的健康效应,所以迫切需要建立一些检测方法来测定其在环境基质中的含量。这些杀菌剂特有的物理化学性质如低的蒸气压和热不稳定性使得其除非使用衍生的方法,否则用气相色谱来测定是不可能的。所以,现如今最常用的分析手段是高效液相色谱(High–Performance Liquid Chromatography, HPLC)和毛细管电泳(Capillary Electrophoresis, CE)与紫外检测器(Ultraviolet,

UV）、荧光和质谱检测器相连接[3-8]。应用 SALLE 来萃取三种高盐基质样品——海水中的四种苯并咪唑类杀菌剂——多菌灵（Carbendazim，CBZ），麦穗宁（Fuberidazole，FBZ），甲基硫菌灵（Thiophanate-Methyl，TPM）和硫菌灵（Thiophanate，TP）（结构见图 6-1），并应用 Box-Behnken 实验设计和响应曲面来优化最优萃取条件。而且，这是首次将实验设计优化 SALLE 的萃取条件并分析苯并咪唑类杀菌剂。本工作成功建立了实验设计辅助 SALLE-HPLC 方法来测定海水样品中的四种苯并咪唑类杀菌剂。

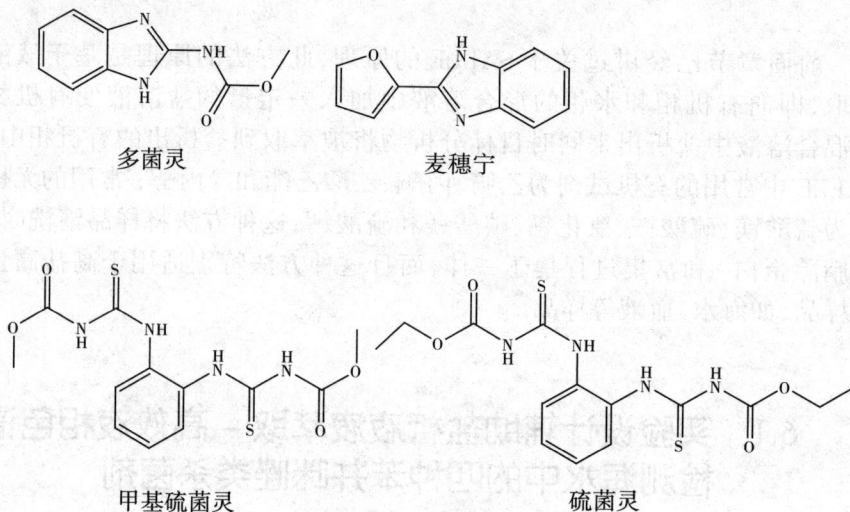

多菌灵   麦穗宁

甲基硫菌灵   硫菌灵

图 6-1　苯并咪唑类杀菌剂化学结构

6.1.2 SALLE 方法

将适量的 NaCl 固体溶于 100 mmol/L 磷酸盐缓冲液中制成 5 mol/L NaCl 盐析液，pH 值由 1 mol/L H$_3$PO$_4$ 和 1 mol/L NaOH 溶液调节。

SALLE 的主要步骤为将 2.00 mL 加标 1 μg/mL 水样置于 10 mL 尖底玻璃离心管中，向其中加入 2 mL ACN 超声 1 min 混匀。向上述混合溶液中加入 2 mL 盐析液振荡 5 min 后出现两相分离溶液，杀菌剂被萃取到上层 ACN 相中。将 ACN 相取出氮吹至干，残渣用 40 μL ACN/ H$_2$O（70/30，V/V）定容以备 HPLC 分析。

6.1.3 Box-Behnken 设计和响应曲面优化 SALLE 萃取条件

影响 SALLE 方法的因素有很多，主要有萃取剂种类与体积、NaCl 浓度、盐析液 pH、振荡时间和样品 pH 等。通过单因素轮换预实验可知,将样品 pH（pH$_1$: 4、5、6）、盐析液体积（V: 2 mL、3 mL、4 mL）和盐析液 pH（pH$_2$: 5、6、7）三个因素作为 Box-Behnken 实验设计考察的三个因素。

　　Box-Behnken 实验设计包括 15 次实验[9],每一个元素的低、中、高水平用 -1、0 和 +1 来表示,见表 6-1。Box-Behnken 实验设计的设计矩阵包括 15 次实验的萃取条件的设置和四种苯并咪唑类杀菌剂的萃取回收率也列于表 6-1 中。从表 6-1 可以看出,当盐析液 pH 值为 7,体积为 2 mL,样品 pH 值为 4 时三种杀菌剂达到了最高的萃取效率,而 TP 是在盐析液 pH 值为 5,体积为 2 mL,样品 pH 值为 4 时达到最高的萃取效率。为了同时高效地萃取四种杀菌剂,只好牺牲 TP,取最优萃取条件为样品 pH$_1$=4,盐析液 pH$_2$=7,V=2 mL,回归模型见表 6-2。回收率（Recovery）的理论计算值和实验值相吻合,RSD 在 0.024% ～ 0.084% 之间,见表 6-3。对于 TP 来说,在萃取条件为 pH$_1$=4、pH$_2$=5、V=2 mL 的条件下理论计算值为 84%,但是在萃取条件为 pH$_1$=4、V=2 mL 和 pH$_2$=7 的条件下实验值为 95%,所以从表中也可以看出 TP 的 RSD 比 CBZ、FBZ 和 TPM 的大,这是由于其实验值并不是在其最佳萃取条件下得到的,但是在所选择的最优条件下得到的结果也是令人满意的。

表 6-1　Box-Behnken 设计表

变量	因素		水平		
			-1	0	+1
X_1	pH$_1$		4	5	6
X_2	V（mL）		2	3	4
X_3	pH$_2$		5	6	7
Run	X_1	X_2	X_3	回收率$_{CBZ}$（%）	回收率$_{FBZ}$（%）	回收率$_{TPM}$（%）	回收率$_{TP}$（%）
1	-1	-1	0	56	74	92	84
2	-1	1	0	46	58	84	74
3	1	-1	0	50	64	84	78
4	1	1	0	78	60	86	80
5	-1	0	-1	36	56	82	74
6	-1	0	1	44	78	86	78
7	1	0	-1	44	64	92	82
8	1	0	1	46	66	94	84
9	0	-1	-1	46	60	82	76

续表

变量	因素			水平			
10	0	−1	1	50	60	82	74
11	0	1	−1	44	58	78	76
12	0	1	1	40	52	72	72
13	0	0	0	40	54	80	70
14	0	0	0	42	56	82	72
15	0	0	0	44	54	82	70

表 6-2　加标 1 μg/mL 建立的模型的因素、回归系数、R 值和 F 值

PYRs	截距	pH_1	V (mL)	pH_2	$pH_1 \times V$ (mL)	$pH_1 \times pH_2$	$pH_2 \times V$ (mL)	pH_1^2	V^2 (mL^2)	pH_2^2	R	F
CBZ	39.57	−34.11	−39.39	39.61	4.75	−0.75	−2.32	2.66	5.09	−2.41	0.95	4.75
FBZ	142.92	−46.08	−17.00	8.00	1.50	−2.50	2.00	5.58	−0.92	0.08	0.98	10.82
TPM	122.33	−39.42	1.25	4.75	1.25	−0.25	−0.25	3.79	−1.21	−0.21	0.87	1.80
TP	185.94	−39.92	−17.54	−9.04	1.50	−0.25	1.11	3.78	0.39	0.64	0.94	4.19

表 6-3　回收率的理论计算值和实验值

最优条件	CBZ			FBZ			TPM			TP		
	pH_1	V (mL)	pH_2	pH_1	V (mL)	pH_2	pH_1	V (mL)	pH_2	pH_1	V (mL)	pH_2
	4	2	7	4	2	7	4	2	7	4	2	5
理论回收率（%）	60			80			92			84		
实验回收率（%）	58			85			98			95		
RSD（%）	0.024			0.042			0.045			0.084		

　　对于每两个因素之间的响应曲面图见图 6-2。很明显在 $pH_1 = 4$ 和 $V = 2$ mL 的条件下可以得到较高的萃取效率（见图 6-2 A）。尽管 $pH_1 = 4$ 和 $pH_2 = 7$ 条件下对 CBZ 和 TPM 的萃取效率不是很高，但是结果还是令人满意的，而且 FBZ 和 TP 的回收率很高（见图 6-2 B）。图 6-2 C 对每两个因素也显示了相同的趋势。考虑到因素之间的相互作用及萃取效率的均衡问题，最优萃取条件选择 $pH_1 = 4$、$V = 2$ mL 和 $pH_2 = 7$。尽管响应曲面的结果和数据结果有出入，但是响应曲面所展示的趋势和萃取效率的

趋势是一致的。

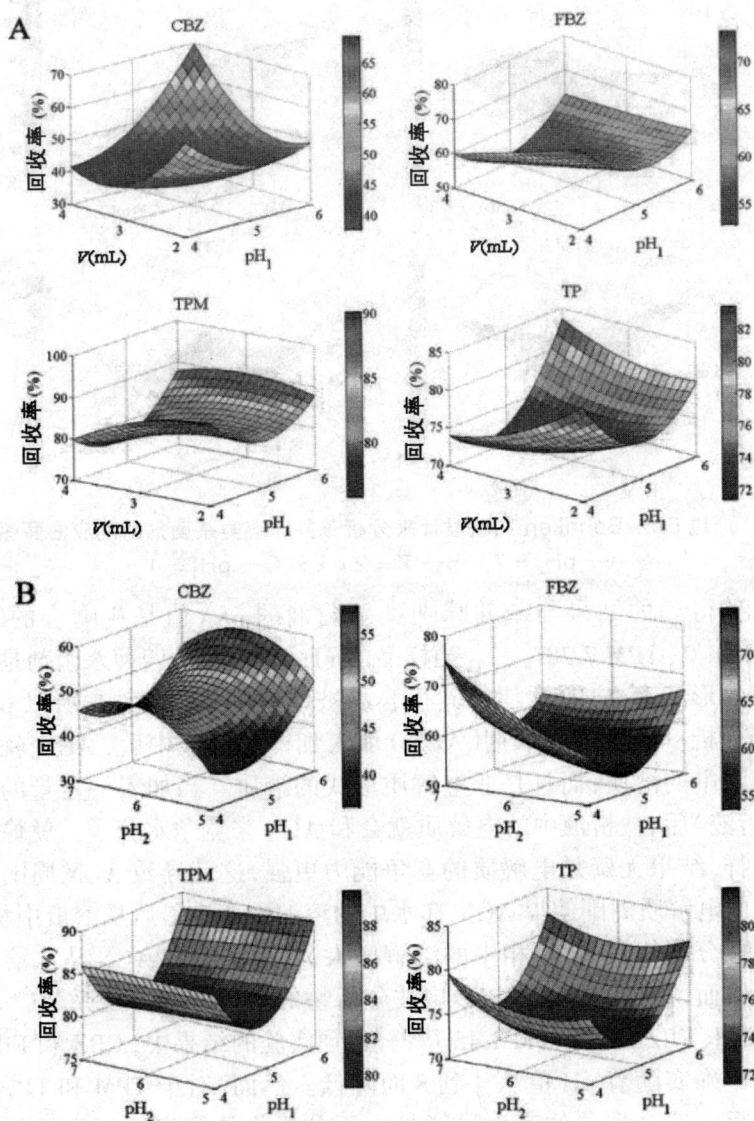

图 6-2　通过 Box-Behnken 实验设计来分析苯并咪唑类杀菌剂的响应曲面图

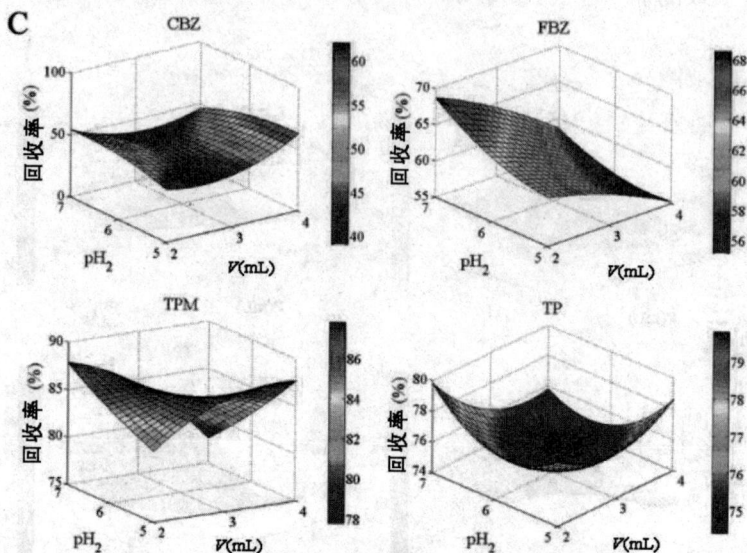

图 6-2　通过 Box–Behnken 实验设计来分析苯并咪唑类杀菌剂的响应曲面图（续）

A— pH₂ = 7；　B— V = 2 mL；　C— pH₁ = 4

以上得到的结果与苯并咪唑类杀菌剂的 pKa 值是相吻合的（CBZ 4.2、FBZ 4.0、TPM 7.28 ）[10]。当样品的 pH ≤ 4.0 时，四种杀菌剂是以非离子态的形式存在的，这使得其很容易被萃取到 ACN 相中，所以 pH₁=4 和以上分析一致。当萃取剂（ACN）加入到样品溶液中后，ACN 就相当于水溶液中的溶质，而且是非电解质形式的溶质。当加入一定量的电解质（盐析液）后，盐析液中的电解质就会和 ACN 来竞争水分子。就像预想中的一样，结果无疑是电解质的竞争能力更强，这就导致 ACN 周围的水分子移向电解质周围使得 ACN 在水中的溶解度变小最后从溶液中析出。由于目标分析物在 ACN 相中的溶解度大，它们就跟随 ACN 从水溶液中析出。然而，盐析液的 pH 会影响被分析物的辛醇 – 水分配系数（log P）（ CBZ 1.48、FBZ 2.71、TPM 1.45 ）[10]。在预实验的结果中，CBZ 和 FBZ 的萃取效率确实随着 pH 值从 4 到 8 而降低。然而，对于 TPM 和 TP，趋势正好相反。这个现象的产生可能是由于分析物的解离而产生的。对于 CBZ 和 FBZ 来说，当 pH > 4 时，分析物开始解离，这使得 log P 值降低，导致萃取效率下降。同样的原因，当 pH > 7 时，TPM 的 log P 值也降低。但是通过实验设计得出选择 pH 值为 7 而且这个结果也和实验数据相吻合，这可能是由于实验参数之间的交互作用所致。

对所得的实验数据分析并进行了富集倍数和萃取因素之间的建模，

结果见表 6-2。从表中的回归模型可以得出,对于每一个分析物,在最优萃取剂下,CBZ、FBZ、TPM 和 TP 分别得到了 30、40、46 和 42 倍的富集倍数,则对应的回收率就是 60%、80%、92% 和 84%。所得到的实验数据和这个计算的理论值相吻合,见表 6-3。而且从统计参数(R 和 F 值)也可以看出,所得到的模型比较满意。

所以,由实验设计和响应曲面优化得到的同时萃取四个苯并咪唑类杀菌剂的最佳萃取条件为 2 mL 盐析液(100 mmol/L 的磷酸盐缓冲液其 NaCl 的浓度为 5 mol/L)、pH = 7;萃取剂为 2 mL ACN;振荡时间为 5 min;样品溶液 pH = 4。

6.1.4 方法的评价及应用

对 SALLE-HPLC-UV 方法的性能在最佳优化条件下进行了研究。样品在 2.5 ～ 500 ng/mL 浓度范围内加标 6 个不同浓度点的峰面积与浓度之间呈现很好的线性,如表 6-4 所示。所有四种苯并咪唑类杀菌剂的检出限,以待测物的峰高与背景噪声的 3 倍比($S/N = 3$)确定也列于表 6-4。从表 6-4 可以看出,线性关系良好,检出限在 0.14 ～ 0.38 ng/mL。这种方法已经达到了欧盟水框架指令对绝大多数苯并咪唑类杀菌剂在自然水中总量的限量为 0.5 μg/L 的测定要求。

为了进一步评估所建立的方法,分别对四种杀菌剂加标浓度为 0.1 μg/mL 或 0.05 μg/mL 的三个海水样品进行了测定并计算样品中四种杀菌剂的含量,测定的样品结果见表 6-5 和图 6-3,结果显示其中三种杀菌剂在三个样品中都有检出。图 6-3B 的结果显示在海水样 2# 和 3# 中都未见 FBZ 的检出,而且在三个海水样中也都未见 TP 的检出。从表 6-5 也可以看出,在 1# 样中,FBZ 的浓度为 10.10 ng/mL;CBZ 和 TPM 在三个海水样中的检出浓度在 5.0 ～ 8.0 ng/mL 和 12.2 ～ 16.3 ng/mL 之间。这个结果显示所测的三个海水样都不同程度地被苯并咪唑类杀菌剂所污染,这可能是由于污水处理厂的废液排放所致。对三个样品分别加标 50 ng/mL、100 ng/mL 和 200 ng/mL,得到的回收率结果见表 6-5。在样品中加标 100 ng/mL 得到的回收率为 62.0% ～ 97.9%,结果满意。所建立的 SALLE-HPLC-UV 方法可以高效地应用于高盐基质样品中苯并咪唑类杀菌剂的测定。

表 6-4　三个自然水样中的苯并咪唑类杀菌剂的线性相关关系及检出限

样品	苯并咪唑类杀菌剂	线性范围（ng/mL）	斜率 Mean ± SD	截距 Mean ± SD	R	检出限（ng/mL）
海水 1#	CBZ	2.5 ~ 500	103 000 ± 364.21	840 ± 19.68	0.999 8	0.15
	FBZ	5.0 ~ 500	53 000 ± 100.04	1870 ± 26.55	0.998 8	0.38
	TPM	5.0 ~ 500	129 000 ± 458.22	450 ± 18.21	0.999 8	0.16
	TP	5.0 ~ 500	183 000 ± 521.39	−710 ± 15.47	0.999 8	0.26
海水 2#	CBZ	2.5 ~ 500	109 000 ± 398.72	770 ± 16.24	0.996 7	0.14
	FBZ	5.0 ~ 500	109 000 ± 287.16	−820 ± 19.45	0.999 8	0.30
	TPM	5.0 ~ 500	115 000 ± 422.68	−2680 ± 31.48	0.999 6	0.18
	TP	5.0 ~ 500	152 000 ± 411.28	−4700 ± 46.56	0.999 1	0.27
海水 3#	CBZ	2.5 ~ 500	82 000 ± 124.57	1340 ± 22.18	0.999 9	0.16
	FBZ	5.0 ~ 500	52 000 ± 116.64	3560 ± 40.13	0.995 7	0.36
	TPM	5.0 ~ 500	132 000 ± 513.26	−2940 ± 30.59	0.999 6	0.19
	TP	5.0 ~ 500	168 000 ± 576.32	−3140 ± 37.46	0.999 3	0.28

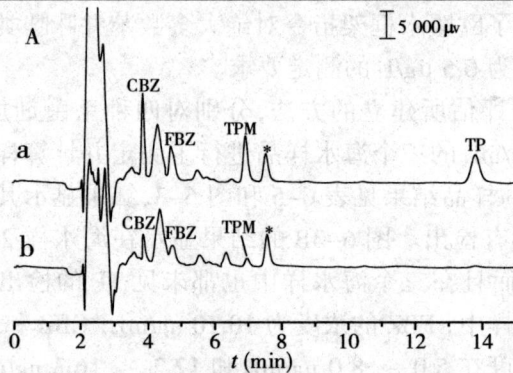

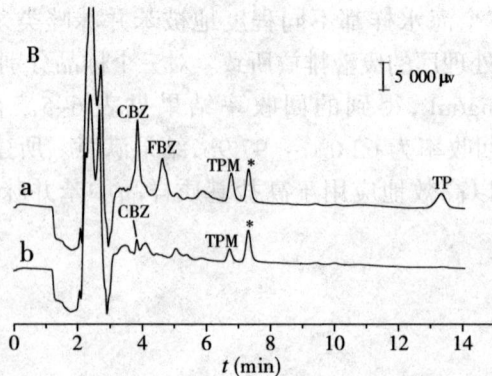

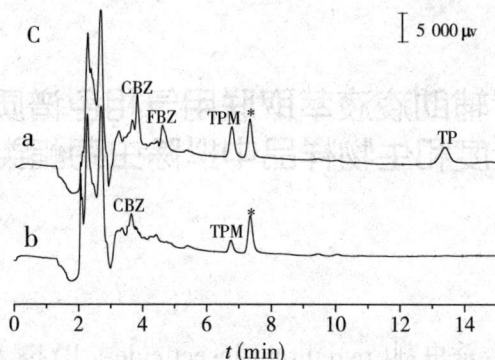

图 6-3　三种样品的 SALLE-HPLC-UV 色谱图

a— 加标；b—未加标

A— 海水 1#，B— 海水 2# 和 C— 海水 3#，其中 1# 海水加标浓度为 100 ng/mL，2# 和 3# 加标浓度为 50 ng/mL。SALLE 条件为样品体积 2 mL，pH = 4；盐析液为 5 mol/L NaCl，体积为 2 mL，pH = 7；萃取溶剂 2 mL ACN；振荡时间为 5 min。HPLC-UV 分离测定条件：流动相：ACN/water（70/30，V/V）；流速：1 mL/min；进样体积：20 μL；检测波长：230 nm

表 6-5　三个自然水样中苯并咪唑类杀菌剂的含量测定及回收率测定

样品	苯并咪唑类杀菌剂	测定浓度（ng/mL）	回收率（%）		
			加标 50 ng/mL	加标 100 ng/mL	加标 200 ng/mL
海水 1#	CBZ	8.0 ± 0.3	77 ± 1	68 ± 2	66 ± 1
	FBZ	10.1 ± 0.5	86 ± 2	98 ± 4	78 ± 1
	TPM	16.3 ± 0.6	91 ± 4	73 ± 2	78 ± 2
	TP	ND	61 ± 2	65 ± 2	78 ± 2
海水 2#	CBZ	5.5 ± 0.2	89 ± 3	88 ± 2	69 ± 2
	FBZ	ND	89 ± 3	84 ± 2	98 ± 3
	TPM	14.6 ± 0.5	60 ± 1	70 ± 2	68 ± 3
	TP	ND	65 ± 2	76 ± 2	64 ± 3
海水 3#	CBZ	5.0 ± 0.1	68 ± 2	87 ± 3	98 ± 1
	FBZ	ND	99 ± 3	93 ± 4	70 ± 2
	TPM	12.2 ± 0.5	67 ± 2	90 ± 2	72 ± 1
	TP	ND	62 ± 2	62 ± 1	70 ± 2

6.2 盐析辅助液液萃取联用气相色谱质谱法检测高盐度和生物样品中拟除虫菊酯类杀虫剂

6.2.1 简介

拟除虫菊酯类杀虫剂（pyrethroid insecticides，PYRs）是一类人工模拟的提取自干燥的磨粉末状菊花头花的除虫菊酯的专用来杀灭害虫的类似物[11]。拟除虫菊酯类杀虫剂和其他种类的杀虫剂如有机氯、有机磷酸盐和氨基甲酸酯相比，具有低成本、低剂量、效率高、哺乳动物体内低毒性、高环境退化率的特点，所以常被用于蔬菜、水果种植过程中和室内室外害虫的防治[12,13]。此类杀虫剂广泛地在蔬菜水果种植中使用而且通过淋滤和土壤径流作用导致在地下水和地表水中有大量的残留[14]。此外，淡水系统也可能出现由工业和农业的废水直接排放或污水处理厂的污水造成的污染。PYRs 是亲酯性化合物，对光和温度表现出高稳定性。由于这些物质在植物和土壤中的持续存在会迁移转化进入食物链中，因此在室内室外都有 PYRs 检测出来，在人体内也有相应残留[15-17]。然而，在昆虫和哺乳动物体内 PYRs 通常表现出神经毒性，并与轴突中的钠离子通道相互作用[18]。正常人在高浓度的 PYRs 暴露后（例如，在工作场所未进行充分防护）表现出明显的如咳嗽或呼吸道刺激、头晕、恶心、头痛、刺激、呕吐或感觉的症状[18]。世界健康组织（WHO）认定氯氰菊酯不能在饮用水中检出，鉴于欧盟关于饮用水质量的指令（98/83/CE）规定，个人农药的最大污染水平为 0.10 g/L，总农药的最大污染水平为 0.50 g/L[19,20]。欧盟还公布了一些在食物和可食用植物中或表面某些 PYRs 的最大残留量[21]。因此，PYRs 在环境样品中的低浓度水平需要采用高灵敏度的方法来测定。近年来，PYRs 的测定通常采用高效液相色谱 – 质谱法（HPLC–MS）和气相色谱 – 质谱法（GC–MS）。样品预处理是整个分析过程中的一个关键步骤，特别是痕量 PYRs 分析。到目前为止，各种样品前处理方法已用于 PYRs 的萃取，如液 – 液萃取（LLE）[15, 18, 22]、固相萃取（SPE）[12]、分散液 – 液微萃取（DLLME）[14,23]、Quechers 法、基质固相分散（MSPD）[28,29]、悬浮液滴微萃取（SDME）[30]、中空纤维液相微萃取（HF–LPME）[17]、顶空固相微萃取（HS–SPME）[31]、分子印迹聚合物硅石整体柱（MIPSM）[32] 等。尽管这些方法有各自的优势，但大多数方法都很复杂，花费时间长，工作量大,不环保。例如,SPE、SPME 和 MSPD 的过程需要特殊的仪器并相对较昂贵。此外,一些方法需要特殊的程序,如离心、旋涡和超声,因此其仅限于实验室的条件。更重要的是,从高盐度和高蛋白基质中有效地萃取 PYRs 十分困难和复杂。

为了验证一种快速、简单、灵敏的方法,本书对人尿和水样中的联苯菊酯、氯菊酯、β-氟氯氰菊酯和氰戊菊酯采用盐析辅助液-液萃取(SALLE)-气相色谱-质谱法进行提取、分离和测定进行了研究。使用 SALLE 从尿液、海水和废水样本中提取四种 PYRs(联苯菊酯、氯菊酯、β-氟氯氰菊酯和氰戊菊酯)。本书采用正交设计法,快速、可靠地确定最佳萃取条件,采用气相色谱-质谱联用技术对 PYRs 进行分离和测定。采用正交设计的 SALLE-GC-MS 方法,成功地应用于高盐度生物样品中四种 PYRs 的同时分离测定。

6.2.2 SALLE 方法

将适量氯化钠溶于 100 mmol/L 磷酸盐缓冲液中,制备 5 mol/L 氯化钠盐析液。用 1 mol/L H_3PO_4 和 1 mol/L NaOH 将盐析溶液的 pH 值调整为 4。将 2 mL 样品(调节 pH=3)置于 10 mL 具塞玻璃试管。将 ACN(2 mL)添加到样品溶液中并轻轻摇匀后,加入 4 mL 盐析液,旋涡 5 min 形成两相溶液,样品中的 PYRs 将萃取到上层有机相(ACN 相),然后收集 ACN 相,通过直径为 0.45 μm 的微孔过滤器,取 1 μL 用气相色谱-质谱联用仪直接分析。

6.2.3 正交设计优化 SALLE

三个变量(pH_1、pH_2 和 V)在三个水平上的正交设计图以及绝对峰面积(A)的相应值如表 6-6 所示。目的是观察哪一个变量对 A 的影响最大,并选择最佳萃取条件。某个参数对 A 的影响可以用以下公式表示:

$$\sum \Delta = (\sum A)\max/N - (\sum A)\min/N$$

第一项求和是(1)、(2)和(3)的最大值之和(如表 6-6 所示),第二个求和(1)、(2)、(3)的最小值之和,N 为水平参数,这里 N 为 3。正交实验设计可快速获得可变参数的有效信息。每个参数对 ΔA 的影响如图 6-4 所示。影响四种 PYRs 提取效率的最重要参数是 V,其次是 pH_2,而 pH_1 是第三个,这可能是因为盐析液体积对 ACN 相的体积有明显的影响。结果表明,随着盐析液用量的增加,ACN 相的体积减小。因此,加入越多的盐析液,ACN 相的 PYRs 浓度越高,A 值越大。pH_1 和 pH_2 参数不是最重要的参数,因为分析物在酸性和中性条件下是稳定的。表6-6列出了所有实验组合的 A 值。可以看出,7号组合下萃取效率最高。因此,最终选择了4 mL、pH=4的盐析液和样品 pH=3 作为最佳提取条件。

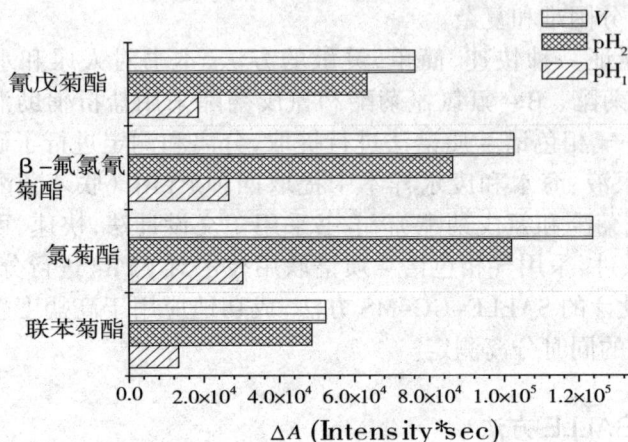

图6-4　SALLE 每个参数对 ΔA 的影响

联苯菊酯,氯菊酯,β–氟氯氰菊酯和氰戊菊酯的 PYRs 浓度分别为 1 μg/mL、5 μg/mL、10μg/mL 和 5 μg/mL。

表6-6　三因素三水平正交实验设计表及峰面积

实验组合	pH$_1$	pH$_2$	V（mL）	A（Intensity × sec）			
				联苯菊酯	氯菊酯	β–氟氯氰菊酯	氰戊菊酯
1	1（1）	4（1）	2（1）	93 086	193 261	138 937	110 505
2	1（1）	5（2）	3（2）	93 164	200 773	144 082	111 893
3	1（1）	6（3）	4（3）	93 744	210 991	153 230	116 967
4	2（2）	4（1）	3（2）	129 237	279 415	211 332	158 426
5	2（2）	5（2）	4（3）	127 792	281 143	212 189	166 616
6	2（2）	6（3）	2（1）	62 587	130 017	87 244	69 095
7	3（3）	4（1）	4（3）	150 772	325 508	249 583	191 981
8	3（3）	5（2）	2（1）	59 808	122 978	80 567	66 692
9	3（3）	6（3）	3（2）	70 900	151 066	100 268	84 214

6.2.4 方法的评价及应用

采用上述最佳萃取条件对方法进行验证。在 5 ~ 5 000 ng/mL,25 ~ 5 000 ng/mL 或 200 ~ 5 000 ng/mL 范围内,6 种不同浓度水平下峰面积和 PYRs 浓度之间获得了良好的线性度评估。4 个 PYRs 的检出限,以峰高为背景噪声(S/N)的 3 倍的分析浓度计算,在 1.5 ~ 60.6 ng/mL 之间。

采用人体尿液、废水和海水样品验证了该方法的有效性。在废水样品中检测到联苯菊酯、氯菊酯和氰戊菊酯,联苯菊酯、氯菊酯和氰戊菊酯的浓度分别为 4.2 ng/mL,30.0 ng/mL 和 35.5 ng/mL。其他两个样品中均未检测出 PYRs。加标前后样品的色谱图如图 6-5 所示。在 3 种浓度下将 4 种标准溶液加入 3 种样品中,研究 PYRs 的回收率,每次回收分析重复 3 次,PYRs 的回收率表示为这 3 次测定的平均值。联苯菊酯、氯菊酯、β-氟氯菊酯和氰戊菊酯的高回收率分别为 74% ~ 110%,75% ~ 109%,75% ~ 89% 和 78% ~ 103%,标准偏差分别为 2.1% ~ 9.8%,1.8% ~ 8.9%,4.6% ~ 9.6% 和 3.5% ~ 9.2%。因此,此种方法可用于检测人体尿样和水样中的 PYRs。

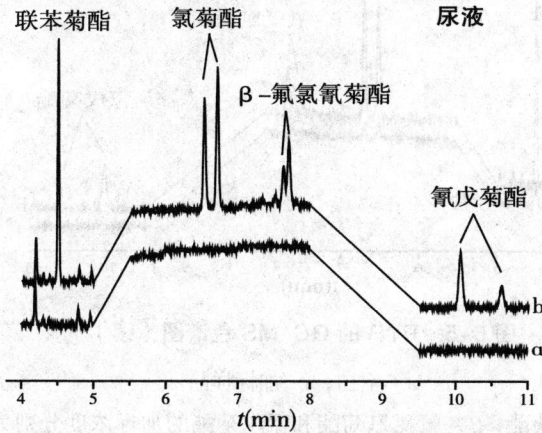

图 6-5　PYR 的 GC-MS 色谱图

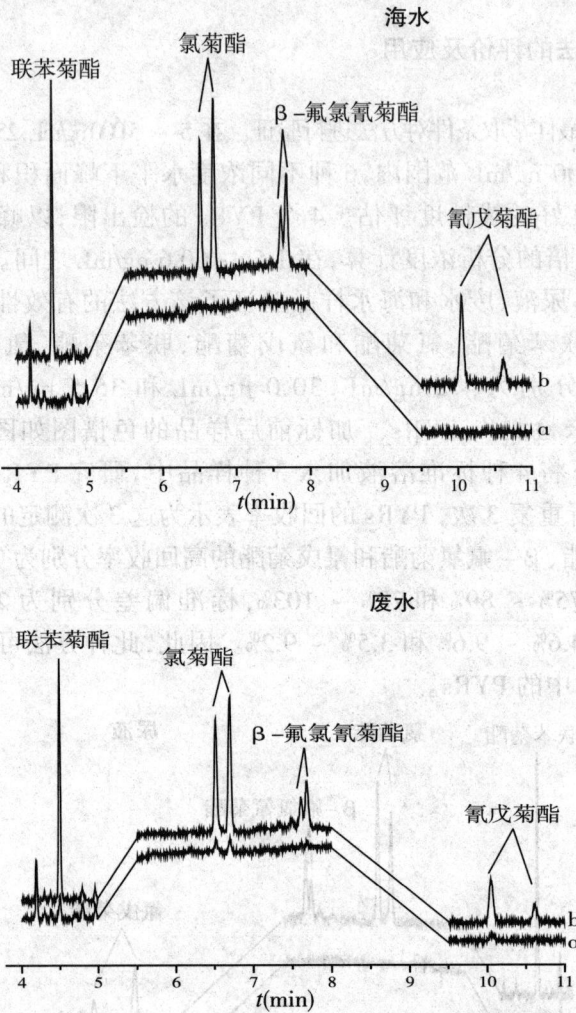

图 6-5　PYR 的 GC-MS 色谱图（续）

a—空白；b—加标样品

联苯菊酯，氯菊酯，β－氟氯氰菊酯和氰戊菊酯的加标浓度分别为 50 ng／mL，250 ng／mL，500 ng／mL 和 250 ng／mL

6.3　盐析辅助液液萃取 – 紫外可见分光光度法测定水样中的 2，4–D

6.3.1 简介

苯氧羧酸类除草剂由于其低耗、高效和高选择性被广泛用于禾谷类作物田、针叶树林、非耕地、牧草场、草坪等的除草剂。此类除草剂由于易溶于水和低挥发的特点使得其极易进入水环境中造成污染。这类除草剂本身就有中等毒性，而且容易代谢成为氯代酚类化合物，这些化合物也会对人类及生物体造成危害[33]。美国环保局（United States Environmental Protection Agency，EPA）已证实高剂量的 2,4- 二氯苯氧乙酸（2,4-Dichlorophenoxyacetic Acid,2,4-D）可以对人和动物的肾脏和肝脏等重要器官造成损伤。EPA 规定饮用水中 2,4–D 的最高限量为 0.07 mg/L[34]。因此,建立准确、快速测定 2,4–D 的方法就显得尤为重要。

目前,测定 2,4–D 的方法有液相色谱、气相色谱、紫外可见光谱法和电化学传感器方法等。但是由于其含量低及样品基质复杂等原因,所以对于各种不同样品中的 2,4–D 的测定需要采用不同的样品前处理方法来萃取及富集。常用的方法有分散液液微萃取[35]、分子印迹固相微萃取[36]、分散固相萃取[34,37]、分子印迹膜萃取[38,39]和液液微萃取[40]等。这些方法最主要的不足之处在于处理过程复杂、耗时较长,例如,分子印迹聚合物的制备需要特殊设备等。为了获得简单、准确、快速的方法,应用 SALLE 来萃取水样中的 2,4–D,并采用紫外可见分光光度法（Ultraviolet Visible Spectrophotometry，UV–Vis）来测定。

6.3.2 SALLE 方法

将适量的 NaCl 固体溶于 100 mmol/L 磷酸盐缓冲液中制成 5 mol/L NaCl 盐析液,pH 值由 1 mol/L H_3PO_4 和 1 mol/L NaOH 溶液调节。SALLE 方法：将 2.00 mL 加标 10 μg/mL 水样置于 10 mL 尖底玻璃离心管中,向其中加入 2 mL ACN 超声 1 min 混匀。向上述混合溶液中加入 6 mL 盐析液振荡 5 min 后出现两相分离溶液,2,4–D 被萃取到上层 ACN 相中。将 ACN 相取出采用紫外可见分光光度计在 λ_{max}=220 nm 处测定吸光度值。

6.3.3 SALLE 方法的优化和讨论

6.3.3.1 样品 pH 的选择

样品溶液的 pH 对 2,4-D 电离程度有很大的影响。考察的样品 pH 值范围为 2 ~ 6,结果见图 6-6。从图中可以看出,当样品 pH 值为 2 时,样品吸光度最大,说明 2,4-D 在水样中以分子的状态存在,这样有利于被萃取到乙腈相中。因此,后续实验中选择 pH=2 为最优样品 pH。

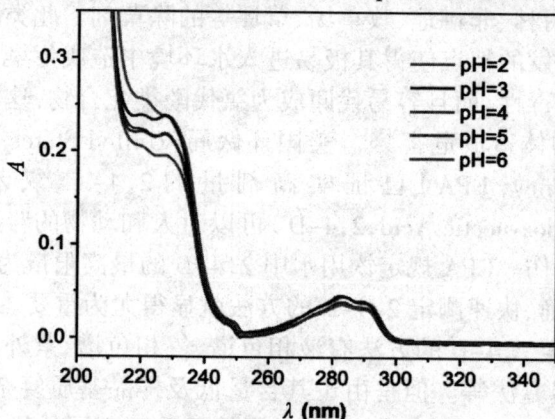

图 6-6 样品 pH 对萃取效率的影响

6.3.3.2 盐析液体积的选择

盐析液体积同样也会影响萃取效率。本书中选择盐析液的体积分别为 1,2,3,4,5 和 6 mL 进行优化,结果见图 6-7。选用的盐析液体积不同,得到的上层有机相体积也不同。盐析液体积越大,得到的上层乙腈相体积越小,萃取效率也越高,此结果在图 6-7 中也得到了证实。所以,盐析液体积选择 6 mL。

6.3.3.3 盐析液 pH 的选择

同样品的 pH 一样,盐析液的 pH 也会影响 2,4-D 的存在形式。考察的盐析液 pH 值范围为 2 ~ 11,结果见图 6-8。从图中可以看出,当 pH 值为 2 时,萃取效率最高,因此选择 2 为最佳的盐析液 pH 值。

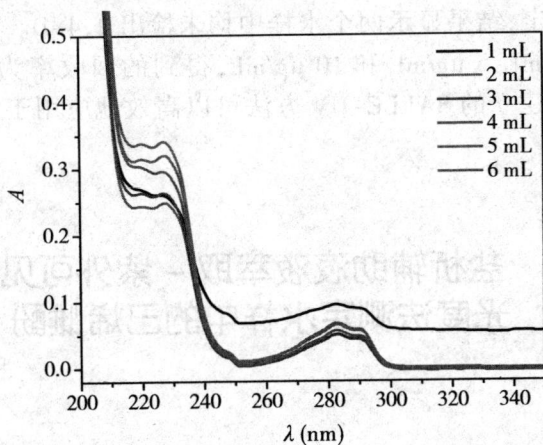

图 6-7　盐析液体积对萃取效率的影响

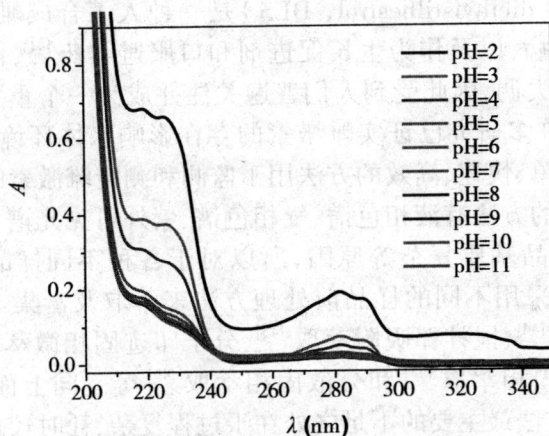

图 6-8　盐析液 pH 对萃取效率的影响

所以,由实验得到的萃取 2,4-D 的最佳萃取条件为 6 mL 盐析液 (100 mmol/L 的磷酸盐缓冲液,其 NaCl 的浓度为 5 mol/L)、pH = 2;萃取剂为 2 mL ACN;样品溶液 pH = 2。

6.3.4 SALLE- UV 方法的评价及应用

对 SALLE-UV 方法的性能在最佳优化条件下进行了研究。在 2.5 ~ 25 μg/mL 浓度范围内加标 6 个不同浓度点的吸光度(A)与浓度(c)之间呈现很好的线性。2,4-D 的检出限(Limits of Detections, LOD),以待测物的吸光度与背景噪声的 3 倍比($S/N = 3$)确定,检出限为 0.75 μg/mL。

为了进一步评估所建立的方法,分别对所取湖水和自来水 2 个水样进行萃取并测定,结果显示两个水样中均未检出 2,4-D。对 2 个水样分别加标 2.5 μg/mL、5 μg/mL 和 10 μg/mL,得到的回收率为 83% ~ 100%。此结果表明所建立的 SALLE-UV 方法可以高效地应用于水样中 2,4-D 的测定。

6.4 盐析辅助液液萃取 – 紫外可见分光光度法测定水样中的己烯雌酚

6.4.1 简介

己烯雌酚(diethylstilbestrol,DES)是一种人工合成雌激素,通常用来治疗各种疾病,以及作为生长促进剂和口服避孕药[41],由于其可能引起内分泌系统失调,因此受到人们普遍关注并成为一个重要的全球性问题[42]。而且,许多研究已证实雌激素的存在影响水体环境[43]。因此,迫切需要研发简单、快速、高效的方法用于监测和测定雌激素的浓度。目前,测定己烯雌酚的方法有液相色谱、气相色谱、紫外可见光谱等。但是由于其含量低及样品基质复杂等原因,所以对于各种不同样品中的己烯雌酚的测定需要采用不同的样品前处理方法来萃取及富集。常用的方法有液相微萃取[44]、搅拌棒吸附萃取[45]、分子印迹固相微萃取[46]、膜辅助溶剂萃取[47]、固相萃取[48]和分散固相萃取[49]等。同上面 2,4-D 的测定一样,这些方法最主要的不足之处在于过程复杂、耗时较长。为了获得简单、准确、快速的方法,应用 SALLE 来萃取水样中的 DES,并采用 UV-Vis 来测定。

6.4.2 SALLE 方法

将适量的 NaCl 固体溶于 100 mmol/L 磷酸盐缓冲液中制成 5 mol/L NaCl 盐析液,pH 值由 1 mol/L H_3PO_4 和 1 mol/L NaOH 溶液调节。SALLE 方法:将 2.00 mL 加标 10 μg/mL 水样置于 10 mL 尖底玻璃离心管中,向其中加入 2 mL ACN 超声 1 min 混匀。向上述混合溶液中加入 5 mL 盐析液振荡 5 min 后出现两相分离溶液,己烯雌酚被萃取到上层 ACN 相中。将 ACN 相取出采用紫外可见分光光度计在 λ_{max}=230 nm 处测定吸光度值。

6.4.3 SALLE 方法的优化和讨论

6.4.3.1 样品 pH 的选择

己烯雌酚为弱二元质子酸化合物,其 $pK_{a,1}$ 和 $pK_{a,2}$ 值分别为 7.23 和 10.14[50]。因此,样品溶液的 pH 值对其电离程度有很大的影响。本书中, 考察的样品 pH 值范围为 2 ~ 6,结果见图 6-9。从图中可以看出,当样品 pH 值为 3 时,样品吸光度最大,说明己烯雌酚在水样中以二元酸的状态存在,这样有利于被萃取到乙腈相中。因此,后续实验中选择 pH=3 为最优样品 pH。

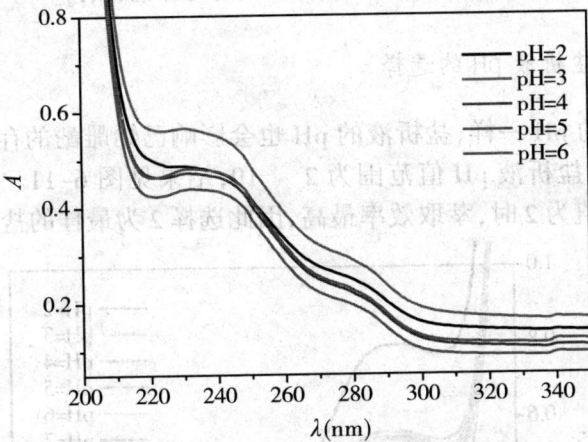

图 6-9　样品 pH 对萃取效率的影响

6.4.3.2 盐析液体积的选择

盐析液体积同样也会影响萃取效率。本书中选择盐析液的体积分别为 1,2,3,4 和 5mL 进行优化,结果见图 6-10。选用的盐析液体积不同, 得到的上层有机相体积也不同。盐析液体积越大,得到的上层乙腈相体积越小,萃取效率也越高,此结果在图 6-10 中也得到了证实。所以,盐析液体积选择 5 mL。

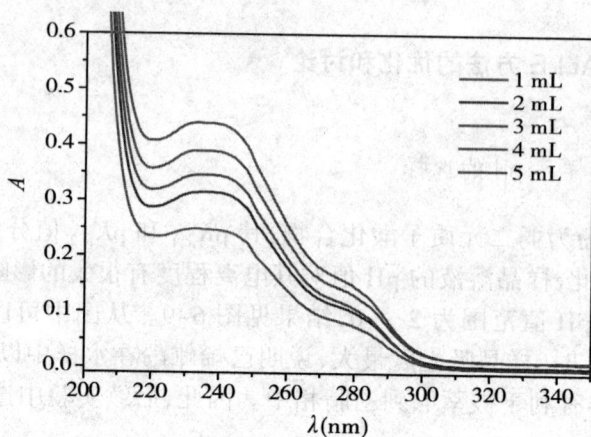

图 6-10　盐析液体积对萃取效率的影响

6.4.3.3 盐析液 pH 的选择

同样品的 pH 一样,盐析液的 pH 也会影响己烯雌酚的存在形式。本书中,考察的盐析液 pH 值范围为 2 ~ 10,结果见图 6-11。从图中可以看出,当 pH 值为 2 时,萃取效率最高,因此选择 2 为最佳的盐析液 pH 值。

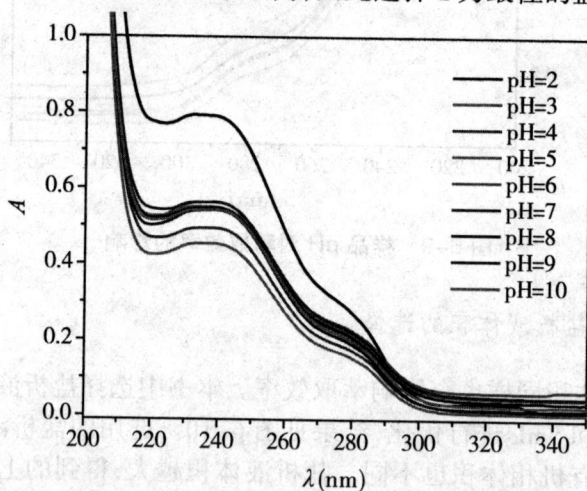

图 6-11　盐析液 pH 对萃取效率的影响

所以,由实验得到的萃取己烯雌酚的最佳萃取条件为 5 mL 盐析液（100 mmol/L 的磷酸盐缓冲液,其 NaCl 的浓度为 5 mol/L）、pH = 2;萃取剂为 2 mL ACN;样品溶液 pH = 3。

6.4.4 SALLE-UV 方法的评价及应用

对 SALLE-UV 方法的性能在最佳优化条件下进行了研究。在 2 ~ 20 μg/mL 浓度范围内加标 6 个不同浓度点的吸光度（A）与浓度（c）之间呈现很好的线性。己烯雌酚的检出限（Limits of Detections，LOD），以待测物的吸光度与背景噪声的 3 倍比（$S/N=3$）确定检出限为 0.61 μg/mL。

为了进一步评估所建立的方法，分别对所取两个水样进行萃取并测定，结果显示两个水样中均未检出己烯雌酚。对两个水样分别加标 2.5 μg/mL、5 μg/mL 和 10 μg/mL，得到的回收率为 81% ~ 102%。此结果表明所建立的 SALLE-UV 方法可以高效地应用于水样中己烯雌酚的测定。

参考文献

[1] D.Moreno-González, L.Gámiz-Gracia, A.M.García-Campaña, et al. Use of dispersive liquid–liquid microextraction for the determination of carbamates in juice samples by sweeping–micellar electrokinetic chromatography[J].Anal.Bioanal.Chem., 2011,400: 1329–1338.

[2] C.Cacho, E.Turiel, C.Pérez-Conde.Molecularly imprinted polymers: An analytical tool for the determination of benzimidazole compounds in water samples[J].Talanta,2009,78: 1029–1035.

[3] S.C Cunha., J.O.Fernandes, M.B.P.P.Oliveira.Fast analysis of multiple pesticide residues in apple juice using dispersive liquid–liquid microextraction and multidimensional gas chromatography–mass spectrometry[J].J.Chromatogr., A,2009,1216: 8835–8844.

[4] O.Zamora, E.E.Paniagua, C.Cacho, et al. Determination of benzimidazole fungicides in water samples by on-line MISPE-HPLC[J].Anal.Bioanal.Chem.,2009,393: 1745–1753.

[5] E.Rodríguez-Gonzalo, J.Domínguez-Álvarez, L.Ruano-Miguel, et al. In-capillary preconcentration of pirimicarb and carbendazim with a monolithic polymeric sorbent prior to separation by CZE[J].Electrophoresis, 2008,29: 4066–4077.

[6] R E.Rodríguez-Gonzalo, L.Ruano-Miguel, R.Carabias-Martínez. In-capillary microextraction using monolithic polymers: application to preconcentration of carbamate pesticides prior to their separation by MEKC[J].Electrophoresis,2009,30: 1913-1922.

[7] Z.Liu, W.Liu, Q.Wu, et al. Determination of carbendazim and thiabendazole in apple juice by hollow fibre-based liquid phase microextraction-high performance liquid chromatography with fluorescence detection[J].Intern.J.Environ.Anal.Chem.,2012,92: 582-591.

[8] B.Gilbert-López, L.Jaén-Martos, J.García-Reyes, et al. Study on the occurrence of pesticide residues in fruit-based soft drinks from the EU market and morocco using liquid chromatography-mass spectrometry[J].Food Control,2012,26: 341-346.

[9] Y.Wen, J.Li, W.Zhang, et al. Dispersive liquid-liquid microextraction coupled with capillary electrophoresis for simultaneous determination of sulfonamides with the aid of experimental design[J]. Electrophoresis,2011,32: 2131-2138.

[10] The FOOTPRINT Pesticide Properties DataBase.2006.http: //www. eu-footprint.org/ppdb.html.

[11] S.S.Albaseer, R.N.Rao, Y.V.Swamy, et al. An overview of sample preparation and extraction of synthetic pyrethroids from water, sediment and soil[J].J.Chromatogr.A,2010,1217: 5537-5554.

[12] J.M.Van Emon, J.C.Chuang.Development of a simultaneous extraction and cleanup method for pyrethroid pesticides from indoor house dust samples[J].Anal.Chim.Acta,2012,745: 38-44.

[13] A.Dallegrave, T.M.Pizzolato, F.Barreto, et al. Methodology for trace analysis of 17 pyrethroids and chlorpyrifos in foodstuff by gas chromatography-tandem mass spectrometry[J].Anal.Bioanal.Chem.,2016, 408: 7689-7697.

[14] L.Hu, H.Wang, H.Qian, et al. Centrifuge-less dispersive liquid-liquid microextraction base on the solidification of switchable solvent for rapid on-site extraction of four pyrethroid insecticides in water samples[J]. J.Chromatogr.A,2016,1472: 1-9.

[15] M.Saitta, G.Di Bella, M.R.Fede, et al. Gas chromatography-tandem mass spectrometry multi-residual analysis of contaminants in Italian honey samples[J].Food Addit.Contam.Part A Chem.Anal.Control Expo.Risk

Assess,2017,34（5）: 1-9.

[16] I.San Roman, M.L.Alonso, L.Bartolome, et al. Hollow fibre-based liquid-phase microextraction technique combined with gas chromatography-mass spectrometry for the determination of pyrethroid insecticides in water samples[J].Talanta,2012,100: 246-253.

[17] F.Lestremau, M.E.Willemin, C.Chatellier, et al. Determination of cis-permethrin, trans-permethrin and associated metabolites in rat blood and organs by gas chromatography-ion trap mass spectrometry[J].Anal.Bioanal.Chem.,2014,406: 3477-3487.

[18] T.Schettgen, P.Dewes, T.Kraus.A method for the simultaneous quantification of eight metabolites of synthetic pyrethroids in urine of the general population using gas chromatography-tandem mass spectrometry[J].Anal.Bioanal.Chem.,2016,408: 5467-5478.

[19] WHO. Guidelines for drinking-water quality, volume2: Health criteria and other supporting information[J].Scicence of the Total Environment,1987,61: 274.

[20] Directive on the Quality of Water Intended for Human Consumption, 98/83/EC, EU Council, Brussels, Belgium, 1998.

[21] Directive on maximum residue levels of pesticides in or on food and feed of plant and animal origin and amending Council Directive 91/414/EEC, 396/2005/EC, EU Council, Brussels, Belgium, 2005.

[22] C.Corcellas, E.Eljarrat, D.Barcelo.Enantiomeric-selective determination of pyrethroids: application to human samples[J].Anal.Bioanal.Chem.,2015,407: 779-786.

[23] X.Hou, X.Zheng, C.Zhang, et al. Ultrasound-assisted dispersive liquid-liquid microextraction based on the solidification of a floating organic droplet followed by gas chromatography for the determination of eight pyrethroid pesticides in tea samples[J].J.Chromatogr., B,2014,969: 123-127.

[24] M.Hou, X.Zang, C.Wang, et al. The use of silica-coated magnetic graphene microspheres as the adsorbent for the extraction of pyrethroid pesticides from orange and lettuce samples followed by GC-MS analysis[J].J.Sep.Sci.,2013,36 : 3242-3248.

[25] T.Kiljanek, A.Niewiadowska, S.Semeniuk, et al. Multi-residue method for the determination of pesticides and pesticide metabolites in honeybees by liquid and gas chromatography coupled with tandem mass

spectrometry--Honeybee poisoning incidents[J].J.Chromatogr.A,2016, 1435: 100-114.

[26] A.Kretschmann, N.Cedergreen, J.H.Christensen.Measuring internal azole and pyrethroid pesticide concentrations in Daphnia magna using QuEChERS and GC-ECD--method development with a focus on matrix effects[J].Anal.Bioanal.Chem.,2016,408: 1055-1066.

[27] P.Parrilla Vazquez, E.Hakme, S.Ucles, et al. Large multiresidue analysis of pesticides in edible vegetable oils by using efficient solid-phase extraction sorbents based on quick, easy, cheap, effective, rugged and safe methodology followed by gas chromatography-tandem mass spectrometry[J]. J.Chromatogr.A,2016,1463: 20-31.

[28] Y.Cao, H.Tang, D.Chen, et al. A novel method based on MSPD for simultaneous determination of 16 pesticide residues in tea by LC-MS/ MS[J].J.Chromatogr., B,2015,998-999: 72-79.

[29] H.Liu, W.Kong, B.Gong, et al. Rapid analysis of multi-pesticides in Morinda officinalis by GC-ECD with accelerated solvent extraction assisted matrix solid phase dispersion and positive confirmation by GC-MS[J].J.Chromatogr., B,2015,974: 65-74.

[30] D.Liu, S.Min.Rapid analysis of organochlorine and pyrethroid pesticides in tea samples by directly suspended droplet microextraction using a gas chromatography-electron capture detector[J].J.Chromatogr.A, 2012,1235: 166-173.

[31] M.Wu, G.Chen, P.Liu, et al. Polydopamine-based immobilization of a hydrazone covalent organic framework for headspace solid-phase microextraction of pyrethroids in vegetables and fruits[J].J.Chromatogr.A, 2016,1456: 34-41.

[32] M.Zhao, X.Ma, F.Zhao, et al. Molecularly imprinted polymer silica monolith for the selective extraction of alpha-cypermethrin from soil samples[J].J.Mater.Sci.,2015,51: 3440-3447.

[33] M.T.Jafari, M.Saraji, Y.Shila.Negative electrospray ionization ion mobility spectrometry combined with microextraction in packed syringe for direct analysis of phenoxyacid herbicides in environmental waters[J].J Chromatogr A,2012,1249: 41-47.

[34] Y.L.Liu, Y.H.He, Y.L.Jin, et al. Preparation of monodispersed macroporous core-shell molecularly imprinted particles and their application

in the determination of 2, 4–dichlorophenoxyacetic acid[J].J Chromatogr A, 2014,1323: 11–17.

[35] M.Behbahani, F.Najafi, S.Bagheri, et al. Coupling of solvent–based de–emulsification dispersive liquid–liquid microextraction with high performance liquid chromatography for simultaneous simple and rapid trace monitoring of 2, 4–dichlorophenoxyacetic acid and 2–methyl–4–chlorophenoxyacetic acid[J].Environ Monit Assess,2014,186(4): 2609–2618.

[36] X.F.Liu, Q.F.Zhu, H.X.Chen, et al. Preparation of 2, 4–dichlorophenoxyacetic acid imprinted organic–inorganic hybrid monolithic column and application to selective solid–phase microextraction[J]. J.Chromatogr., B,2014,951–952: 32–37.

[37] J.J.Jim é nez.Simultaneous liquid–liquid extraction and dispersive solid–phase extraction as a sample preparation method to determine acidic contaminants in river water by gas chromatography/mass spectrometry[J]. Talanta,2013,116: 678–687.

[38] T.S.Anirudhan, S.Alexander.Multiwalled carbon nanotube based molecular imprinted polymer fortrace determination of 2, 4–dichlorophenoxyaceticacid in natural water samples using a potentiometric method[J].Appl.Surf.Sci.,2014,303: 180–186.

[39] D.H.Peng, X.Li, L.Z.Zhang, et al. Novel visible–light–responsive photo electrochemical sensor of 2,4–dichlorophenoxyacetic acid using molecularly imprinted polymer/BiOI nanoflake arrays[J].Electrochem. Communic.,2014,47 : 9–12.

[40] L.F.Huang, M.He, B.B Chen.Membrane–supported liquid–liquid–liquid microextraction combined with anion–selective exhaustive injection capillary electrophoresis–ultraviolet detection for sensitive analysis of phytohormones[J].J.Chromatogr.A,2014,1343: 10–17.

[41] Q.Xu, M.Wang, S.Q.Yu, et al. Trace analysis of diethylstilbestrol, dienestrol and hexestrol in environmental water by nylon–nanofiber smat–based solid–phase extraction coupled with liquid chromatography–mass spectrometry[J].Analyst,2011,136 : 5030–5037.

[42] L.N.Vandenberg, T.Colborn, T.B.Hayes, et al. Hormones and endocrine–disrupting chemicals: low–dose effects and nonmonotonic dose responses[J].Endocrine Rev.,2012,33: 378–455.

[43] M.Kuster, M.J.L.Alda, D.Barceló.Analysis and distribution of

estrogens and progestogens in sewage sludge, soils and sediments[J].TrAC, Trends Anal.Chem.,2004,23: 790-798.

[44] Y.M.Zou, Z.Zhang, X.L.Shao, et al. Application of three phase hollow fiber LPME using an ionic liquid as supported phase for preconcentration of bisphenol A and diethylstilbestrol from water sample with HPLC detection[J].J.Liq.Chromatogr.Relat.Technol.,2015,38: 8-14.

[45] C.Hu, M.He, B.Chen, et al. Polydimethylsiloxane/metal-organic frameworks coated stir bar sorptive extraction coupled to high performance liquid chromatography-ultraviolet detector for the determination ofestrogens in environmental water samples[J].J.Chromatogr., A,2013,1310: 21-30.

[46] H.Lan, N.Gan, D.Pan, et al. An automated solid-phase microextraction method based on magnetic molecularly imprinted polymer as fiber coating for detection of trace estrogens in milk powder[J]. J.Chromatogr., A,2014,1331: 10-18.

[47] A.Iparraguirre, P.Navarro, R.Rodil, et al. Matrix effect during the membrane-assisted solvent extraction coupled to liquid chromatography tandem mass spectrometry for the determination of a variety of endocrine disrupting compounds in wastewater[J].J.Chromatogr., A,2014,1356: 163-170.

[48] V.Pérez-Fernández, S.Morante-Zarcero, D.Pérez-Quintanilla, et al. Evaluation of mesoporous silicas functionalized with C_{18} groups as stationary phases for the solid-phase extraction of steroid hormones in milk[J].Electrophoresis,2014,35: 1666-1676.

[49] Qiao L, Gan N, Hu F, et al. Magnetic nanospheres with a molecularly imprinted shell for the preconcentration of diethylstilbestrol[J].Microchim. Acta,2014,181: 1341-1351.

[50] Y.Y.Wen, J.H.Li, J.S.Liu, et al. Dual-cloud point extraction coupled to hydrodynamic-electrokinetic two-step injection followed by micellar electrokinetic chromatography for simultaneous determination of trace phenolic estrogens in water sample[J].Anal.Bioanal.Chem.,2013,405: 5843-5852.

第7章 分散液液微萃取方法在环境污染物萃取方面的应用

分散液液微萃取的原理是将与水不互溶的萃取溶剂（约 10 ~ 50 μL）和与水互溶的溶剂（0.5 ~ 2 mL）混合均匀，快速注入到水样中（10 mL 以上）。混合有机溶液的快速注入使萃取溶剂以小液滴的形式分散在水溶液中，这样目标分析物就很快地被萃取到萃取剂中。不管萃取剂的密度比水的密度大还是小，由于萃取剂与水不互溶，通过离心或者是冷冻就可以将萃取剂从水溶液中分离出来，然后直接注入到色谱中进行分析测定。对于极性分析物的测定，需要提前对溶液的 pH 进行调节或者是进行原位衍生。衍生试剂可以加在样品中或者是加在萃取剂中。本章介绍本课题组采用 DLLME 方法进行环境污染物的萃取研究。

7.1 实验设计辅助分散液液微萃取 – 毛细管电泳检测磺胺类渔药

7.1.1 简介

磺胺类药物（sulfonamides，SAs）是由磺胺衍生来的一类药物，广泛用于治疗人和牲畜的消化道和呼吸道感染[1]。由于人类和动物的粪便以及废弃物的不充分处理，在水环境中磺胺类药物的代谢产物会有残留。它们可以在土壤、地表水等环境基质中存在很长时间并产生抗菌性[2,3]，所以建立快速、有效的分离及测定磺胺类药物的方法是很重要的。到目前为止，测定磺胺类药物的方法有高效液相色谱[3,4]，毛细管电泳[5-7]、气相色谱 – 质谱[8] 和电化学方法[9,10] 等。而且，各种萃取方法包括溶解[11,12]，液液萃取[13]，固相萃取[14] 和 LLE-SPE[15] 联用已经用来萃取 SAs 来提高测定的检出限。现今，一些离线方法如顶空膜液相萃取[3]、分子印迹聚合物萃取[16]和一些在线方法如在线纤维衍生和毛细管电泳大体积进样[6]也用来提高 SAs 的测定检出限。

　　和其他的萃取方法相比较,DLLME 方法需要优化的条件更多,例如,萃取剂和分散剂的种类和体积、离子强度、样品 pH、萃取和离心时间、离心转速等,这些条件都会影响萃取效率。另一方面,在许多情况下,要想快速地找到合适的萃取条件是很困难的。为了解决以上这两个问题,分析工作者就运用了 Plackett-Burman 设计[17]、中心组成设计[18]、正交设计[19]和 Box-Behnken 设计[20]等多种实验设计方法。本工作主要通过正交设计来优化影响萃取的最主要的几个因素,并通过 Box-Behnken 设计对这几个因素进行优化找出萃取五种 SAs(见图 7-1)的最佳条件。结果显示,实验设计辅助 DLLME 并结合 CE 方法有效、快速地同时测定了环境水样中的五种磺胺类药物。

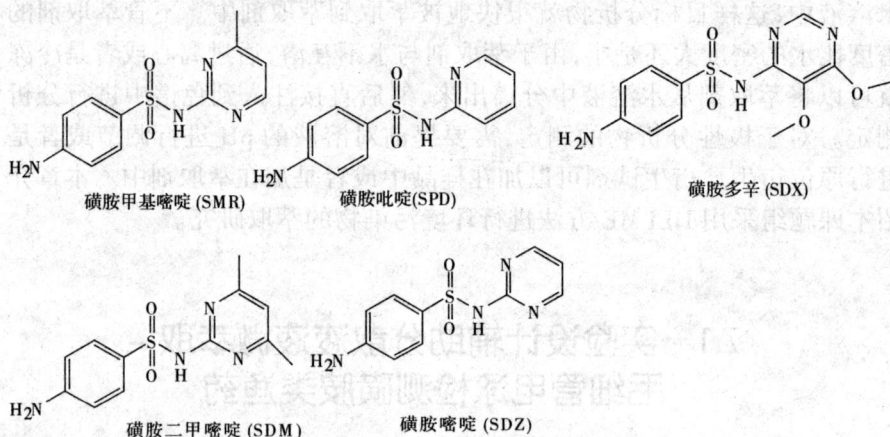

图 7-1　分析物 SAs 分子结构

7.1.2 DLLME 方法

　　移取 5.0 mL 样品溶液(加标 10 μg/mL)于 10 mL 锥形玻璃离心管中,用注射器将 800 μL 二甲基亚砜(DMSO 分散剂)和 400 μL 氯苯(萃取剂)的混合溶液快速注入样品中,则混合溶液形成乳浊液体系,超声 20 min。然后以 2 500 r/min 离心 20 min,萃取剂沉积到试管底部,取下层萃取剂氮吹至干。残渣溶于 50 μL 电泳缓冲液中待分析。

7.1.3 结果和讨论

7.1.3.1 预实验

本工作主要是通过一系列预实验来找出影响 DLLME 萃取的最主要的几个因素来进行后续的实验设计。预实验选择了6个因素来分别考察,包括萃取剂体积(V_{ext},μL)、分散剂体积(V_{dis},μL)、离子强度(NaCl,%)、萃取时间(t_{ext},min)、离心时间(t_{cen},min)和转速(r_{cen},r/min)。

萃取方法优化的第一步就是选出合适的分散剂和萃取剂。通常,分散剂最常用的为丙酮、甲醇和乙醇。但是,对于 SAs 而言,它们在这些溶剂中的溶解度非常小(常温下)。所以,为了简单起见,选择了溶解度大的 DMSO 作为分散剂。氯仿、四氯化碳和氯苯是常用的萃取剂。在本实验中,氯仿作为萃取剂时并未有浑浊溶液形成;四氯化碳作为萃取剂的萃取效率很低。所以,选择了氯苯作为萃取剂。

离子强度的考察是向样品溶液中加入一定量的 NaCl 形成浓度梯度(0 ~ 5%)。但是,加入盐之后在电泳图中显示的 SAs 的峰形极差,这可能是由于盐浓度太大而导致所有的 SAs 出峰时间变长因而导致峰形变差。所以,NaCl 的浓度选择的是0。

7.1.3.2 正交实验设计

为了考察影响萃取效率的最重要的因素,选择了一个五因素四水平的正交设计来优化萃取条件,见表 7-1。对应的每个萃取条件得到的五种 SAs 的峰面积也列于表 7-1 中。通过对表中数据的分析来找出对 SAs 的峰面积影响比较大的几个因素。

表 7-1 五因素四水平实验设计表格及各萃取条件对应的五种 SAs 的峰面积

实验组合	V_{ext} (μL)	V_{dis} (μL)	t_{ext} (min)	r_{cen} (r/min)	t_{cen} (min)	A_{SPD} (AU×sec)	A_{SDM} (AU×sec)	A_{SDX} (AU×sec)	A_{SMR} (AU×sec)	A_{SDZ} (AU×sec)
1	200 (1)	600 (1)	10 (1)	1 500 (1)	5 (1)	9 088	17 971	48 847	17 349	14 774
2	200 (1)	700 (2)	20 (2)	2 000 (2)	10 (2)	6 453	13 504	37 864	12 259	10 004
3	200 (1)	800 (3)	30 (3)	2 500 (3)	20 (3)	6 711	12 971	38 362	12 063	9 876
4	200 (1)	900 (4)	40 (4)	3 000 (4)	30 (4)	4 540	10 075	29 061	10 392	8 659
5	300 (2)	600 (1)	20 (2)	2 500 (3)	30 (4)	10 084	20 414	49 424	18 503	15 317
6	300 (2)	700 (2)	10 (1)	3 000 (4)	20 (3)	6 567	14 047	45 742	12 979	10 465
7	300 (2)	800 (3)	40 (4)	1 500 (1)	10 (2)	8 251	17 680	58 258	16 790	13 759
8	300 (2)	900 (4)	30 (3)	2 000 (2)	5 (1)	3 559	12 150	37 880	11 531	9 243
9	400 (3)	600 (1)	30 (3)	3 000 (4)	10 (2)	6 283	21 924	62 543	17 226	11 807
10	400 (3)	700 (2)	40 (4)	2 500 (3)	5 (1)	11 438	39 162	93 982	22 886	16 640
11	400 (3)	800 (3)	10 (1)	2 000 (2)	30 (4)	7 904	21 949	61 778	18 937	13 145
12	400 (3)	900 (4)	20 (2)	1 500 (1)	20 (3)	3 938	10 568	35 709	9 770	6 953
13	500 (4)	600 (1)	40 (4)	2 000 (2)	20 (3)	17 756	35 335	89 104	32 358	27 151
14	500 (4)	700 (2)	30 (3)	1 500 (1)	30 (4)	6 314	28 283	89 442	21 701	13 857
15	500 (4)	800 (3)	20 (2)	3 000 (4)	5 (1)	5 843	16 333	53 094	14 604	10 401
16	500 (4)	900 (4)	10 (1)	2 500 (3)	10 (2)	10 194	23 947	48 969	19 425	13 672

计算公式如下：

$$\Delta A = {\left(\sum A\right)_{max}}\Big/{N} - {\left(\sum A_{min}\right)}\Big/{N}$$

第一个加和为表 7-1 对应各个因素标有（1）、（2）、（3）和（4）中的峰面积最大值的加和，第二个加和为对应各个因素标有（1）、（2）、（3）和（4）中的峰面积最小值的加和，N 为各个因素的水平数，在本实验中 $N=4$。而对于每个因素，各个水平的加和最大者为每个因素的最优条件[21]。每一个因素和峰面积之间的相关关系图见图 7-2。从图中可以看出，V_{ext}，V_{dis} 和 t_{ext} 是影响 SMR、SDM、SDX 和 SDZ 萃取效率的最重要的三个因素。尽管影响 SPD 萃取效率的最重要的三个因素为 V_{dis}，t_{ext} 和 r_{cen}，为了同时萃取五种 SAs 并分离测定，选择了折中的办法，选择 V_{ext}，V_{dis} 和 t_{ext} 3 个因素进行下一步实验设计。通过正交设计的结果还可以看出，t_{cen} 和 r_{cen} 对萃取效率的影响不是很大，它们的最优水平可见图 7-3，即 2 500 r/min 和 20 min。

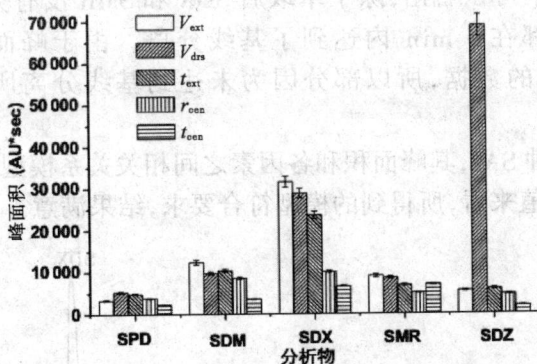

图 7-2　峰面积和影响 DLLME 萃取效率的各因素之间的相关关系图

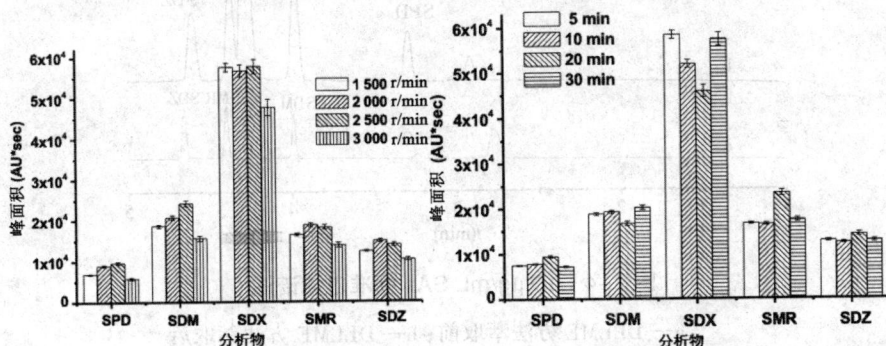

图 7-3　峰面积和离心转速及离心时间的相关关系图

SAs 标准加标浓度为 10 μg/mL。最优电泳分离条件：缓冲液，20 mmol/

L NaH$_2$PO$_4$（pH = 8.5）10% ACN；分离电压，25kV；检测波长，254 nm。

SAs 标准加标浓度为 10 μg/mL。最优电泳分离条件同图 7-2。

7.1.3.3 Box-Behnken 设计

通过正交设计，选择了进行 Box-Behnken 设计的三个因素分别为 V_{ext}、V_{dis} 和 t_{ext}。Box-Behnken 设计的表格见表 7-2，低、中和高水平分别用 -1，0 和 +1 来表示。15 个萃取条件对应的峰面积也列于表 7-2 中。将各萃取条件和所得的峰面积导入 Lingo 软件计算得到的 SMR、SDM、SDX 和 SDZ 最优的萃取条件为 400 μL 氯苯，800 μL DMSO，萃取 20 min。对于 SPD 来说，最优萃取条件为 200 μL 氯苯，800 μL DMSO，萃取 20 min。同样，选择折中方法，最后选择的最佳萃取条件为 400 μL 氯苯，800 μL DMSO，萃取 20 min，离心转速和时间分别为 2 500 r/min 和 20 min。在最佳萃取和分离条件下得到的 DLLME 萃取前和萃取后的标准电泳谱图见图 7-4。从图中可以看出，除了萃取后 SDX 和 SMR 没有完全达到基线分离外，其他都在 5 min 内达到了基线分离。由于峰面积是由软件自动积分得到的数据，所以部分因为未达到基线分离所造成的误差可以消除。

对应于五种 SAs，其峰面积和各因素之间相关关系模型见表 7-3。从表中 R 值和 F 值来看，所得到的模型符合要求，结果满意。

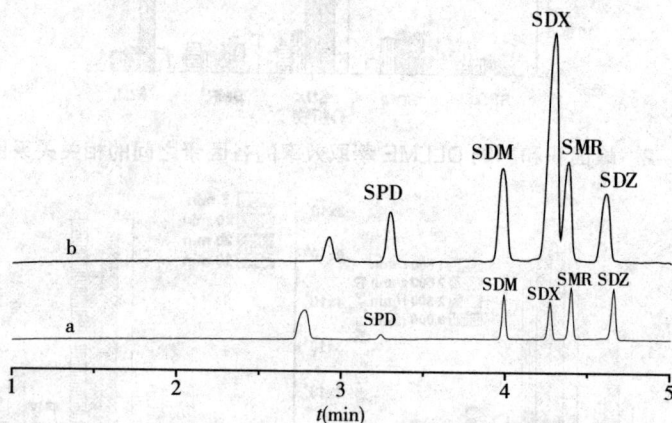

图 7-4　10 μg/mL SAs 标准电泳谱图

a— DLLME 方法萃取前；b— DLLME 方法萃取后

最优电泳分离条件同图 7-2。

表 7-2　Box-Behnken 设计表格

变量	参数		水平		
			-1	0	$+1$
X_1	V_{ext}（μL）		200	300	400
X_2	V_{dis}（μL）		600	700	800
X_3	t_{ext}（min）		20	30	40
实验组合	X_1	X_2	X_3	A_{SPD}（AU×sec）	A_{SDM}（AU×sec）	A_{SDX}（AU×sec）	A_{SMR}（AU×sec）	A_{SDZ}（AU×sec）

实验组合	X_1	X_2	X_3	A_{SPD}（AU×sec）	A_{SDM}（AU×sec）	A_{SDX}（AU×sec）	A_{SMR}（AU×sec）	A_{SDZ}（AU×sec）
1	-1	-1	0	10 443	9 232	28 322	7 346	4 828
2	-1	1	0	8 844	9 643	30 543	9 118	6 865
3	1	-1	0	10 223	28 107	76 808	23 656	16 206
4	1	1	0	6 394	18 225	51 373	14 635	9 960
5	-1	0	-1	5 735	13 448	38 416	11 944	9 245
6	-1	0	1	3 618	12 085	43 185	10 241	7 350
7	1	0	-1	16 882	40 011	111 944	37 622	30 431
8	1	0	1	7 689	27 217	100 282	20 159	13 324
9	0	-1	-1	8 613	21 598	72 163	18 133	14 056
10	0	-1	1	6 167	17 475	60 183	14 547	9 652
11	0	1	-1	5 346	16 515	58 724	14 004	10 556
12	0	1	1	4 255	15 818	57 104	10 833	7 847
13	0	0	0	5 952	16 537	57 167	13 541	9 586
14	0	0	0	6 817	20 015	61 858	15 979	11 007
15	0	0	0	5 278	18 968	72 213	13 003	9 178

表 7-3 回归模型的因素，系数，R 值和 F 值

SAs	截距	V_{ext}(μL)	V_{dis}(μL)	t_{ext}(min)	V_{ext}(μL) × t_{ext}(min)	V_{ext}(μL) × V_{dis}(μL)	V_{dis}(μL) × t_{ext}(min)	V_{ext}(μL)²	V_{dis}(μL)²	t_{ext}(min)²	R	F
SPD	45 434.00	-15.41	-108.25	277.64	-1.77	-0.06	-0.30	0.21	0.09	4.12	0.83	1.21
SDM	-176 564.00	292.51	500.46	-1 859.74	-2.86	-0.26	0.35	0.10	-0.32	36.87	0.98	10.74
SDX	-698 052.00	980.95	2 104.57	-9 140.71	-4.11	-0.69	4.50	-0.21	-1.49	117.74	0.96	6.59
SMR	-142 090.00	293.74	365.85	-1 228.86	-3.94	-0.27	-0.86	0.14	-0.19	43.99	0.97	8.01
SDZ	-106 954.00	254.14	276.94	-1 332.86	-3.80	-0.21	-0.62	0.10	-0.14	42.15	0.96	6.74

7.1.3.4 方法的评价及应用

将 DLLME 方法应用于三种环境水样——湖水、池塘水和自来水。对加标前的样品进行测定知样品中均不含 SAs。三种加标样品 DLLME 萃取前和萃取后的电泳图见图 7-5。峰面积和线性范围内（0.5 ~ 50 μg/mL）六个浓度间的线性良好（$R>0.99$）。五种 SAs 检出限（$S/N = 3$）分别为 0.038 ~ 0.570、0.020 ~ 0.266 和 0.035 ~ 0.485 μg/mL。加标 10 μg/mL 的回收率为 53.6% ~ 94.0%，相对标准偏差为 1.23% ~ 5.60%。以上结果证明此方法在同时检测环境水样中的 SAs 具有很好的利用价值。

本书所建立的实验设计辅助 DLLME 结合 CE 方法测定环境水样中的 SAs 和已报道的 SPE、LLE 和 SPME 相比是一种简单、快速和经济实用的方法。而且，据我们所知，此方法是首次将实验设计应用到 DLLME-CE-UV 联用中。在最优的萃取及分离测定条件下，得到了较低的检出限和较高的回收率。实验设计的应用能够用较少的实验次数实现 DLLME 最优萃取条件的快速选择。此方法简单、快速，可以应用于其他环境污染物萃取方面的探索。

7.2 上浮溶剂固化 – 分散液液微萃取 – 液相色谱测定尿液和水样中的雌激素类化合物

7.2.1 简介

前面的章节已经介绍了关于环境雌激素的问题，环境雌激素是一类具有雌激素作用的化合物，能造成类似天然激素对生物体造成的生理、生化以及激素分泌失调，生物体生殖机能下降等有害影响，可在生物体内较长时间富集[22]。而酚类雌激素（phenolic estrogens，PEEs）在我们日常生活中也广泛存在。有研究发现，多种雌激素可以通过不同行业的污水排放等不同方式进入日常饮用水当中[23]，当人类误饮被雌激素污染的水质之后，尿液、血液以及母乳中可以检测出雌激素等物质[24]。

到目前为止，测定环境水样中微量雌激素的方法有超高效液相色谱串联质谱法[25]、固相微萃取 – 高效液相色谱法[26]、固相萃取 – 液相色谱 – 串联质谱法[27]、气相色谱 – 质谱法[28]、分散液液微萃取法[29]等。

刘柱等以磁性修饰多壁碳纳米管作为磁性固相萃取剂结合超高效液

相色谱 - 串联质谱（Ultra-high Performance Liquid Chromatography-Mass Spectrometry/Mass Spectrometry，UPLC-MS/MS）技术可以快速检测牛奶中七种雌性激素等物质,通过利用 BEH 色谱柱来分离样品,以乙腈和氨水为流动相进行色谱分析[30]。然后对影响萃取效率的因素进行优化。通过优化萃取条件,实验样品中雌激素在该方法下检测成本低、用量少、回收率较高、检出限低、结果更加准确,因此可使用该方法对样品中微量雌激素进行检测。

徐淑媛等采用 UPLC-ESI-MS/MS 对水中雌激素含量进行测量。然后对色谱条件进行优化,选择 C_{18} 色谱柱,该色谱柱在杂化颗粒的基础上带电荷,酸碱流动相相切度平衡时间缩短,同时因比表面积增大,提高了柱效,减少了色谱分离所用时间,通过调节流速,水样中雌激素通过液相分析峰面积在 4 min 时最高。采用甲醇 - 氨水作为流动相,利用超高效液相色谱 / 串联质谱法进行检测饮用水中的雌激素,通过使用该方法待测样品中雌激素浓度有良好的线性关系。检出限较低,平均回收率较高,该方法灵敏度高、操作简单、定量准确、测定浓度范围宽,可以测定水中微量雌激素[31]。

程俊等建立了高效液相色谱（High Performance Liquid Chromatography，HPLC）- 二极管阵列（Diode Array Detector，DAD）- 荧光检测器（Fluorescence Detector，FLD）串联分析方法测定化妆品中不同种类的雌激素。利用甲醇对所有形态的化妆品样品进行超声预处理,以乙腈 / 水为流动相进行色谱分析,通过 C_{18} 柱分离,DAD-FLD 串联法检测。对色谱条件和萃取效率进行优化,该方法对化妆样品分离效果较好,样品中基质干扰较低,雌激素回收率较高[32],可用来测定水样中痕量雌激素类物质。

本书采用 DLLME-SFO 成功萃取了尿液和水样中的三种 PEEs,后端采用高效液相色谱 - 紫外检测器分离并测定三种 PEEs（结构见图 7-5）。本方法简单、快速、灵敏度高、回收率好,适用于水样和生物样品中 PEEs 的测定。

7.2.2 DLLME-SFO 方法

移取 10 mL 样品溶液（10 μg/mL）于 10 mL 锥形塑料离心管中,用注射器将 200 μL MeOH（分散剂）和 300 μL 1- 十一烷醇（萃取剂）的混合溶液快速注入样品中,混合溶液形成乳浊液体系,超声 5 min,完成后以 3 500 r/min 离心 10 min,萃取剂上浮到试管上层。将离心完成后的样

品进行冰浴,将上层结冰部分移至小型离心管,待冰块融化,使用 MeOH
定容至 0.5 mL。然后用孔径为 0.45 μm 的滤膜过滤,用注射器将待测物
快速注入分析瓶中。

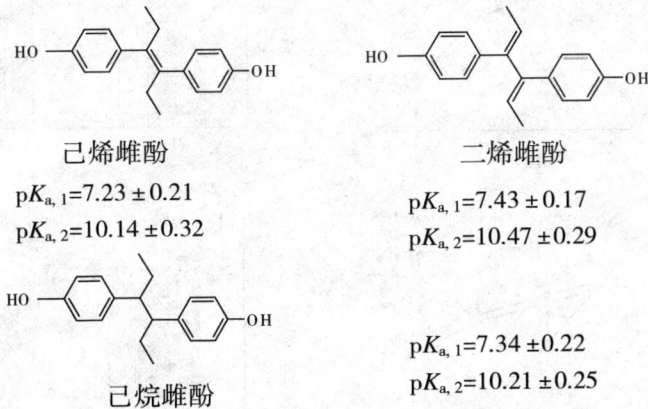

己烯雌酚
$pK_{a,1} = 7.23 \pm 0.21$
$pK_{a,2} = 10.14 \pm 0.32$

二烯雌酚
$pK_{a,1} = 7.43 \pm 0.17$
$pK_{a,2} = 10.47 \pm 0.29$

$pK_{a,1} = 7.34 \pm 0.22$
$pK_{a,2} = 10.21 \pm 0.25$

己烷雌酚

图 7-5　HS、DS、和 DES 的结构式及 pK_a 值

7.2.3 结果和讨论

影响上浮固化分散液液微萃取效率的因素主要包括样品的 pH、萃取
剂种类、萃取剂体积(V_{ext}, μL)、分散剂种类和分散剂体积(V_{dis}, μL)。

7.2.3.1 样品的 pH 对萃取效率的影响

各种研究已经表明,样品和提取液的 pH 在 DLLME-SFO 中起着重
要作用,因为它们影响有机化合物存在的形态。为了研究样品 pH 对萃
取效率的影响。首先,对样品的 pH 进行了不同梯度的实验,选择样品溶
液 pH 梯度为 2 ~ 9,所得结果如图 7-6a 所示。当样品溶液的 pH 值为 4
的时候,峰面积最大,表明萃取效果最好。最终将样品溶液的 pH 值定为 4。

7.2.3.2 分散剂与体积的选择

选择最佳 pH 值为 4 后,对于萃取过程中,最重要的就是分散剂与萃
取剂的选择。第一步选择两种分散剂进行实验,分别是 ACN 和 MeOH。
通过选择不同分散剂进行液相色谱分析,以分散剂种类为横坐标,三种雌
激素峰面积为纵坐标,如图 7-6b 所示。分散剂甲醇萃取效果优于乙腈,
所以选择甲醇为分散剂。

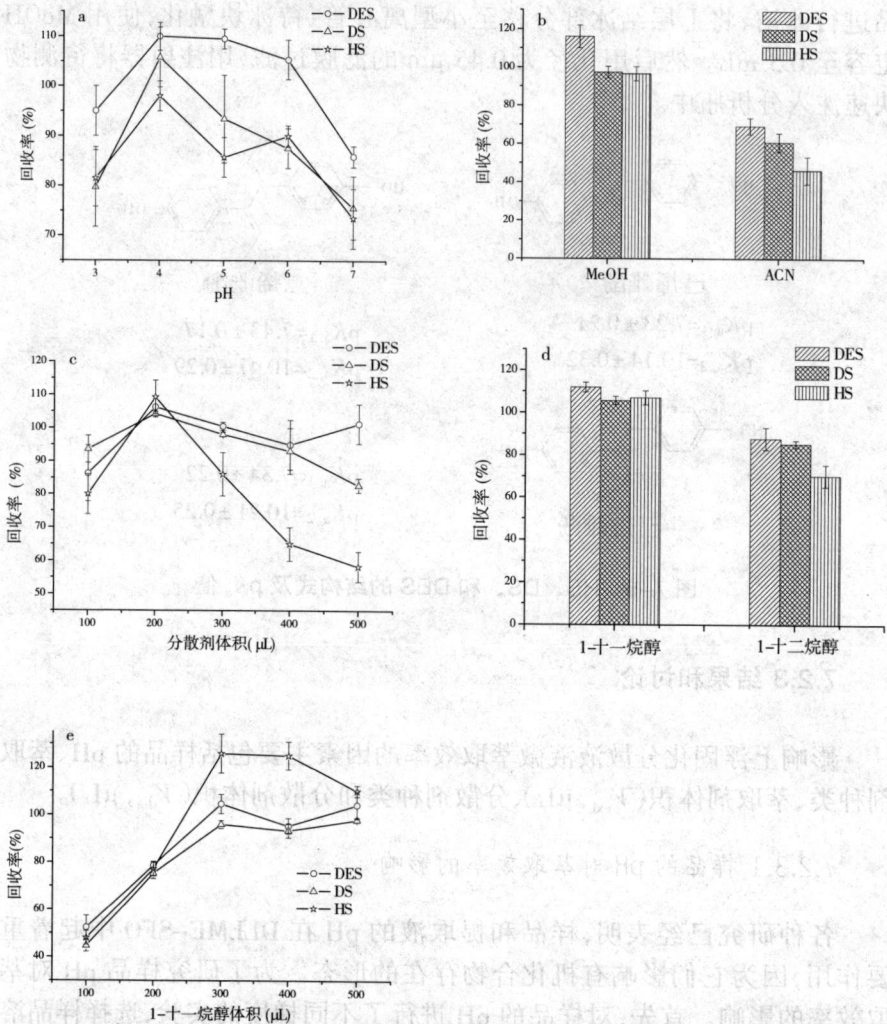

图7-6　各个因素对萃取效率的影响

确定最优分散剂为 MeOH 以后,对分散剂的体积进行了梯度分析,设置分散剂体积梯度为 100 ～ 500 μL。选择不同体积的分散剂进行萃取后进行液相色谱分析,以分散剂体积为横坐标,三种雌激素峰面积为纵坐标。如图 7-6c 所示随 MeOH 体积从 100 μL 增加到 500 μL,萃取效率是先上升后下降,当体积为 200 μL 时最大。所以 200 μL 的 MeOH 为最佳的分散剂体积。

7.2.3.3　萃取剂种类与体积优化

经过上述优化,在样品 pH 值为 4,200 μL MeOH 作为分散剂的时候,对萃取剂的种类和体积进行了梯度分析,从两种萃取剂中选出最佳一种,分别对 1- 十二烷醇和 1- 十一烷醇进行考察。在上述实验条件下,以分散剂种类为横坐标,三种雌激素峰面积为纵坐标。如图 7-6d 所示,对比实验数据与结果,1- 十一烷醇的萃取效果最好,因此选择 1- 十一烷醇作为萃取剂。

为了使萃取效果更好,还对萃取剂的体积进行了考察,设置萃取剂体积梯度为 100 ～ 500 μL,通过液相色谱分析,将萃取剂体积作为横坐标,样品中三种雌激素峰面积为纵坐标,如图 7-6e 所示,最终得出萃取剂为 300 μL 的时候,三种雌激素峰面积最大,灵敏度最高。因此选择萃取剂 1- 十一烷醇为 300 μL。

综上所述,通过考察各个萃取条件对萃取效率的影响得到最佳萃取条件为:样品 pH 值为 4,分散剂为 200 μL 甲醇,萃取剂为 300 μL1- 十一烷醇。

7.2.4 方法的评价与应用

在最佳的萃取及分离条件下,对此方法进行评估。在线性浓度范围内,采用峰面积(A)对浓度(c, μg/mL)作回归分析得到方法的线性关系。三种 PEEs 线性相关系数均 >0.99,检出限(LOD, S/N=3)为 30.3 ng/mL、28.6 ng/mL 和 666.7 ng/mL,达到 ng/mL 数量级,说明此方法检出限低,可以应用于环境水样及一些复杂样品基质中 PEEs 的测定。

实验分别采用自来水、湖水和尿液对本方法进行验证,三个样品在未加标情况下均未检出三种 PEEs。样品的加标色谱图如图 7-7 所示,加标后的样品图也与样品中某些干扰物质分离效果较好。样品回收率在三个添加水平上(0.2 μg/mL、0.5 μg/mL、1 μg/mL),自来水、湖水和尿液的回收率在 72% ～ 121% 范围内,标准偏差(SD, n=6)在 1.5% ～ 9.8% 之间。上述结果表明此方法比较准确,适用于尿液和水样中 PEEs 的测定。

本研究建立了上浮溶剂固化 - 分散液液微萃取 - 液相色谱方法来萃取尿液和水样中的雌激素类物质。在最佳的萃取和检测条件下,成功完成 PEEs 的分离,并且 DES 在 0.1 ～ 20 μg/mL, DS 在 2 ～ 50 μg/mL 的范围内,采用峰面积(A)对浓度(c, μg/mL)作回归分析得到良好的线性关系($R^2 \geq 0.990$)。本方法一个重要的特色是低的有机溶剂消耗,这使它成为一个低成本和环境友好的技术;而且能够简单快速提取被分析物,检出限较低,耗用萃取剂较少、省时、操作简单。因此,这种方法未来可以应用到废水和其他生物样品中的雌激素类物质的快速测定。

湖水

尿液

自来水

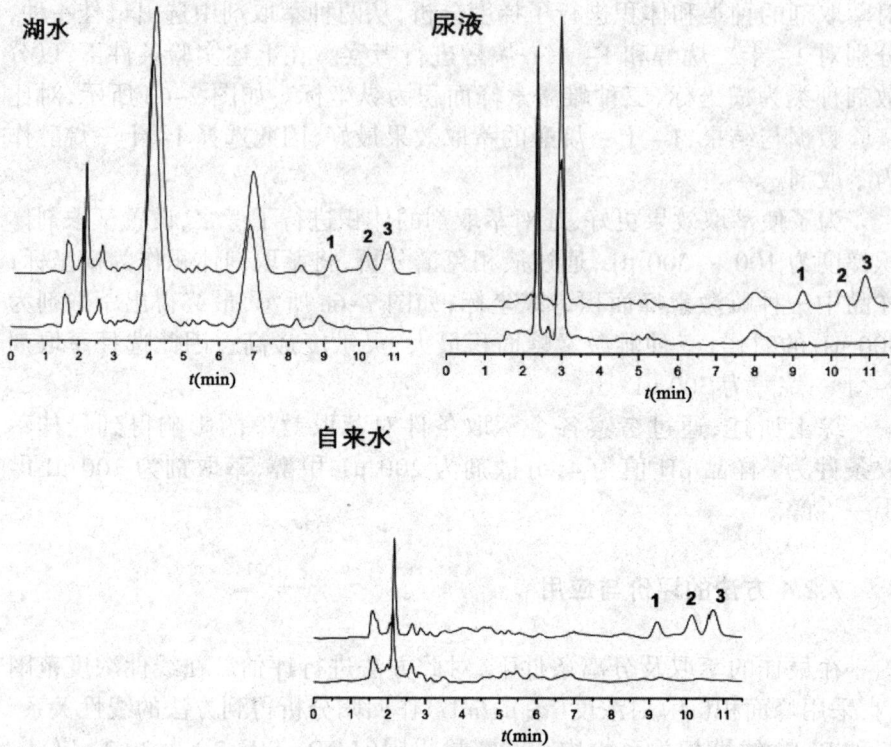

图 7-7 样品色谱图
1—HS；2—DS；3—DES

参考文献

[1] P.T.V.F.S.Evanthia，N.P.Ioannis. An overview of chromatographic analysis of sulfonamides in pharmaceutical preparations and biological fluids[J].Curr.Pharm.Anal.，2010，6（3）：198-212.

[2] M.S.Diaz-Cruz，M.J.L.de Alda，D.Barcelo. Environmental behavior and analysis of veterinary and human drugs in soils，sediments and sludge[J].TrAC-Trends Anal.Chem.，2003，22（6）：340-351.

[3] E.M.Costi，M.D.Sicilia，S.Rubio. Multiresidue analysis of sulfonamides in meat by supramolecular solvent microextraction，liquid chromatography and fluorescence detection and method validation according

to the 2002/657/EC decision[J].J.Chromatogr., A.,2010,1217（40）: 6250-6257.

[4] G.C.Bedendo, I.C.S.F.Jardim, E.Carasek. A simple hollow fiber renewal liquid membrane extraction method for analysis of sulfonamides in honey samples with determination by liquid chromatography-tandem mass spectrometry[J].J.Chromatogr., A,2010,1217（42）: 6449-6454.

[5] J.J.Soto-Chinchilla, A.M.García-Campana, L.Gámiz-Gracia. Analytical methods for multiresidue determination of sulfonamides and trimethoprim in meat and ground water samples by CE-MS and CE-MS/MS[J].Electrophoresis,2007,28（22）: 4164-4172.

[6] J.J.Soto-Chinchilla, A.M.García-Campa, L.Gámiz-Gracia. Application of capillary zone electrophoresis with large-volume sample stacking to the sensitive determination of sulfonamides in meat and ground water[J].Electrophoresis,2006,27（20）: 4060-4068.

[7] Y.T Lin, Y.W.Liu, Y.J.Cheng, et al. Analyses of sulfonamide antibiotics by a successive anion- and cation-selective injection coupled to microemulsion electrokinetic chromatography[J].Electrophoresis,2010,31（13）: 2260-2266.

[8] S.J.Stanway, A.Purohit, M.J.Reed. Measurement of estrone sulfate in postmenopausal women: Comparison of direct RIA and GC-MS/MS methods for monitoring response to endocrine therapy in women with breast cancer[J].Anticancer Res.,2007,27（4C）: 2765-2767.

[9] T.A.M.Msagati, J.C.Ngila. Voltammetric detection of sulfonamides at a poly（3-methylthiophene）electrode[J].Talanta,2002,58（3）: 605-610.

[10] I.Campestrini, O.C.de Braga, I.C.Vieira, et al. Application of bismuth-film electrode for cathodic electroanalytical determination of sulfadiazine[J].Electrochim.Acta,2010,55（17）: 4970-4975.

[11] R.D.Caballero, J.R.Torres-Lapasio, J.J.Baeza-Baeza, et al. Micellar chromatographic procedure with direct injection for the determination of sulfonamides in milk and honey samples[J].J.Liq.Chromatogr.Relat.Tech.,2001,24（1）: 117-131.

[12] P.Vinas, C.L.Erroz, A.H.Canals, et al. Liquid chromatographic analysis of sulfonamides in foods[J].Chromatographia,1995,40（7-8）: 382-386.

[13] I.Schwaiger, R.Schuch. Bound sulfathiazole residues in honey-need of a hydrolysis step for the analytical determination of total sulfathiazole

content in honey[J].Dtsch.Lebensm.–Rundsch,2000,96（3）：93–98.

[14] A.Posyniak, T.Sniegocki, J.Zmudzki. Solid phase extraction and liquid chromatography analysis of sulfonamide residues in honey[J].Bull.Vet. Inst.Pulawy,2000,96（3）：93–98.

[15] K.E.Maudens, G.F.Zhang, W.E.Lambert. Quantitative analysis of twelve sulfonamides in honey after acidic hydrolysis by high–performance liquid chromatography with post–column derivatization and fluorescence detection[J].J.Chromatogr.A,2004,1047（1）：85–92.

[16] R.Gao, J.Zhang, X.He, et al. Selective extraction of sulfonamides from food by use of silica–coated molecularly imprinted polymer nanospheres[J].Anal.Bioanal.Chem.,2010,398（1）：451–461.

[17] I.Oita, H.Halewyck, S.Pieters, et al. Improving the capillary electrophoretic analysis of poliovirus using a Plackett–Burman design[J]. J.Pharmaceu.Biomed.Anal.,2009,50（4）：655–663.

[18] A.N.Panagiotou, V.A.Sakkas, T.A.Albanis. Application of chemometric assisted dispersive liquid–liquid microextraction to the determination of personal care products in natural waters[J].Anal.Chim. Acta,2009,649（2）：135–140.

[19] Y.Wen, H.Liu, L.Tian, et al. Analysis of alkaloids in pharmaceutical preparations containing kushen by capillary electrophoresis with application of experimental design and a quantitative structure–property relationship approach[J].Acta Chromatographica,2010,22（3）：445–457.

[20] S.Dadfarnia, A.M.H.Shabani. Recent development in liquid phase microextraction for determination of trace level concentration of metals–a review[J].Anal.Chim.Acta,2010,658（2）：107–119.

[21] H.T.Liu, Y.Wen, F.Luan, et al. Application of experimental design and radial basis function neural network to the separation and determination of active components in traditional Chinese medicines by capillary electrophoresis[J].Anal.Chim.Acta,2009,638（1）：88–93.

[22] 耿金培，曹鹏，梁君妮．超高效液相色谱－串联质谱法测定肉制品中8种雌激素残留量[J]．理化检验（化学分册）,2012,48（12）：1398–1402.

[23] 王涛，高志贤．环境内分泌干扰物质的检测[J]．中国卫生检验杂志,2004,14（4）：390–392.

[24] L.N.Vandenberg, I.Chahoud, J.J.Heindel, et al. Urinary, circulating, and tissue biomonitoring studies indicate widespread exposure

tolating bisphenol A[J].Environmen.Health Persp.,2010,118：1055-1070.

　　[25] 曹宇彤,任皓威,刘宁.超高效液相色谱-串联质谱分析人乳中的 3 种雌激素 [J].中国乳品工业,2016,44（09）：52-55.

　　[26] 张秋菊,曹林波,翁少梅.固相微萃取-高效液相色谱法测定牛奶和肉类中己烯雌酚、丙酸睾酮和双酚 A[J].中国卫生检验杂志,2017,27（05）：635-638.

　　[27] 徐鸿.固相萃取-液相色谱-串联质谱法检测水中 4 种雌激素 [J].供水技术,2017,11（02）：56-58.

　　[28] 董艳峰,李宁.气相色谱-质谱法同时测定饲料中非法添加的三种雌激素药物含量 [A].中国化学会.中国化学会第 30 届学术年会摘要集-第四十三分会：质谱分析 [C].中国化学会：中国化学会,2016：1.

　　[29] 王锟.分散液液微萃取环境水样中的雌激素 [A].中国化学会、中国色谱学会.第二十届全国色谱学术报告会及仪器展览会论文集（第三分册）.中国化学会、中国色谱学会：中国化学会,2015：1.

　　[30] 刘柱,金绍强,王展华.磁性修饰多壁碳纳米管固相萃取快速测定牛奶中 20 种激素残留 [J].分析试验室,2017,36（08）：904-909.

　　[31] 徐淑暖,张少彬,张文改,等.超高效液相色谱-串联质谱法检测饮用水中 8 种激素的含量及污染状况 [J].中国卫生检验杂志,2017,27（20）：2900-2904+2913.

　　[32] 程俊,余佩佩,顾华.高效液相色谱-二极管阵列/荧光检测器串联法同时测定化妆品中 8 种性激素 [J].分析试验室,2016,35（01）：112-116.

第8章 浊点萃取在环境污染物萃取方面的应用

　　浊点萃取是基于非离子型表面活性剂的浊点现象来萃取的样品前处理方法,因其成本低、环境友好、对待测物具有宽检测范围、高容量、高回收率和浓缩系数等优点,已成为常规溶剂萃取的一个替代方案[1]。许多研究报告都关注于利用浊点萃取的方法,提取富集无机、有机和生物物质,用作光谱、色谱或毛细管电泳分析的前处理步骤[1-7]。CPE 的原理是基于水溶液中非离子表面活性剂的浑浊现象的一种样品前处理方法。当非离子表面活性剂水溶液加热超过某一温度时,表面活性剂的胶束尺寸增大,氢键的结合力不足以保持水分子连接在醚的氧原子上,溶液出现浑浊和相的分离,这种现象即为浊点现象,此时的温度称为浊点温度。这种利用浊点现象使样品中疏水性物质与亲水性物质分离的萃取方法就是浊点萃取;而双浊点萃取是分析物经第一次浊点萃取首先被转移到富含表面活性剂的相,第二次浊点萃取分析物从富含表面活性剂相萃取进入水相。CPE 有很多优点:表面活性剂性质稳定且毒性低,能对常规农药进行残留分析;能同时实现目标物的富集与分离;价格低廉,不需要特殊的仪器,从而降低了实验成本;萃取后不需要蒸发浓缩,降低了目标物的损失。

8.1 双浊点萃取 – 压力电动两步进样 – 胶束电动色谱法同时测定水样中的微量酚类雌激素

8.1.1 简介

　　内分泌干扰物是外源性化合物,可能引起内分泌系统失调,因此受到人们普遍关注并成为一个重要的全球性问题[8]。现今已经鉴定的内分泌干扰物中,己烷雌酚(hexestrol, HS)、双烯雌酚(dienestrol, DS)、己烯雌酚(diethylstilbestrol, DES)作为一类酚类雌激素(phenolic estrogens,

PEEs），由于其结构以及雌激素效应相近经常被归为一组进行研究 [9]（结构见前一章）。它们可以用来治疗各种疾病，以及作为生长促进剂和口服避孕药 [9]。然而，非法添加和滥用雌激素因其潜在的致癌性及其他副作用对机体健康造成日益严重的影响 [10]。此外，许多研究已证实雌激素的存在影响水体环境 [11]。因此，迫切需要研发简单快速高效的方法用于监测和测定雌激素的浓度。

现如今，测定雌激素有很多方法，如固相萃取 – 超高效液相色谱法（Solid–Phase Extraction–Ultra–Performance Liquid Chromatography，SPE–UPLC）[12, 13]，固 相 微 萃 取 – 高 效 液 相 色 谱 – 质 谱 法（Solid–Phase Microextraction–High Performance Liquid Chromatography–Mass Spectrometry–Mass Spectrometry，SPME–HPLC–MS/MS）[14]，固相萃取 – 高效液相色谱法（SPE–HPLC）[15-17] 和毛细管电泳法 [18, 19]。在以上的固相萃取和微萃取方法中，应用的固体吸附剂有 17β – 雌二醇分子印迹聚合物 [13]，竹炭 [15] 和功能化的磁性纳米粒子（Fe_3O_4@SiO_2/ β –CD 核 / 壳结构）[16,17]。但是在上述报道的方法中，如 SPE–HPLC 和 SPME–HPLC，也涉及到复杂的富集过程，而且实验过程耗时长、溶剂要求高、成本高。本书建立了离线双浊点萃取富集结合压力电动两步进样（Two Step Injection，TSI）在线富集技术，而后采用胶束电动色谱（Micellar Electrokinetic Chromatography，MEKC）同时富集、分离并测定己烷雌酚、双烯雌酚、己烯雌酚三种雌激素。图 8–1 是整个方法的示意图。此方法操作简单、快速、环保，还可以同时测定复杂样品中多种微量雌激素。

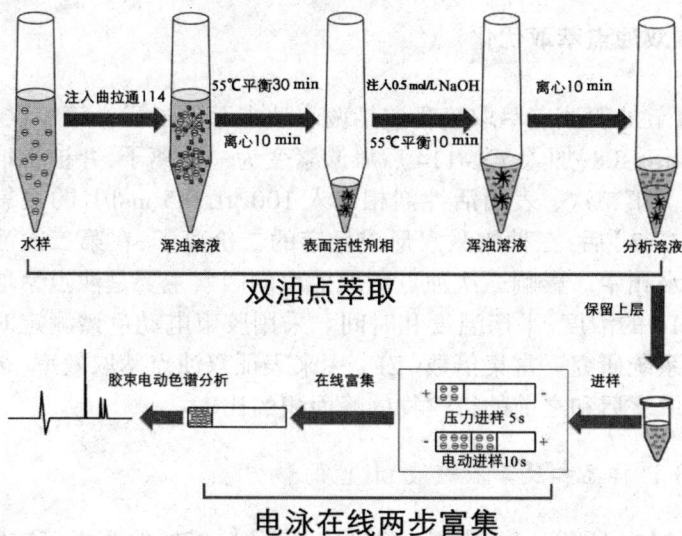

图 8–1　双浊点萃取 – 两步进样 – 胶束电动色谱方法示意图

8.1.2 pH 调节双浊点萃取处理

第一次浊点萃取，1 mol/L 取 10.0 mL 标准溶液或真实的样品加标溶液，用 1 mol/L 磷酸和 1 mol/LNaOH 调节 pH 至 8.8，加入 205 μL TX-114 溶液（浓度为 5.00%，W/V）。然后将混合物超声 5 min，并置于 55℃的恒温水浴中，萃取 30 min。在此过程中，形成浑浊溶液，水相中的雌激素被萃取到表面活性剂相。该混合物在 3 500 r/min 下离心 10 min，在冰浴中冷却 5 min（增加富含表面活性剂相的黏度），用移液管小心将上清液除去。

第二次浊点萃取，向表面活性剂相中加入 100 μL 0.5 mol/L NaOH 溶液（pH = 13.7）。将混合物超声 5 min，然后置于 55℃的恒温水浴中 10 min。在 3 500 r/min 下离心分离 10 min 后，上清液通过 0.45 μm 滤膜过滤，用 MEKC 分析。双浊点萃取过程如图 8-1 所示。

萃取效率用富集倍数（EF）来衡量，计算公式如下：

$$EF = {A_2}\Big/{A_1} \times 10$$

式中，A_2 是 dCPE 富集后浓度为 1 μg/mL 各个雌激素的峰面积，A_1 是 dCPE 富集前浓度为 10 μg/mL 各个雌激素的峰面积。标准偏差由下式计算：

$$SD = \sqrt{\sum\left(EF_i - \overline{EF}\right)^2\Big/(N-1)}$$

式中，$N = 3$，EF_i 是每次萃取的 EF 值，$\overline{EF}$ 是三次萃取的 EF 的平均值。

8.1.3 双浊点萃取优化

pH 调节的双浊点萃取流程包括两步浊点萃取过程。第一次，样品溶液 pH 值调至 8.8，加入 TX-114 后雌激素变为一价离子，并被萃取到表面活性剂相。第二次，表面活性剂相加入 100 μL 0.5 mol/L 的氢氧化钠溶液（pH = 13.7）后，三种雌激素形成稳定的二价离子，在第二次浊点萃取时转移到水相中。影响二次浊点萃取效率的因素主要是浊点萃取的酸碱度、TX-114 的浓度、平衡温度和时间。采用胶束电动色谱测定对这些因素进行了系统研究。富集倍数（EF）用来表征双浊点萃取效率，被定义为双浊点萃取之后和之前的待测物的峰面积的比率。

8.1.3.1 样品和反萃取碱液 pH 值的影响

如图 8-2a 所示，己烷雌酚、双烯雌酚、己烯雌酚的富集倍数随 pH 值在 6.5 ~ 8.8 的范围内增大而增加。然而当 pH 值从 8.8 增加到 11，富集倍数降低。所以样品溶液的最佳 pH 值选 8.8。

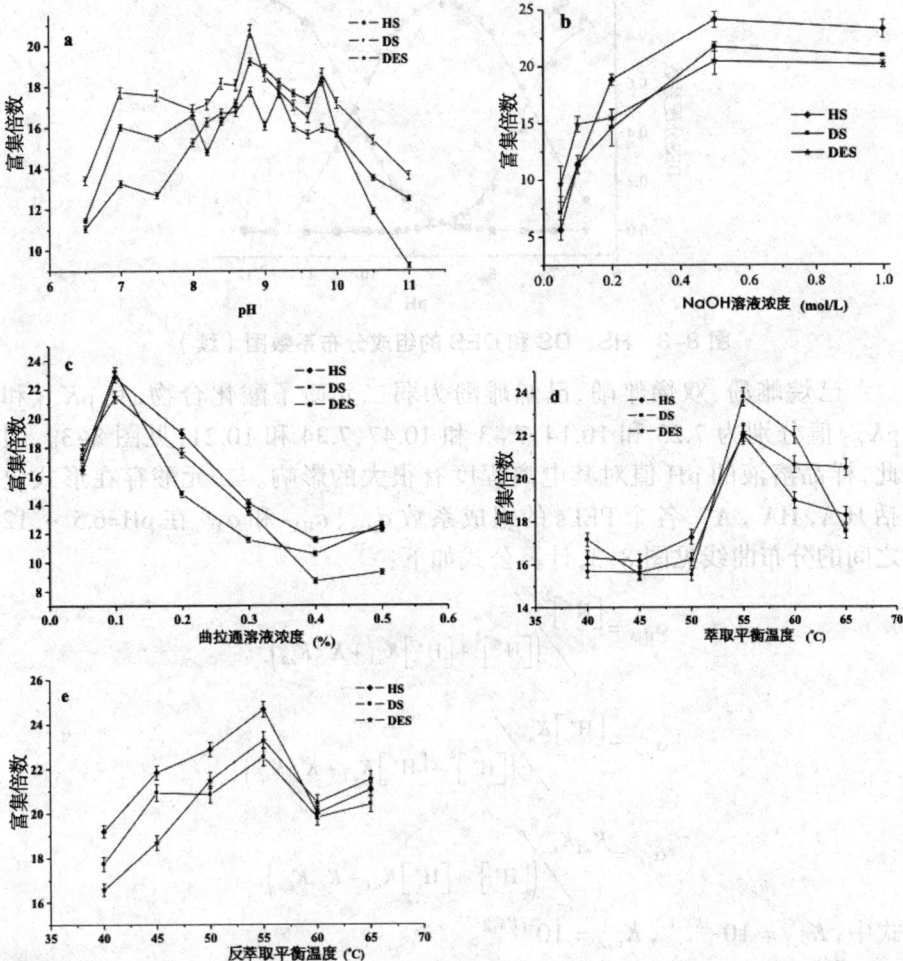

图 8-2　萃取 pH、反萃取 pH、TX-114 浓度、萃取温度、反萃取温度对 dCPE 萃取 1 μg/mL PEE 的影响

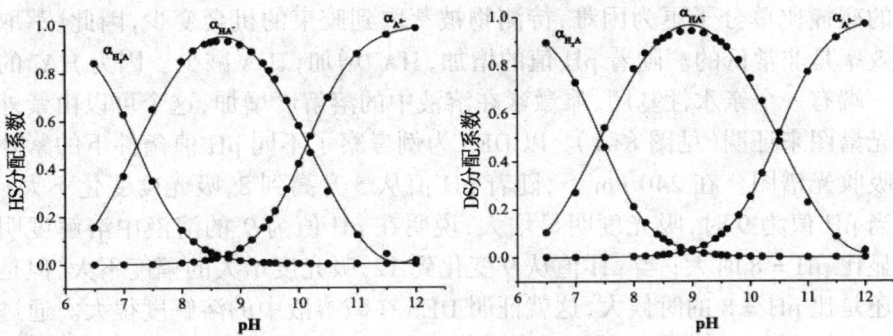

图 8-3　HS、DS 和 DES 的组成分布系数图

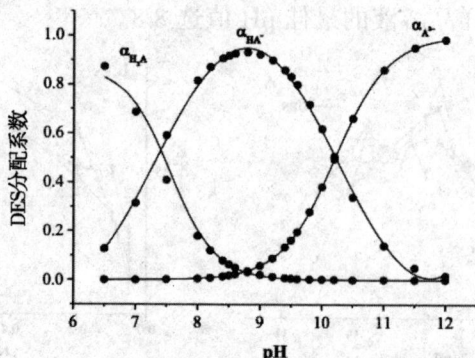

图 8-3　HS、DS 和 DES 的组成分布系数图（续）

己烷雌酚、双烯雌酚、己烯雌酚为弱二元质子酸化合物，其 p$K_{a,1}$ 和 p$K_{a,2}$ 值分别为 7.23 和 10.14，7.43 和 10.47，7.34 和 10.21，见图 8-3。因此，样品溶液的 pH 值对其电离程度有很大的影响。二元酸存在形式包括 H_2A、HA^-、A^{2-}，各个 PEEs 的组成系数 α_{H_2A}、α_{HA^-} 和 $\alpha_{A^{2-}}$ 在 pH=6.5 ~ 12 之间的分布曲线见图 8-3，计算公式如下：

$$\alpha_{H_2A} = \left[H^+\right]^2 \Big/ \left(\left[H^+\right]^2 + \left[H^+\right]K_{a,1} + K_{a,1}K_{a,2}\right)$$

$$\alpha_{HA^-} = \left[H^+\right]K_{a,1} \Big/ \left(\left[H^+\right]^2 + \left[H^+\right]K_{a,1} + K_{a,1}K_{a,2}\right)$$

$$\alpha_{A^{2-}} = K_{a,1}K_{a,2} \Big/ \left(\left[H^+\right]^2 + \left[H^+\right]K_{a,1} + K_{a,1}K_{a,2}\right)$$

式中，$K_{a,1} = 10^{-pK_{a,1}}$，$K_{a,2} = 10^{-pK_{a,2}}$。

从图中可以看出，pH 值低于 7.5 时，对于三种雌激素，H_2A 为主要存在形式。非极性的雌激素在溶液中的溶解度非常低。由于分子簇与胶束的碰撞比单分子更为困难，待测物被萃取到胶束的机会变少，因此，萃取效率是非常低的。随着 pH 值的增加，HA^- 增加，H_2A 减少。因为 HA^- 的一端有一个亲水性基团，雌激素在溶液中的溶解度增加，这个可以由紫外光谱图来证明（见图 8-4）。以 DES 为例考察了不同 pH 值条件下的紫外吸收光谱图。在 240 nm 下，随着 pH 值从 5 升高到 8，吸光度变化不大；当 pH 值为 9 时，吸光度明显增大，说明在 pH 值为 9 的溶液中溶解度明显比 pH = 8 时大；当 pH 值从 9 变化到 12，吸光度增大的幅度不大，但是还是比 pH = 8 的时候大，这就证明 DES 在碱溶液中的溶解度很大。通过以上分析也可以看出，当 pH 值小的时候，PEEs 在溶液中是以一个分散的固态存在的,也就是说微小的固体颗粒分散在水溶液中。在萃取过程中,被分析物必须溶解在溶液介质中才能从 A 相萃取到 B 相 [20, 21]。因为分散的固体颗粒在溶液中的溶解度很小,所以在 pH 值小于 8 的情况下,萃取效率很低。然而,对于在溶液中溶解度好的一价离子来说在一定的时间内从水样中萃取到表面活性剂相中要比非离子态容易得多。因此,α_{HA^-} 越大,富集倍数越高。当 pH 值为 8.8,每种雌激素 α_{HA^-} 几乎是最大的(> 0.9)。故在 pH = 8.8 时,得到最大的富集倍数。这与对不同 pH 值影响的观测一致。pH 值从 8.8 提高到 11,$\alpha_{A^{2-}}$ 增大而 α_{HA^-} 减小。当 pH 值大于 9.5 时,以 $\alpha_{A^{2-}}$ 形式为主,富集倍数降低,因为它们在胶束中溶解性不好 [21]。总之,通过从以上分析可以得出这样的结论:在 pH <7.5 时,以非离子态为主,而在 pH 值为 8.8 时以一价离子为主,在 pH> 9.5 时,以二价离子形式为主。图 8-2a 显示出最佳萃取是发生在当雌激素是一价离子时。

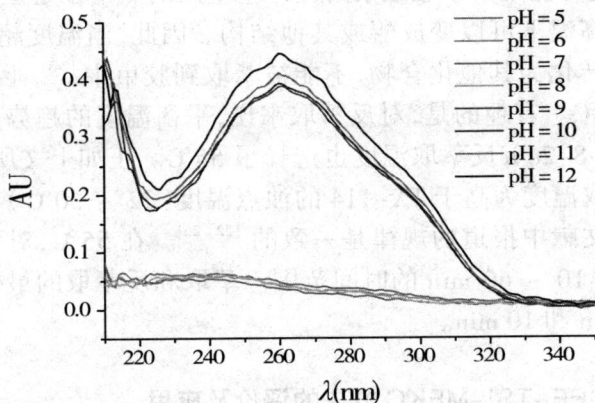

图 8-4　DES 在不同的 pH 溶液中的紫外吸收光谱图

　　虽然在高 pH 条件($K_A^{2-}<K_{HA}^-$)下不利于提取,有趣的是,它有利于用碱性溶液反萃取。本书考察了 0.05 ~ 1 mol/L NaOH 溶液(pH 值 =12.7 ~ 14.0)研究反萃取溶液对第二次浊点萃取的影响,结果见图 8-2e。随着 NaOH 溶液的浓度增加至 0.5 mol/L (pH = 13.7),三种雌激素的富集倍数上升。当 NaOH 浓度为 1 mol/L 时,EF 变化不大。这说明,随着 pH 值增大,二价离子增多,反萃取效率增大。当 pH = 13.7 时,得到了满意的反萃取效率。而且,NaOH 溶液浓度太大反而使 PEEs 迁移时间延长,不利于分离。所以,0.5 mol/L 的 NaOH (pH = 13.7)被选为反萃取溶液。

8.1.3.2 TX-114 浓度的影响

　　由于 TX-114 临界胶束浓度为 0.01% (W/V)[22],所以考察的浓度范围在 0.05% ～ 0.5%（*W/V*）之间。在 0.05% ～ 0.1%（*W/V*）的范围内随 TX-114 浓度的增加，三种雌激素的富集倍数升高，然后减小，如图 8-2c 所示。TX-114 量的增加也增加了底部相的体积，并因此导致在胶束相中雌激素的浓度较低。然后转移到反萃取过程中生成更多胶束，而导致回收率减小和较低的富集倍数。因此，选择 0.1% 为最佳浓度来进行后续实验。

8.1.3.3 萃取温度和时间的影响

在 dCPE 中，萃取温度和时间都扮演着重要的角色。随着萃取温度的升高，表面活性剂相的体积减少，表面活性剂相中雌激素的浓度逐渐增加。一般情况下，最佳萃取温度比浊点温度高 15 ～ 20℃ [21]。考虑到 TX-114 的低的浊点温度（22 ～ 30℃）[23]，考察了 40 ～ 65℃。在 40 ～ 55℃ 的范围内，富集倍数随温度上升而增大；当超过 55℃ 时富集倍数降低（见图 8-2d）。这可能是由于雌激素酚性羟基基团的热不稳定性所致。酚性羟基基团在高温下可以变成醌或其他结构。因此，当温度超过 55℃，雌激素可能被转化为其他化合物，不能被萃取到胶束中 [24]。因此，萃取温度设定在 55℃。有趣的是，对反萃取来说，平衡温度的趋势与第一次萃取相似（见图 8-2e），反萃取温度也选择了 55℃。正如上文所述，浊点萃取的最佳萃取温度为高于 TX-114 的浊点温度（22 ～ 30℃）15 ～ 20℃，55℃ 与参考文献中报道的规律是一致的 [22, 25]。在 55℃，对萃取时间进行考察，选择 10 ～ 60 min 的时间范围。萃取和反萃取的最佳平衡时间分别为 30 min 和 10 min。

8.1.4 dCPE-TSI-MEKC 方法的评价及应用

在最佳优化条件，对 dCPE-TSI-MEKC 方法的性能进行了研究。在 0.05 ～ 5 μg/mL 内六个不同浓度点的峰面积与浓度之间呈现很好的线性关系。所有三种雌激素的检出限，以待测物的峰高与背景噪声的 3 倍比（*S/N* = 3）确定，分别为 7.9 ng/mL、8.2 ng/mL 和 8.9 ng/mL。这种方法已经达到了微量分析的要求。很多已鉴明的内分泌干扰物有可能在非常低的浓度（十亿分之一到万亿分之一）导致雌激素反应，令人担忧的是已在废水、地表水、底泥、地下水和饮用水中发现含有可测定量浓度的多种化合物 [26]。因此，在一定程度上这种方法的检出限可以用于三种雌激素的野外环境水体调查。

将 dCPE-TSI-MEKC 方法用于检测湖水和自来水样品以验证其实际效果。图 8-5 显示了自来水和湖水样品未发现待测的雌激素。另一方面，同样条件下检测添加过 1 μg/mL 雌激素标准品的水样,分析结果表明有明显的己烷雌酚、双烯雌酚、己烯雌酚色谱峰(见图 8-5b)。MEKC-DAD 分析的雌激素并未出现水样基质干扰,这可能是源自 dCPE 的清洗效果。得到的结果表明,结合 dCPE 离线富集过程以及两步进样在线富集技术继而进行胶束电动色谱分析,可以实现实际水样基质中雌激素的良好分离及检测。三个不同浓度三种雌激素的回收率分别为88% ~ 99%,64% ~ 103% 和75% ~ 110%, RSD 为 1.5% ~ 2.0%,1.6% ~ 3.3% 和 1.3% ~ 2.5%。因此, dCPE-TSI-MEKC 方法配以简单的 UV 检测器提供了良好的定量能力、高精度、宽线性范围,此方法是一种简单、快速、低成本、环境友好的方法,可以同时测定水样中的多种雌激素。

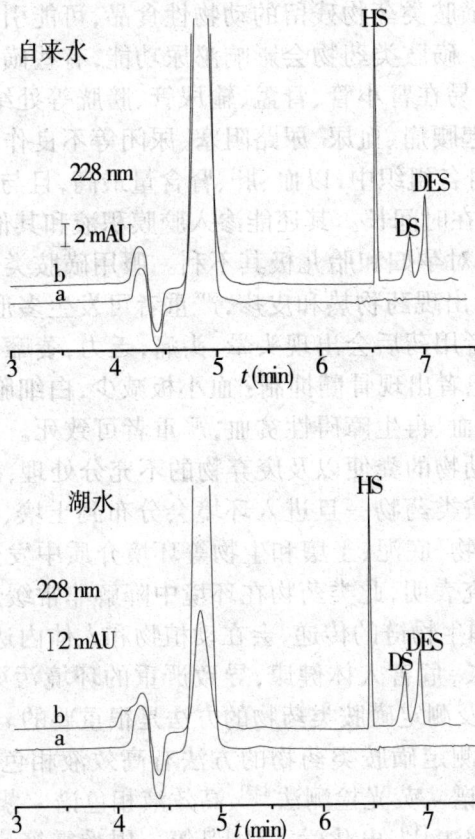

图 8-5　dCPE-TSI-MEKC 方法在 228 nm 下测定的水样的电泳谱图

a—空白水样; b—加标 1 μg/mL 的 HS、DS 和 DES MEKC

分离条件: 10 mmol/L $Na_2B_4O_7 \cdot 10H_2O$, 20 mmol/L SDS, 40%(V/V)ACN, pH=10.6,

分离电压为 28 kV

8.2 双浊点萃取 – 高效液相色谱测定尿液和水样中的磺胺类药物

8.2.1 简介

我国是世界上畜禽产品存栏量最多的国家,磺胺类药物(Sulfonamides,SAs)作为最常用的防治畜禽疾病的兽药种类之一,在我国使用量巨大[27]。人类经常食用有磺胺类药物残留的动物性食品,可能引起磺胺类药物在体内的逐渐蓄积。磺胺类药物会影响泌尿功能,有些磺胺类药物在尿液的溶解度很小,容易在肾小管、肾盂、输尿管、膀胱等处结晶,最终可因其机械性刺激而引起腰痛、血尿、尿路阻塞、尿闭等不良作用。磺胺类药物吸收后分布于全身各组织中,以血、肝、肾含量最高,且与血浆蛋白结合率高,所以在体内存在时间长。其还能渗入脑膜积液和其他积液,以及通过胎盘进入胎循环,对孕妇和胎儿极其不利。服用磺胺类药物还能导致过敏反应[28],使患者出现药物热和皮疹,严重者可发生多形性红斑、剥脱性皮炎等。少数患者用药后会出现头晕,头痛,乏力,萎靡和失眠等精神症状。其还可能使患者出现骨髓抑制:血小板减少,白细胞下降,导致血红蛋白尿、溶血性贫血、再生障碍性贫血,严重者可致死。由于服用了磺胺类药物的人类和动物的粪便以及废弃物的不充分处理,磺胺类药物会残留在环境中。磺胺类药物一旦进入环境会分布到土壤、水和空气中,即开始在水体、悬浮物、底泥、土壤和生物等环境介质中发生迁移、转化、配位和消亡[29]。研究表明,此类药物在环境中降解非常缓慢,残留时间长,经过长期的积累和生物链的传递,会在动植物和人体内达到较高的浓度,影响动植物的生长,危害人体健康,导致严重的环境污染[30]。所以建立快速、有效的分离及测定磺胺类药物的方法是很重要的。

到目前为止,测定磺胺类药物的方法有高效液相色谱[31]、毛细管电泳[32]、高效液相色谱 – 荧光检测法[33]、高效液相色谱 – 紫外法[34]、超高效液相色谱串联质谱法[35]、电化学方法[36]等。周爱霞等[31]采用高效液相色谱法测定了地下水、土壤和粪便中的磺胺类药物,样品的加标回收率为69.8% ~ 117.6%[31],加标回收率偏低。高效毛细管电泳法测定虾样品中磺胺类药物的检出限为 13 μg/kg[32],无法检测低浓度药物。在高效液相色谱 – 荧光检测法中使用了二氯甲烷[33],在高效液相色谱 – 紫外法中用乙

腈 – 氯仿作样品提取并使用了正己烷[34],二氯甲烷、氯仿、正己烷属于有机试剂,对人体危害大。超高效液相色谱串联质谱法试样中的磺胺类药物经乙酸乙酯超声波处理后提取,用氨基固相萃取柱净化,外标法定量,测定用超高效液相色谱串联质谱仪[35],此法样品前处理操作比较烦琐。电化学方法对样品的选择性差[36]。这些测定磺胺类药物的方法都有一定的缺点,有的加标回收率偏低,有的涉及使用大量的有机溶剂,有的样品前处理烦琐,有的对样品的选择性差。一些新的样品分离纯化技术,如固相萃取、固相微萃取、基质固相分散、QuEChERS 法、超临界流体萃取、加速溶剂萃取、免疫亲和色谱技术、分子印迹技术、液相微萃取等具有样品量少、方法的特异性和选择性好、减少操作时间、具有环境友好和使用有机试剂量少等特点,但它们在处理过程中仍不同程度地使用有机溶剂,且大多数方法都需要特定的整套设备,成本较高[37]。而浊点萃取是一个很好的选择,该方法具有有机试剂用量少、灵敏度高、绿色环保以及操作简单等特点,是一种新型的样品前处理方法。

8.2.2 dCPE 方法

第一次 CPE：用 1 mol/L 磷酸和氢氧化钠调节标准溶液或实际样品溶液 pH 值至 4,取 10 mL 至具有螺旋盖的离心管中,加入 105 μL 浓度为 30 % 的 Triton X-114,摇晃几分钟。之后将离心管浸泡在恒温水浴锅中,40℃温度下水浴 20 min,2 500 r/min 离心 15 min,去上清溶液,取下层液进行第二次 CPE。

第二次 CPE：向装有下层黏稠胶束相的离心管加入 0.7 mol/L 的 NaOH 100 μL,摇晃几分钟,之后将混合物浸入恒温水浴锅中,60℃ 温度下水浴 10 min,2 500 r/min 离心 25 min,取上清液用超纯水稀释至 1 mL,然后用孔径为 0.45 μm 的滤膜过滤,最后取 20 μL 进行高效液相色谱分析。

8.2.3 萃取条件优化

影响双浊点萃取效率的因素主要包括样品和萃取液的 pH 值、TX-114 的浓度、平衡时间和温度、离心转速和时间等。

8.2.3.1 TX-114 浓度对萃取效率的影响

随着 TX-114 浓度的升高,胶束浓度也变大,萃取效率逐渐提高,当 TX-114 浓度达到一定值时,胶束浓度也达到稳定值,此时再增加胶束浓度也没有太大的变化。为了研究 TX-114 浓度对第一次萃取效率的影响，本实验选取了 TX-114 浓度为 0.05% ~ 0.5% 的范围进行考察。从图 8-6a 中可以看出，在 0.05% ~ 0.3% 范围内，随着 TX-114 浓度的增大，峰面积是不断增大的。但在 0.3% ~ 0.5% 范围内增长缓慢，对萃取效率的影响不大，所以选取 0.3% 的 TX-114 为最佳萃取浓度。萃取效率逐渐提高的原因可能是 TX-114 浓度的增加有助于提取分析物到胶束相中。

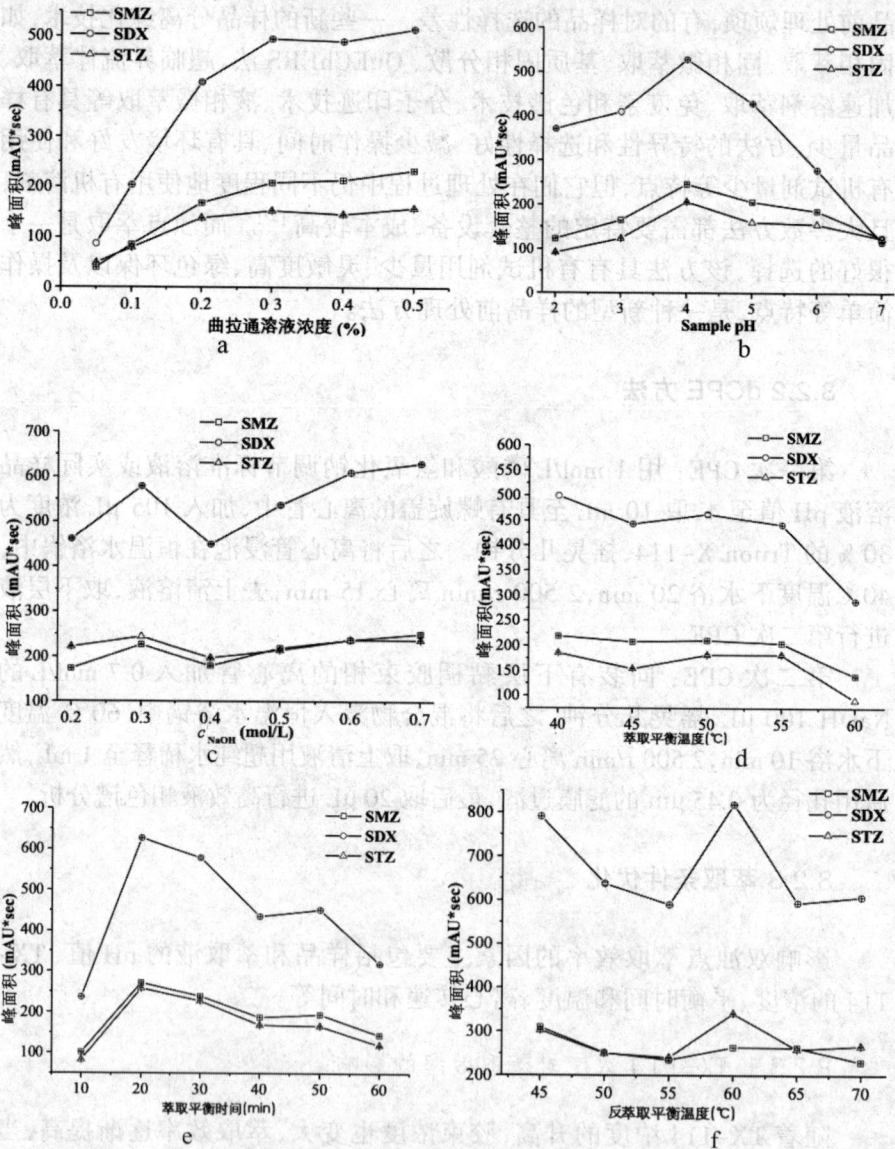

图 8-6　各参数对 dCPE 富集效果影响

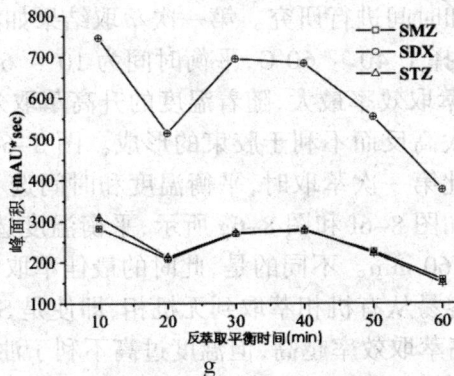

g

图 8-6　各参数对 dCPE 富集效果影响（续）

a—TX-114 浓度；b—样品 pH；c—NaOH 浓度；d—萃取平衡温度；

e—萃取平衡时间；f—反萃取平衡温度；g—反萃取平衡时间

各标准加标浓度为 10 μg/mL

8.2.3.2　样品和萃取液的 pH 值对萃取效率的影响

各种研究已经表明，样品和提取液的 pH 值在 dCPE 中起着重要作用，因为它们影响有机化合物存在的形态。SMZ、SDX 和 STZ 是二元弱酸性化合物，它们的 p$K_{a,1}$ 和 p$K_{a,2}$ 分别为 1.95 和 7.45、2.31 和 7.24、1.59 和 6.16[38,39]，所以样品和提取液的 pH 值影响它们的电离度。

为了研究样品 pH 对第一次萃取效率的影响，本实验选取了样品 pH 值为 2 ~ 7 进行考察。如图 8-6b 所示，被测物的紫外吸收值随 pH 值从 2 增加到 4，从 5 下降到 8。这可能是因为当 pH 值为 4 时，每个 SAs 的一价离子的比例几乎是最大的[40]。因此，选择样品 pH 值为 4 进行后续实验。NaOH 作为第二次浊点萃取的萃取液，也是影响 dCPE 的一个因素。当磺胺类药物处于二价离子状态的时候容易被 NaOH 溶液萃取。本实验选取浓度为 0.2 ~ 0.7 mol/L 的 NaOH 进行考察。如图 8-6c 所示，随 NaOH 浓度从 0.2 mol/L 增加到 0.7 mol/L，萃取效率是呈上升趋势的，浓度 0.7 mol/L 时最大。所以 0.7 mol/L 的 NaOH 为最佳的萃取浓度。

8.2.3.3　平衡温度和时间对萃取效率的影响

TX-114 的浊点温度为 20 ~ 30℃[40]，一般来说，CPE 的最佳平衡温度应高于浊点温度 15 ~ 20℃。此外，增加实验温度可以促进整个萃取过程的传质速率。但是温度太高，会影响浑浊现象的形成。因此对两次浊点萃取的温度和时间进行研究。第一次萃取结果如图 8-6d 和图 8-6e 所示,平衡温度选择了 40 ~ 60℃,平衡时间为 10 ~ 60 min。由图 8-6d 可以看出 40℃时萃取效率最大,随着温度的升高萃取效率反而降低。这可能是由于温度太高反而不利于胶束的形成。图 8-6e 则是 20min 时萃取效率最大。因此第一次萃取时,平衡温度和时间选为 40℃和 20 min。第二次萃取结果如图 8-6f 和图 8-6g 所示,平衡温度选择了 45 ~ 70℃,平衡时间为 10 ~ 60 min。不同的是,此时的最佳萃取温度为 60℃,这可能是 SAs 不是很容易从有机相萃取到无机相,即使是 SAs 易溶于 NaOH。所以平衡温度越高萃取效率越高,但温度过高不利于浊点的形成,最后选择 60℃。第二次萃取的最佳时间为 10 min。

8.2.4 dCPE-HPLC 方法评价及应用

在 0.02 ~ 10 μg/mL 范围内,采用峰面积(A)对浓度(c,μg/mL)作回归分析得到方法的线性关系。三种 SAs 线性相关系数均 >0.999,检出限达到 ng/mL 数量级,说明此方法检出限低,可以应用于环境水样及一些复杂样品基质中 SAs 的测定。检出限分别为 6.1 ng/mL,3.0 ng/mL 和 6.2 ng/mL。

实验分别采用湖水和尿液对本方法进行验证,样品的色谱图如图 8-7 所示。从图中可以看出,两个样品在未加标情况下均检出三种 SAs。加标后的样品图也与样品中某些干扰物质分离效果较好。样品回收实验在三个添加水平上(0.2、0.5、1 μg/mL),湖水和尿液在三个添加水平上(0.2、0.5、1 μg/mL)的回收率在 85% ~ 108% 范围内,相对标准偏差(RSD, $n=6$)在 1.5% ~ 7.7% 之间。上述结果表明此方法比较准确,适用于尿液和水样中 SAs 的测定。

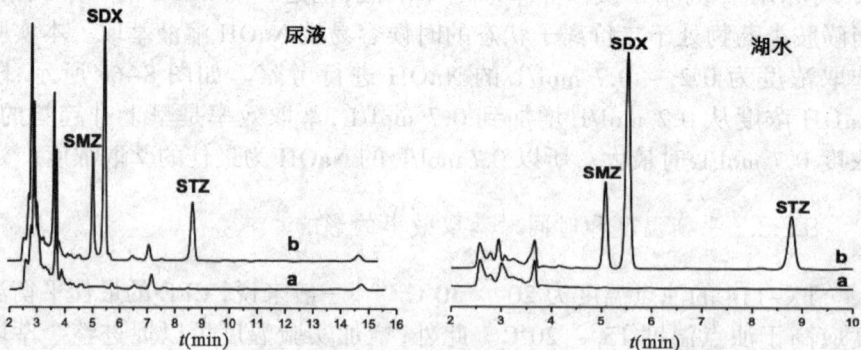

图 8-7　样品色谱图

a—未加标;b— SMZ,SDX 和 STZ 分别加标 1 μg/mL

参考文献

[1] L.L.Wang, J.Q.Wang, Z.X.Zheng, et al. Cloud point extraction combined with high-performance liquid chromatography for speciation of chromium（Ⅲ）and chromium（Ⅵ）in environmental sediment samples[J]. J.Hazard.Mater., 2010, 177（1-3）: 114-118.

[2] Y.Wang, J.Han, Y.Liu, et al. Recyclable non-ligand dual cloud point extraction method for determination of lead in food samples[J].Food Chem., 2010, 1217（8）: 1399-1406.

[3] W.Wei, X.B.Yin, X.W.He. pH-mediated dual-cloud point extraction as a preconcentration and clean-up technique for capillary electrophoresis determination of phenol and m-nitrophenol[J].J.Chromatogr., A, 2008, 1202（2）: 212-215.

[4] M.Wetterhall, G.Shevchenko, K.Artemenko, et al. Analysis of membrane and hydrophilic proteins simultaneously derived from the mouse brain using cloud-point extraction[J].Anal.Bioanal.Chem., 2011, 400（9）: 2827-2836.

[5] K Seebunrueng., Y.Santaladchaiyakit, P.Soisungnoen, et al. Catanionic surfactant ambient cloud point extraction and high-performance liquid chromatography for simultaneous analysis of organophosphorus pesticide residues in water and fruit juice samples[J].Anal.Bioanal.Chem., 2011, 401（5）: 1703-1712.

[6] K Seebunrueng., Y.Santaladchaiyakit, S.Srijaranai. Study on the effect of chain-length compatibility of mixed anionic-cationic surfactants on the cloud-point extraction of selected organophosphorus pesticides[J].Anal. Bioanal.Chem., 2012, 404（5）: 1539-1548.

[7] C.Kukusamude, A.Santalad, S.Boonchiangm, et al. Mixed micelle-cloud point extraction for the analysis of penicillin residues in bovine milk by high performance liquid chromatography[J].Talanta, 2010, 81（1-2）: 486-492.

[8] L.N.Vandenberg, T.Colborn, T.B.Hayes, et al. Hormones and endocrine-disrupting chemicals: low-dose effects and nonmonotonic dose

responses[J].Endocr.Rev.,2012,33（3）: 378−455.

[9] Q.Xu, M.Wang, S.Q.Yu, et al. Trace analysis of diethylstilbestrol, dienestrol and hexestrol in environmental water by Nylon 6 nanofibers mat-based solid−phase extraction coupled with liquid chromatography−mass spectrometry[J].Analyst,2011,136（23）: 5030−5037.

[10] M.H.Liu, M.J.Li, B.Qiu, et al. Synthesis and applications of diethylstilbestrol−based molecularly imprinted polymer−coated hollow fiber tube[J].Anal.Chim.Acta,2010,663（1）: 33−38.

[11] M.Kuster, M.J.L.Alda, D.Barceló. Analysis and distribution of estrogens and progestogens in sewage sludge, soils and sediments[J].TrAC, Trends Anal.Chem.,2004,23（10−11）: 790−798.

[12] X.B.Chen, Y.L.Wu, T.Yang. Simultaneous determination of clenbuterol, chloramphenicol and diethylstilbestrol in bovine milk by isotope dilution ultraperformance liquid chromatography−tandem mass spectrometry[J].J.Chromatogr., B,2011,879（11−12）: 799−803.

[13] P.Lucci, O.Núñez, M.T.Galceran. Solid−phase extraction using molecularly imprinted polymer for selective extraction of natural and synthetic estrogens from aqueous samples[J].J.Chromatogr., A,2011,1218（30）: 4828−4833.

[14] Y.Sapozhnikova, M.Hedgespeth, E.Wirth, et al. Analysis of selected natural and synthetic hormones by LC−MS−MS using the US EPA method 1694[J].Anal.Methods,2011,3（5）: 1079−1086.

[15] J.B.Zhou, C.Hu, R.S.Zhao. Determination of estrogens in environmental water samples with solid−phase extraction packed with bamboo charcoal prior to high−performance liquid chromatography−ultraviolet detection[J].Anal.Methods,2011,3（11）: 2568−2572.

[16] Y.S.Ji, X.Y.Liu, M.Guan, et al. Preparation of functionalized magnetic nanoparticulate sorbents for rapid extraction of biphenolic pollutants from environmental samples[J].J.Sep.Sci.,2009,32（12）: 2139−2145.

[17] Z.X.Xu, J.Zhang, L.Cong, et al. Preparation and characterization of magnetic chitosan microsphere sorbent for separation and determination of environmental estrogens through SPE coupled with HPLC[J].J.Sep.Sci., 2011,34（1）46−52.

[18] S.F.Liu, X.P.Wu, Z.H.Xie, et al. On−line coupling of pressurized capillary electrochromatography with end−column amperometric detection

for analysis of estrogens[J].Electrophoresis,2005,26（12）: 2342–2350.

[19] B.Fogarty, E.Dempsey, F.Regan. Potential of microemulsion electrokinetic chromatography for the separation of priority endocrine disrupting compounds[J].J.Chromatogr., A,2003,1014（1–2）: 129–139.

[20] S M.Sample preparation techniques in analytical chemistry [B].2003; Hoboken, New Jersey: John Wiley & Sons, Inc.

[21] C H.D.Quantitative chemical analysis [B].6th ed.2003; New York: W.H.Freeman and Company.

[22] J.F.Liu, J.B.Chao, R.Liu, et al. Cloud point extraction as an advantageous preconcentration approach for analysis of trace silver nanoparticles in environmental waters[J].Anal.Chem.,2009,81（15）: 6496–6502.

[23] X.B.Yin, J.M.Guo. W.Wei. Dual–cloud point extraction and tertiary amine labeling for selective and sensitive capillary electrophoresis–electrochemiluminescent detection of auxins[J].J.Chromatogr., A,2010,177（1–3）: 114–118.

[24] http: //baike.baidu.com/view/52181.htm.

[25] Y.J.Wu, X.W.Fu, H.Yang. Cloud point extraction with Triton X–114 for separation of metsulfuron–methyl, chlorsulfuron, and bensulfuron–methyl from water, soil, and rice and analysis by high–performance liquid chromatography[J].Arch.Environ.Contamin.Tox.,2011, 61（3）: 359–367.

[26] C.G.Campbell, S.E.Borglin, F.B.nGreen, et al. Biologically directed environmental monitoring, fate, and transport of estrogenic endocrine disrupting compounds in water: A review[J].Chemosphere,2006, 65（8）: 1265–1280.

[27] M.Vosough, M.Rashvand, H.M.Esfahani, et al. Direct analysis of six antibiotics in wastewater samples using rapid high–performance liquid chromatography coupled with diode array detector: a chemometric study towards green analytical chemistry[J].Talanta,2015,135: 7–17.

[28] J.F.Huertas–Perez, N.Arroyo–Manzanares, L.Havlikova, et al. Method optimization and validation for the determination of eight sulfonamides in chicken muscle and eggs by modified QuEChERS and liquid chromatography with fluorescence detection[J].J.Pharm.Biomed.Anal.,2016, 124: 261–266.

[29] X.Ling，W.Zhang，Z.Chen. Electrochemically modified carbon fiber bundles as selective sorbent for online solid-phase microextraction of sulfonamides[J].Microchim.Acta,2015,183：813-820.

[30] 金彩霞，高若松，吴春艳. 磺胺类药物在环境中的生态行为研究综述 [J]. 浙江农业科学，2011,01：127-131.

[31] 周爱霞，苏小四，高松，等. 高效液相色谱测定地下水、土壤及粪便中 4 种磺胺类抗生素 [J]. 分析化学，2014,42（03）：397-402.

[32] 王宁. 高效毛细管电泳检测蒽醌类物质及磺胺类和氟喹诺酮类药物残留 [D]. 河北：河北大学，2015.

[33] 邓樱花，李林，张洪权，等. 高效液相色谱 - 荧光检测法测定鸡肉中 5 种磺胺类药物残留 [J]. 华中师范大学学报（自然科学版），2014,48（01）：53-65.

[34] 傅宏庆，王颖，张丹，等. 高效液相色谱 - 紫外法对 13 种磺胺类药物的同步检测 [J]. 中国畜牧兽医，2012,39（04）：233-237.

[35] 李照，张雪峰，崔向云，等. 采用超高效液相色谱串联质谱法检测饲料中 3 种磺胺类药物 [J]. 粮食与饲料工业，2013,09：57-59.

[36] X.Ling，W.Zhang，Z.Chen. Electrochemically modified carbon fiber bundles as selective sorbent for online solid-phase microextraction of sulfonamides[J].Microchim.Acta,2015,183：813-820.

[37] 张文君. 浊点萃取 - 高效液相色谱法分析牛奶中的磺胺类抗生素 [D]. 山东：山东农业大学，2011.

[38] E.M.Costi，M.D.Sicilia，S.Rubio. Multiresidue analysis of sulfonamides in meat by supramolecular solvent microextraction，liquid chromatography and fluorescence detection and method validation according to the 2002/657/EC decision[J].J.Chromatogr.A,2010,1217（40）：6250-6257.

[39] Y.T.Lin，Y.W.Liu，Y.J.Cheng. et al. Analyses of sulfonamide antibiotics by a successive anion- and cation-selective injection coupled to microemulsion electrokinetic chromatography[J].Electrophoresis,2010,31（13）：2260-2266.

[40] Y.Wen，J.Li，J.Liu，et al. Dual cloud point extraction coupled with hydrodynamic-electrokinetic two-step injection followed by micellar electrokinetic chromatography for simultaneous determination of trace phenolic estrogens in water samples[J].Anal.Bioanal.Chem.,2013,405：5843-5852.

第三篇　生物样品前处理方法应用

　　液固两相萃取方法的相关描述,如 LLE、LPME（DLLME、SDME、HF-LPME 等）、SPE、SPME、SBSE、MSPD 在之前的综述中有介绍[1,2]。此外,其他研究小组也对这些用于生物样品的方法进行了详细的综述[3-12]。参考文献 [4] 对生物分析样品的前处理方法及其重要参数,包括萃取时间、溶剂体积、重现性、简单化、成本和自动化进行了细致的总结。下面,简单介绍生物样品的制备方法。

　　为了获得分析物的高灵敏度结果,保护分析仪器(包括色谱、光谱和电化学仪器),样品预处理/前处理必须是整个分析过程的重要组成部分。下面,详细介绍这些样品前处理方法在生物样品方面的应用。

第 9 章　色谱法分析前处理方法

9.1　LLE 和 SPE

　　作为传统的萃取方法, LLE 和 SPE 仍然是最常用的两种方法。表 9-1 列出了一些关于 LLE 和 SPE 在色谱分析前的应用[13-52]。

　　Purschke 等人介绍了一种自动 LLE 系统[13]。样品前处理基于多用途取样器 MPS（GERSTEL,德国）。MPS 配有一台离心机、一个用于在受真空和温度控制的溶剂蒸发模块、一个用于样品萃取的快速混合器和一个用于溶剂供应的溶剂存储系统。所有样品前处理步骤均在带磁螺旋盖的隔膜密封小瓶中进行,以便由 MPS 运输,样品萃取后可直接注入 GC-MS。

有研究小组采用 96 孔板 OASIS™–MAX 固相萃取法萃取多不饱和脂肪酸,孔板的每个孔用甲醇清洗,甲酸预处理。样品加载后,用氨水和甲醇/甲酸和己烷清洗孔板的每个孔,己烷/乙醇/乙酸洗脱分析物。干燥后,用甲醇重新溶解样品,并进行 HPLC–MS/MS 分析[14]。这种孔板还可以对单克隆抗体替代肽进行萃取和富集。此外,对颗粒进行后消化沉淀处理以去除导致固相萃取堵塞的基质相关成分从而有效地提高测定灵敏度[15]。

由于其简单和自动操作,在线 SPE 现在越来越流行[42-49]。例如,Mena Bravo 和他的同事开发了一种自动化的在线固相萃取技术,该技术与二维液相色谱法相结合,采用串联质谱法检测人体血清中维生素 D 代谢物。二维液相色谱配置两个互补分析柱,五氟苯基和 C_{18} 柱,用于测定 25-羟基维生素 D_3 表聚物和维生素 D(D_3 和 D_2)-25-羟基维生素 D_2、1,25-二羟基维生素 D_3、1,25-二羟基维生素 D_2 和 24,25-二羟基维生素 D_3 的静息生物活性代谢物。在定量分析中,二维液相色谱是区分 25-羟维生素 D_3 表聚物的关键,同时也涉及到二羟基维生素 D 代谢物的定量分析[42]。一些自合成的包裹 C_{18} 的二氧化硅基氧化铁颗粒可以用来作吸附剂,并将其用作在线固相萃取–毛细管电泳的反相吸附剂[41]。实际操作过程中在 Milli-Q 水中用氮气鼓泡磁性 C_{18} 吸附剂以获得颗粒悬浮液。随后,将所得悬浮液在 93 kPa 的压力下进样 3 min。在此步骤中,磁场捕获了磁性 C_{18} 粒子,然后用甲醇和 Milli-Q 水来平衡毛细管柱。进样后,在 5 kPa 压力下用缓冲液和 2.0% 甲酸/甲醇清洗样品 20 s。然后用缓冲液在 5 kPa 压力下推动洗脱塞 4 min。最后,用 15 kV 电压对分析物进行电泳分离。

近年来,各种材料功能化的 Fe_3O_4 纳米粒子由于其方便、简单、可重复使用和特异性,也被用作分散型 SPE(DSPE)的吸附剂,用于多种分析物的选择性富集和萃取[50-52]。此外,为了提高选择性,磁性 MIPs 的应用也越来越多。Tang 等人[51]用多巴胺作模板分子合成了功能化 Fe_3O_4 纳米颗粒。将合成的磁性颗粒作为 dSPE 的吸附剂成功地用于萃取多巴胺。

表 9-1　色谱分析技术前 LLE 和 SPE 方法的应用

分析物	样品	样品前处理方法	分析技术	LOD（ng/mL）	参考文献
Δ⁹-四氢大麻酚及其代谢物	血清	自动液液萃取	气质联用	$0.1 \sim 0.3$	[13]
非诱导合成大麻素	尿、血和唾液液	液液萃取	液相色谱-质谱联用	$0.1 \sim 0.5$	[16]
左旋咪唑及其代谢物	人血浆和尿液	液液萃取	超高效液相色谱-质谱联用	$2.5 \sim 20$	[17]
双酚 A 二缩水甘油醚及其水解代谢产物	人血浆、血清或尿液	液液萃取	液相色谱-质谱联用	$0.05 \sim 0.2$	[18]
紫杉醇	大鼠血浆和脑组织	液液萃取	液相色谱-质谱联用	0.5	[19]
淫羊霍苷 C	大鼠血浆	液液萃取	液相色谱-质谱联用	2.5	[20]
氯噻、去甲基氯噻和伯氨喹啉	人血浆	液液萃取	高效液相色谱-二极管阵列检测器	$0.89 \sim 21.4$ nM	[21]
激素	牛血清	液液萃取	超高效液相色谱-质谱联用	$0.000\,9 \sim 0.02$	[22]
萘普生	人血浆	液液萃取	气质联用	0.03	[23]
石蒜碱	小鼠血浆和组织	液液萃取	液质联用	$6.5 \sim 18.0$（LOQ）	[24]
甲氧氯普胺	兔血	液液萃取	液质联用	0.42	[25]
雷公藤内酯及其衍生物	狗血	液液萃取	液相色谱-质谱联用	$0.25 \sim 1$	[26]
连翘苷、去甲基代谢产物	大鼠胆汁、尿液和粪便	液液萃取	液质联用	—	[27]
维甲酸类化合物	动物原始奶	液液萃取	毛细管电泳-二极管阵列检测器	$6.4 \sim 130.0$	[28]
氯胺酮和代谢物	狗血	液液萃取	毛细管电泳-二极管阵列检测器	10（LOQ）	[29]
大麻素及其代谢产物	人血清和尿液	液液萃取	毛细管电泳-质谱	$0.9 \sim 3.0$	[30]

续表

分析物	样品	样品前处理方法	分析技术	LOD（ng/mL）	参考文献
δ－葡萄糖苷	大鼠血浆、尿液和粪便	液液萃取	液相色谱－质谱联用	1.42	[31]
类固醇代谢组学	人体乳腺组织	液液萃取	超高效液相色谱－质谱联用	0.001～15.7 pmole	[32]
激酶抑制剂和代谢物	大鼠血浆和尿液	液液萃取和固相萃取	液相色谱－质谱联用	—	[33]
持久性有机污染物	人血	固相萃取	气质联用	—	[34]
β－激动剂	猪肝、肌肉和尿液	固相萃取	液相色谱－质谱联用	—	[35]
多不饱和脂肪酸	人血浆、小鼠脑和肝脏	96 孔板固相萃取	液相色谱－质谱联用	0.49～15.63	[14]
单克隆抗体替代肽	猴子和人类血清	96 孔板固相萃取	超高效液相色谱－质谱联用	—	[15]
甲磺酸黏菌素和黏杆菌素	人血浆和尿液	固相萃取	超高效液相色谱－质谱联用	13.0～25.1（LOQ）	[36]
溴酚	人尿	固相萃取	气相色谱－质谱联用	0.001 8～0.022 9	[37]
儿茶酚胺和肾上腺素	人尿	固相萃取	液相色谱－质谱联用	3.5～7.4	[38]
氯胺酮、去甲氯胺酮等	人尿	固相萃取	液相色谱－质谱联用	0.59～3440	[39]
有机磷火焰抑制剂代谢物	人尿	固相萃取	离子对液相色谱－质谱联用	0.02～0.19	[40]
维生素 D 代谢物	大鼠和人肝细胞、大鼠血浆	在线固相萃取	二维液相色谱－质谱联用	0.009～0.09	[42]
前列腺素类	血液	在线固相萃取	液相色谱－质谱联用	—	[43]

· 188 ·

分析物	样品	样品前处理方法	分析技术	LOD（ng/mL）	参考文献
致癌 N– 亚硝胺	人尿	在线固相萃取	液相色谱 – 质谱联用	0.002 ~ 0.08（LOQ）	[44]
多不饱和脂肪酸和二十碳五烯酸	人体全血和血浆	在线固相萃取	液相色谱 – 质谱联用	—	[45]
血清甲状腺素	人体全血	在线固相萃取	毛细管电泳 – 质谱	1000	[46]
类固醇激素	人尿	在线固相萃取	液相色谱 – 质谱联用	0.0033 ~ 0.076	[47]
双酚 A 及其氯化衍生物	人尿	在线固相萃取	超高效液相色谱 – 质谱联用	0.025 ~ 0.25（LOQ）	[48]
邻苯二甲酸盐代谢物和双酚类似物	人尿	在线固相萃取	液相色谱 – 质谱联用	0.01 ~ 0.5	[49]
可卡因、可待因、美沙酮和吗啡	人尿	在线固相萃取	毛细管电泳 – 紫外检测器	0.5 ~ 20	[41]
三环抗抑郁药	尿液和血浆	分散固相萃取	高效液相色谱 – 紫外检测器	0.51 ~ 1.4	[50]
莱克多巴胺	猪肉萃取物	分散固相萃取	高效液相色谱 – 紫外检测器	0.05	[51]
单胺类神经递质	兔血浆	分散固相萃取	高效液相色谱 – 荧光检测器	0.16 ~ 0.43	[52]

续表

除磁性材料外,其他新型纳米材料也可以作为 dSPE 的吸附剂。例如,有研究小组在二氧化硅 / 氧化石墨烯表面合成了一种卡马西平表面印迹聚合物。利用这种表面分子印迹聚合物作为 dSPE 吸附剂对人尿和血浆中卡马西平进行分离和浓缩 [53]。在之前的工作中,合成了二氧化硅基氧化石墨烯微球(SiO$_2$@GO),并将其用作 dSPE 的吸附剂来萃取非甾体雌激素 [54]。另一种称为微固相萃取的固相萃取方法类似于分散固相萃取。它们之间的不同之处在于,微固相萃取吸附剂被包装在一个"信封" [55] 或一个锥形装置 [56] 内热封。调节后,将装置置于样品溶液中进行萃取。

总体来说,MIPs、纳米材料、磁性材料等是最常用的固相萃取吸附剂。MIPs[57]、Z-Sep[58] 和甲基改性金属 – 有机骨架 – 聚丙烯腈复合纳米纤维 [59] 对生物样品中的分析物显示出良好的萃取效率。

QuEChERS(快速、简单、便宜、有效、坚固和安全)作为一种特殊的方法目前越来越受到各个领域研究学者的青睐。QuEChERS 萃取需要两个步骤:(1)萃取分配步骤,其中基质在加入无水 MgSO$_4$ 和 NaCl 之前与ACN 混合(为了干燥有机相并使水相和有机相两个相分离);(2)dSPE 净化,其中剩余杂质通过吸附剂去除 [60]。基于上述理论,认为 QuEChERS萃取是一种很好的基于 LLE 和 SPE 的样品前处理方法。如今,此方法越来越多地用于生物样品 [60-62]。

9.2　其他微萃取和萃取方法

应用于生物样品的第一种流行的微萃取方法是 DLLME。作为一种低成本、易于操作、可靠的预浓缩技术,DLLME 是一种非常受欢迎的样品前处理技术。这种萃取方法可用少量样品得到高富集倍数,它适用于各种生物样品 [63-66],见表 9-2。在过去的几年中,应用 DLLME 方法用于痕量分析物萃取的论文数量迅速增长,而且各种类型的 DLLME 方法应运而生,例如,表面活性剂辅助的 DLLME [67],超声辅助的 DLLME [68,69],磁力搅拌辅助的 DLLME [70],使用离子液体作为 DLLME 萃取溶剂或作为分散溶剂 [71, 72]。上浮溶剂固化 -DLLME(其中一些称为超声辅助乳化微萃取)[73, 74]。一些注射器内 DLLME 方法现在非常流行 [75,76]。例如,在通过注射器将萃取溶剂和分散溶剂的混合物快速注入样品溶液中之后,乳化形成。另一部分分散溶剂作为去乳化剂轻轻注入到水相的顶部表面形成的乳液中乳化,实现两相的分离,这样萃取剂漂浮在溶液的表面上。然后,收集含有目标分析物的萃取剂并通过微量注射器取出并注入 HPLC 进行分析[75]。另一个例子是注射器 – 注射器 DLLME。研究小组通过两个注射器连接设计了 DLLME 系统,参见图 9-1。首先,将样品吸入注射器 1 中,并向其中加入 1– 十二烷醇(萃取溶剂)。然后,将注射器 1 连接到注射器 2,并将注射器 1 中的混合物快速注射到注射器 2 中,然后将注射器 2 中的混合物反注射到注射器 1 中。重复该过程四次,直到形成乳液。将乳液混合物转移到封闭的锥形离心管中并离心。最后,将样品管转移到冰浴中,其中 1– 十二烷醇在几分钟后固化,转移固化的 1– 十二烷醇液滴。待液滴融化后,将其注入 HPLC–UV 中进行分析。该方法成功应用于测定人尿和牛奶样品等几种样品中的阿苯达唑和三氯苯达唑[76]。

表 9-2　用于色谱分析前样品前处理的其他微萃取方法

分析物	样品基质	样品前处理方法	分析技术	检出限（ng/mL）	参考文献
氟喹诺酮类抗生素	鸡肝	分散液液微萃取	高效液相色谱 – 二极管阵列检测器	5 ~ 19	[63]
三环癸胺	人血浆和尿液	分散液液微萃取	气相色谱 – 火焰离子化检测器	2.7 ~ 4.2	[64]
美沙酮	人血浆, 尿液, 唾液和汗液	分散液液微萃取	高效液相色谱 – 紫外检测器	4.9 ~ 24.85	[65]
神经递质	人尿	分散液液微萃取	亲和色谱	5 ~ 10	[66]
唑尼沙胺和酰胺咪嗪	人血浆和尿液	分散液液微萃取	高效液相色谱 – 紫外检测器	1.5 ~ 2.1	[67]
苯二氮卓类	人血浆	分散液液微萃取	超高效液相色谱 – 光电阵列检测器	1.7 ~ 5.3	[68]
抗抑郁药物	人血浆	分散液液微萃取	超高效液相色谱 – 光电阵列检测器	4 ~ 5	[69]
5– 羟色胺抑制剂	人血浆和尿液	分散液液微萃取	高效液相色谱 – 紫外检测器	0.30 ~ 4.43	[70]

续表

分析物	样品基质	样品前处理方法	分析技术	检出限（ng/mL）	参考文献
沙美特罗	干血斑	分散液液微萃取	高效液相色谱－紫外检测器	0.30	[71]
三氯生和甲基三氯生	人尿和血清	分散液液微萃取	高效液相色谱－紫外检测器	0.1184～0.1469	[72]
氟哌丁苯	人血浆和尿液	分散液液微萃取	高效液相色谱－紫外检测器	1.5～3.0	[73]
洛弗斯塔特因和还原酶抑制剂	大鼠尿液	分散液液微萃取	高效液相色谱－紫外检测器	20.00～20.08（定量限）	[74]
兴奋剂	人尿	支撑液相萃取	超临界流体色谱－质谱联用	—	[77]
同化剂	人尿	支撑液相萃取	气相色谱－质谱联用	0.1～5	[78]
松香油和 α－麦胚酚	人血清	支撑液相萃取	液相色谱－质谱联用	0.07～1.16 μmol/L（LOQ）	[79]
大麻素类药物	人和大鼠血浆	支撑液相萃取	液相色谱－质谱联用	0.025～0.1	[80]
神经递质	人尿和血清	支撑液相萃取	毛细管电泳－紫外检测器	12～100	[81]
甲酸盐	人血清白蛋白	支撑液相萃取	毛细管电泳－紫外检测器	30～35 μmol/L	[82]
雌雄激素类物质	人尿	中空纤维－液相微萃取	液质联用	0.0017～0.264	[83]
雌激素	人尿	中空纤维－液相微萃取	液相色谱－质谱联用	0.07～0.38	[84]
类固醇	人血浆、尿液、牛奶	中空纤维－液相微萃取	液相色谱－质谱联用	0.0022～0.3	[85]

续表

分析物	样品基质	样品前处理方法	分析技术	检出限（ng/mL）	参考文献
雌激素	牛奶	中空纤维－液相微萃取	高效液相色谱－二极管阵列检测器	0.28 ~ 107	[86]
甲状腺激素类	人血清	中空纤维－液相微萃取	毛细管电泳－紫外检测器	0.54 ~ 1.43	[87]
苯二氮卓类	人血清	中空纤维－液相微萃取	高效液相色谱－紫外检测器	10	[88]
西酞普兰、洛派丁胺、美沙酮和舍曲林	干血斑	电膜萃取	液质联用	0.4 ~ 5.3	[89]
克他命、萘普生、布洛芬	人尿	电膜萃取	高效液相色谱－紫外检测器	6.7	[90]
脱氧麻黄碱	人尿和头发	电膜萃取	气相色谱－火焰离子化检测器	2.4	[91]
双氯芬酸钠和萘普生	人尿	电膜萃取	高效液相色谱－紫外检测器	0.1 ~ 0.7	[92]
去甲替林和阿密曲替林	人尿	电膜萃取	高效液相色谱－紫外检测器	3.0 ~ 4.0	[93]
汞形态分析	动物肝脏和肾脏	顶空固相微萃取	气相色谱－原子荧光检测器	0.17 ~ 0.28	[94]
挥发性碳化合物	人尿	顶空固相微萃取	气质联用	0.009 ~ 0.942	[95]
8-羟基-2-脱氧鸟苷和肌氨酸酐	人尿	在线固相微萃取固相微萃取	液相色谱－质谱联用	0.0083 ~ 0.0168	[96]

续表

分析物	样品基质	样品前处理方法	分析技术	检出限（ng/mL）	参考文献
氟喹诺酮类抗生素	人血浆和血清	固相微萃取	高效液相色谱－紫外检测器	0.023 ~ 0.033	[97]
阿密曲替林和多虑平	人全血和尿液	固相微萃取	气相色谱－火焰离子化检测器	0.05 ~ 0.3	[98]
克霉唑和泰乐菌素	牛尿液	固相微萃取	高效液相色谱－紫外检测器	0.67 ~ 0.91	[99]
类固醇性激素	尿液	固相微萃取	高效液相色谱－紫外检测器	0.027 ~ 0.12	[100]
文拉法辛和 O– 去甲文拉法辛	人尿	固相微萃取	高效液相色谱－紫外检测器	0.03 ~ 0.07	[101]
生物胺及其代谢物	人血浆和尿液	填充吸附剂微萃取	液质联用	2.0 ~ 5.0	[102]
多氯联苯	牛血清	填充吸附剂微萃取	气质联用	0.06 ~ 0.53	[103]
多胺类化合物	人尿	填充吸附剂微萃取	气质联用	0.18 ~ 2.70	[104]
非类固醇类抗生素	水解样品	填充吸附剂微萃取	超高效液相色谱－光电阵列检测器	8 ~ 10	[105]
吲哚美辛和阿西美辛	人尿	高效移液萃取	高效液相色谱－紫外检测器	0.026 ~ 0.027	[106]

应用于色谱分析前生物样品的萃取方法中第二种常用的微萃取方法是膜微萃取，包括 SLM，HF–LPME，EME 和 SPME [77–106]（见表 9–2）。似乎 SLM 可以很容易地应用于 CE 并与 CE 串联 [81, 82]。有研究小组应用 96 孔板 HF–LPME 装置用于人尿、血浆和牛奶中的类固醇的萃取。由于 96 孔板有 96 个划分区域，所以对应于 96 个孔。每个孔中都有自己的中空纤维膜管。因此，使用这种模式可以手动或自动一次添加 96 个样品，这使其成为一种快速、高通量的样品前处理方法 [85]。如今，MIPs，纳米纤

维,TiO$_2$ 纳米线和 MWCNT 等纳米材料被用作 SPME 中的有效吸附剂 [97-101]。作为 SPME 的两个成员,MEPS [102-105] 和 DPX [106] 越来越多地用于生物样品。

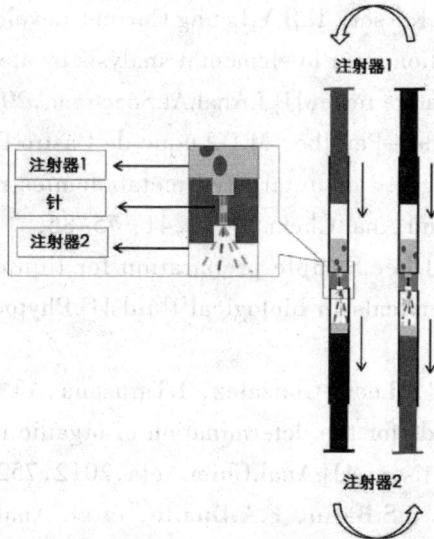

图 9-1　注射器 – 注射器 DLLME-SFO 原理图

与色谱相结合的其他样品前处理方法包括 CPE [107-110],SALLE [111-117],SDME [118, 119],SBSE [120, 121],SCE [122, 123],LLME [124-127],LLLME [128,129],PLE [130-134] 和 UAE [135-138]。在层析之前,这些方法都成功地应用于生物样品。

参考文献

[1] Y.Wen,L.Chen,J.Li,et al. Recent advances in solid–phase sorbents for sample preparation prior to chromatographic analysis[J].TrAC Trend.Anal.Chem.,2014,59:26–41.

[2] Y. Wen,J.Li,J.Ma,et al. Recent advances in enrichment techniques for trace analysis in capillary electrophoresis[J].Electrophoresis,2012,33:2933–2952.

[3] S.Soltani,A.Jouyban.Biological sample preparation: attempts on productivity increasing in bioanalysis[J].Bioanalysis,2014,6:1691–1710.

[4] A.Namera,T.Saito.Recent advances in unique sample preparation techniques for bioanalysis[J].Bioanalysis,2013,5:915–932.

[5] L.Novakova.Challenges in the development of bioanalytical liquid chromatography—mass spectrometry method with emphasis on fast analysis[J].J.Chromatogr., A,2013,1292: 25–37.

[6] T.S.Lum, Y.K.Tsoi, K.S.Y.Leung.Current developments in clinical sample preconcentration prior to elemental analysis by atomic spectrometry: a comprehensive literature review[J].J.Anal.At.Spectrom.,2014,29: 234–241.

[7] M.A.Fernández—Peralbo, M.D.Luque de Castro.Preparation of urine samples prior to targeted or untargeted metabolomics mass—spectrometry analysis[J].TrAC Trend.Anal.Chem.,2012,41: 75–85.

[8] J.H.Oh, Y.J.Lee.Sample preparation for liquid chromatographic analysis of phytochemicals in biological fluids[J].Phytochem.Anal.,2014, 25: 314–330.

[9] A.Chisvert, Z.Leon—Gonzalez, I.Tarazona, et al. An overview of the analytical methods for the determination of organic ultraviolet filters in biological fluids and tissues[J].Anal.Chim.Acta,2012,752: 11–29.

[10] P.A.Mello, J.S.Barin, F.A.Duarte, et al. Analytical methods for the determination of halogens in bioanalytical sciences: a review[J].Anal. Bioanal.Chem.,2013,405: 7615–7642.

[11] V.Andreu, Y.Pico.Determination of currently used pesticides in biota[J].Anal.Bioanal.Chem.,2012,404: 2659–2681.

[12] Z.Sosa—Ferrera, C.Mahugo—Santana, J.J.Santana—Rodriguez. Analytical methodologies for the determination of endocrine disrupting compounds in biological and environmental samples[J].Biomed.Res.Int., 2013,2013: 674838.

[13] K.Purschke, S.Heinl, O.Lerch, et al. Development and validation of an automated liquid—liquid extraction GC/MS method for the determination of THC, 11—OH—THC, and free THC—carboxylic acid（THC—COOH）from blood serum[J].Anal.Bioanal.Chem.,2016,408: 4379–4388.

[14] A.Dupuy, P.Le Faouder, C.Vigor, et al. Simultaneous quantitative profiling of 20 isoprostanoids from omega—3 and omega—6 polyunsaturated fatty acids by LC—MS/MS in various biological samples[J].Anal.Chim.Acta, 2016,921: 46–58.

[15] C.Gong, N.Zheng, J.Zeng, et al. Post—pellet—digestion precipitation and solid phase extraction: A practical and efficient workflow to extract surrogate peptides for ultra—high performance liquid

chromatography--tandem mass spectrometry bioanalysis of a therapeutic antibody in the low ng/mL range[J].J.Chromatogr., A, 2015, 1424: 27-36.

[16] M.Mazzarino, X.de la Torre, F.Botre.A liquid chromatography-mass spectrometry method based on class characteristic fragmentation pathways to detect the class of indole-derivative synthetic cannabinoids in biological samples[J].Anal.Chim.Acta, 2014, 837: 70-82.

[17] Y.Cao, M.Zhao, X.Wu, et al. Quantification of levornidazole and its metabolites in human plasma and urine by ultra-performance liquid chromatography-mass spectrometry[J].J.Chromatogr., B Analyt.Technol. Biomed.Life Sci., 2014, 963: 119-127.

[18] Y.Chang, C.Nguyen, V.R.Paranjpe, et al. Analysis of bisphenol A diglycidyl ether (BADGE) and its hydrolytic metabolites in biological specimens by high-performance liquid chromatography and tandem mass spectrometry[J].J.Chromatogr., B Analyt.Technol.Biomed.Life Sci., 2014, 965: 33-38.

[19] P.Li, B.J.Albrecht, X.Yan, et al. A rapid analytical method for the quantification of paclitaxel in rat plasma and brain tissue by high-performance liquid chromatography and tandem mass spectrometry[J].Rapid Commun.Mass Spectrom., 2013, 27: 2127-2134.

[20] C.J.Lee, Y.T.Wu, T.Y.Hsueh, et al. Pharmacokinetics and oral bioavailability of epimedin C after oral administration of epimedin C and Herba Epimedii extract in rats[J].Biomed.Chromatogr., 2014, 28: 630-636.

[21] L.Zuluaga-Idarraga, N.Yepes-Jimenez, C.Lopez-Cordoba, et al. Validation of a method for the simultaneous quantification of chloroquine, desethylchloroquine and primaquine in plasma by HPLC-DAD[J].J.Pharm. Biomed.Anal., 2014, 95: 200-206.

[22] J.A.Kiebooms, J.Wauters, J.Vanden Bussche, et al. Validated ultra high performance liquid chromatography-tandem mass spectrometry method for quantitative analysis of total and free thyroid hormones in bovine serum[J].J.Chromatogr., A, 2014, 1345: 164-173.

[23] B.Yilmaz, H.Sahin, A.F.Erdem.Determination of naproxen in human plasma by GC-MS[J].J.Sep.Sci., 2014, 37: 997-1003.

[24] L.Ren, H.Zhao, Z.Chen.Study on pharmacokinetic and tissue distribution of lycorine in mice plasma and tissues by liquid chromatography-mass spectrometry[J].Talanta, 2014, 119: 401-406.

[25] Z.Bayrak, S.Kurbanoglu, A.Savaser, et al. LC-MS method for the sensitive determination of metoclopramide: Application to rabbit plasma, gel formulations and pharmaceuticals[J].Chromatographia,2013,77: 99-107.

[26] X.M.Zhuang, P.X.Liu, Y.J.Zhang, et al. Simultaneous determination of triptolide and its prodrug MC002 in dog blood by LC-MS/MS and its application in pharmacokinetic studies[J].J.Ethnopharmacol., 2013,150: 131-137.

[27] H.Wang, X.Zhang, P.Jia, et al. Metabolic profile of phillyrin in rats obtained by UPLC-Q-TOF-MS[J].Biomed.Chromatogr.,2016,30: 913-922.

[28] S.Rocchi, F.Caretti, A.Gentili, et al. Quantitative profiling of retinyl esters in milk from different ruminant species by using high performance liquid chromatography-diode array detection-tandem mass spectrometry[J].Food Chem.,2016,211: 455-464.

[29] R.Theurillat, F.A.Sandbaumhuter, R.Bettschart-Wolfensberger, et al. Microassay for ketamine and metabolites in plasma and serum based on enantioselective capillary electrophoresis with highly sulfated gamma-cyclodextrin and electrokinetic analyte injection[J].Electrophoresis,2016, 37: 1129-1138.

[30] M.Svidrnoch, A.Pribylka, V.Maier.Determination of selected synthetic cannabinoids and their metabolites by micellar electrokinetic chromatography--mass spectrometry employing perfluoroheptanoic acid-based micellar phase[J].Talanta,2016,150: 568-576.

[31] P.Mao, Y.Lei, T.Zhang, et al. Pharmacokinetics, bioavailability, metabolism and excretion of delta-viniferin in rats[J].Acta Pharm.Sin.B, 2016,6: 243-252.

[32] N.W.Gaikwad.Ultra performance liquid chromatography-tandem mass spectrometry method for profiling of steroid metabolome in human tissue[J].Anal.Chem.,2013,85: 4951-4960.

[33] G.Wang, W.Xu, H.Fang, et al. Metabolite profiling and identification of L41, a novel cyclin-dependent kinase 1 inhibitor, in rat plasma and urine by liquid chromatography-tandem mass spectrometry[J].Anal.Methods,2013,5: 4707.

[34] W.Guo, K.Huen, J.S.Park, et al. Vitamin C intervention may lower the levels of persistent organic pollutants in blood of healthy women - A pilot study[J].Food Chem.Toxicol.,2016,92: 197-204.

[35] L.Wang, Z.Zeng, Z.Wang, et al. Influence of water in samples on residues analysis of beta-agonists in porcine tissues and urine using liquid chromatography tandem mass spectrometry[J].Food Anal.Method.,2015,9: 1904-1911.

[36] M.Zhao, X.J.Wu, Y.X.Fan, et al. Development and validation of a UHPLC-MS/MS assay for colistin methanesulphonate (CMS) and colistin in human plasma and urine using weak-cation exchange solid-phase extraction[J].J.Pharm.Biomed.Anal.,2016,124: 303-308.

[37] C.Feng, Q.Xu, Y.Jin, et al. Determination of urinary bromophenols (BrPs) as potential biomarkers for human exposure to polybrominated diphenyl ethers (PBDEs) using gas chromatography-tandem mass spectrometry (GC-MS/MS)[J].J.Chromatogr., B Analyt.Technol. Biomed.Life Sci.,2016,1022: 70-74.

[38] H.I.Woo, J.S.Yang, H.J.Oh, et al. A simple and rapid analytical method based on solid-phase extraction and liquid chromatography-tandem mass spectrometry for the simultaneous determination of free catecholamines and metanephrines in urine and its application to routine clinical analysis[J]. Clin.Biochem.,2016,49: 573-579.

[39] B.Anilanmert, F.Cavus, I.Narin, et al. Simultaneous analysis method for GHB, ketamine, norketamine, phenobarbital, thiopental, zolpidem, zopiclone and phenytoin in urine, using C_{18} poroshell column[J]. J.Chromatogr., B Analyt.Technol.Biomed.Life Sci.,2016,1022: 230-241.

[40] S.S.Petropoulou, M.Petreas, J.S.Park.Analytical methodology using ion-pair liquid chromatography-tandem mass spectrometry for the determination of four di-ester metabolites of organophosphate flame retardants in California human urine[J].J.Chromatogr., A,2016,1434: 70-80.

[41] T.Baciu, F.Borrull, C.Neususs, et al. Capillary electrophoresis combined in-line with solid-phase extraction using magnetic particles as new adsorbents for the determination of drugs of abuse in human urine[J]. Electrophoresis,2016,37: 1232-1244.

[42] A.Mena-Bravo, F.Priego-Capote, M.D.Luque de Castro.Two-dimensional liquid chromatography coupled to tandem mass spectrometry for vitamin D metabolite profiling including the C_3-epimer-25-monohydroxyvitamin D_3[J].J.Chromatogr., A,2016,1451: 50-57.

[43] M.Teppner, M.Zell, C.Husser, et al. Quantitative profiling of

prostaglandins as oxidative stress biomarkers in vitro and in vivo by negative ion online solid phase extraction – Liquid chromatography–tandem mass spectrometry[J].Anal.Biochem.,2016,498: 68–77.

[44] C.W.Hu, Y.M.Shih, H.H.Liu, et al. Elevated urinary levels of carcinogenic N–nitrosamines in patients with urinary tract infections measured by isotope dilution online SPE LC–MS/MS[J].J.Hazard.Mater., 2016,310: 207–216.

[45] J.Dorow, S.Becker, L.Kortz, et al. Preanalytical investigation of polyunsaturated fatty acids and eicosanoids in human plasma by liquid chromatography–tandem mass spectrometry[J].Biopreserv.Biobank,2016, 14: 107–113.

[46] R.Pero–Gascon, L.Pont, F.Benavente, et al. Analysis of serum transthyretin by on–line immunoaffinity solid–phase extraction capillary electrophoresis mass spectrometry using magnetic beads[J].Electrophoresis, 2016,37: 1220–1231.

[47] A.C.Naldi, P.B.Fayad, M.Prevost, et al. Analysis of steroid hormones and their conjugated forms in water and urine by on–line solid–phase extraction coupled to liquid chromatography tandem mass spectrometry[J].Chem.Cent.J.,2016,10: 1–17.

[48] C.Grignon, N.Venisse, S.Rouillon, et al. Ultrasensitive determination of bisphenol A and its chlorinated derivatives in urine using a high–throughput UPLC–MS/MS method[J].Anal.Bioanal.Chem.,2016,408: 2255–2263.

[49] A.L.Heffernan, K.Thompson, G.Eaglesham, et al. Rapid, automated online SPE–LC–QTRAP–MS/MS method for the simultaneous analysis of 14 phthalate metabolites and 5 bisphenol analogues in human urine[J].Talanta,2016,151: 224–233.

[50] R.Jannesar, F.Zare, M.Ghaedi, et al. Dispersion of hydrophobic magnetic nanoparticles using ultarsonic–assisted in combination with coacervative microextraction for the simultaneous preconcentration and determination of tricyclic antidepressant drugs in biological fluids[J]. Ultrason.Sonochem.,2016,32: 380–386.

[51] Tang, J.Gao, X.Liu, et al. Determination of ractopamine in pork using a magnetic molecularly imprinted polymer as adsorbent followed by HPLC[J].Food Chem.,2016,201: 72–79.

[52] M.He, C.Wang, Y.Wei.Selective enrichment and determination of monoamine neurotransmitters by Cu(Ⅱ)immobilized magnetic solid phase extraction coupled with high-performance liquid chromatography-fluorescence detection[J].Talanta,2016,147: 437-z444.

[53] F.Khalilian, S.Ahmadian.Molecularly imprinted polymer on a SiO₂-coated graphene oxide surface for the fast and selective dispersive solid-phase extraction of Carbamazepine from biological samples[J].J.Sep.Sci., 2016,39: 1500-1508.

[54] Y.Wen, Z.Niu, Y.Ma, et al. Graphene oxide-based microspheres for the dispersive solid-phase extraction of non-steroidal estrogens from water samples[J].J.Chromatogr., A,2014,1368: 18-25.

[55] M.Lashgari, H.K.Lee.Micro-solid phase extraction of perfluorinated carboxylic acids from human plasma[J].J.Chromatogr., A, 2016,1432: 7-16.

[56] J.Sanchez-Gonzalez, S.Garcia-Carballal, P.Cabarcos, et al. Determination of cocaine and its metabolites in plasma by porous membrane-protected molecularly imprinted polymer micro-solid-phase extraction and liquid chromatography-tandem mass spectrometry[J].J.Chromatogr., A, 2016,1451: 15-22.

[57] P.Lulinski, D.Klejn, D.Maciejewska.Synthesis and characterization of imprinted sorbent for separation of gramine from bovine serum albumin[J]. Mater.Sci.Eng.C Mater.Biol.Appl.,2016,65: 400-407.

[58] D.Lankova, K.Urbancova, R.J.Sram, et al. A novel strategy for the determination of polycyclic aromatic hydrocarbon monohydroxylated metabolites in urine using ultra-high-performance liquid chromatography with tandem mass spectrometry[J].Anal.Bioanal.Chem.,2016, 408: 2515-2525.

[59] M.Asiabi, A.Mehdinia, A.Jabbari.Preparation of water stable methyl-modified metal-organic framework-5/polyacrylonitrile composite nanofibers via electrospinning and their application for solid-phase extraction of two estrogenic drugs in urine samples[J].J.Chromatogr., A, 2015,1426: 24-32.

[60] S.Dulaurent, S.El Balkhi, L.Poncelet, et al. QuEChERS sample preparation prior to LC-MS/MS determination of opiates, amphetamines, and cocaine metabolites in whole blood[J].Anal.Bioanal.Chem.,2016,408: 1467-1474.

[61] J.Rubert, N.Leon, C.Saez, et al. Evaluation of mycotoxins and their metabolites in human breast milk using liquid chromatography coupled to high resolution mass spectrometry[J].Anal.Chim.Acta,2014,820: 39-46.

[62] K.Usui, T.Aramaki, M.Hashiyada, et al. Quantitative analysis of 3,4-dimethylmethcathinone in blood and urine by liquid chromatography-tandem mass spectrometry in a fatal case[J].Leg.Med.（Tokyo）,2014,16: 222-226.

[63] D.Moema, M.M.Nindi, S.Dube.Development of a dispersive liquid-liquid microextraction method for the determination of fluoroquinolones in chicken liver by high performance liquid chromatography[J].Anal.Chim. Acta,2012,730: 80-86.

[64] M.A.Farajzadeh, N.Nouri, A.A.Alizadeh Nabil.Determination of amantadine in biological fluids using simultaneous derivatization and dispersive liquid-liquid microextraction followed by gas chromatography-flame ionization detection[J].J.Chromatogr., B Analyt.Technol.Biomed.Life Sci.,2013,940: 142-149.

[65] E.Ranjbari, A.A.Golbabanezhad-Azizi, M.R.Hadjmohammadi. Preconcentration of trace amounts of methadone in human urine, plasma, saliva and sweat samples using dispersive liquid-liquid microextraction followed by high performance liquid chromatography[J].Talanta,2012,94: 116-122.

[66] L.Konieczna, A.Roszkowska, M.Niedzwiecki, et al. Hydrophilic interaction chromatography combined with dispersive liquid-liquid microextraction as a preconcentration tool for the simultaneous determination of the panel of underivatized neurotransmitters in human urine samples[J]. J.Chromatogr., A,2016,1431: 111-121.

[67] M.Behbahani, F.Najafi, S.Bagheri, et al. Application of surfactant assisted dispersive liquid-liquid microextraction as an efficient sample treatment technique for preconcentration and trace detection of zonisamide and carbamazepine in urine and plasma samples[J].J.Chromatogr., A,2013, 1308: 25-31.

[68] P.Fernandez, C.Gonzalez, M.T.Pena, et al. A rapid ultrasound-assisted dispersive liquid-liquid microextraction followed by ultra-performance liquid chromatography for the simultaneous determination of seven benzodiazepines in human plasma samples[J].Anal.Chim.Acta,2013,

767：88-96.

[69] P.Fernandez，V.Taboada，M.Regenjo，et al. Optimization of ultrasound assisted dispersive liquid-liquid microextraction of six antidepressants in human plasma using experimental design[J].J.Pharm. Biomed.Anal.,2016,124：189-197.

[70] A.Golbabanezhadazizi，E.Ranjbari，M.R.Hadjmohammadi，et al. Determination of selective serotonin reuptake inhibitors in biological samples via magnetic stirring-assisted dispersive liquid-liquid microextraction followed by high performance liquid chromatography[J].RSC Adv.,2016,6：50710-50720.

[71] M.Hatami，E.Karimnia，K.Farhadi.Determination of salmeterol in dried blood spot using an ionic liquid based dispersive liquid-liquid microextraction coupled with HPLC[J].J.Pharm.Biomed.Anal.,2013,85：283-287.

[72] H.Wang，J.Gao，N.Yu，et al. Development of a novel naphthoic acid ionic liquid and its application in "no-organic solvent microextraction" for determination of triclosan and methyltriclosan in human fluids and the method optimization by central composite design[J].Talanta,2016,154：381-391.

[73] H.Ebrahimzadeh，Z.Dehghani，A.A.Asgharinezhad，et al. Determination of haloperidol in biological samples with the aid of ultrasound-assisted emulsification microextraction followed by HPLC-DAD[J].J.Sep.Sci.,2013,36：1597-1603.

[74] L.Zhao，P.Zhao，L.Wang，et al. A dispersive liquid-liquid microextraction method based on the solidification of a floating organic drop combined with HPLC for the determination of lovastatin and simvastatin in rat urine.[J].Biomed.Chromatogr.,2014,28：895-900.

[75] A.Barfi，H.Nazem，I.Saeidi，et al. In-syringe reversed dispersive liquid-liquid microextraction for the evaluation of three important bioactive compounds of basil，tarragon and fennel in human plasma and urine samples[J].J.Pharm.Biomed.Anal.,2016,121：123-134.

[76] M.Asadi，S.Dadfarnia，A.M.Haji Shabani.Simultaneous extraction and determination of albendazole and triclabendazole by a novel syringe to syringe dispersive liquid phase microextraction-solidified floating organic drop combined with high performance liquid chromatography[J].Anal.Chim.

Acta,2016,932: 22-28.

[77] L.Novakova, V.Desfontaine, F.Ponzetto, et al. Fast and sensitive supercritical fluid chromatography – tandem mass spectrometry multi-class screening method for the determination of doping agents in urine[J].Anal. Chim.Acta,2016,915: 102-110.

[78] V.Desfontaine, L.Novakova, F.Ponzetto, et al. Liquid chromatography and supercritical fluid chromatography as alternative techniques to gas chromatography for the rapid screening of anabolic agents in urine[J].J.Chromatogr., A,2016,1451: 145-155.

[79] E.Hinchliffe, J.Rudge, P.Reed.A novel high-throughput method for supported liquid extraction of retinol and alpha-tocopherol from human serum and simultaneous quantitation by liquid chromatography tandem mass spectrometry[J].Ann.Clin.Biochem.,2016,53: 434-445.

[80] JJ.Carlier, K.B.Scheidweiler, A.Wohlfarth, et al. Quantification of [1-（5-fluoropentyl）-1H-indol-3-yl]（naphthalene-1-yl）methanone （AM-2201）and 13 metabolites in human and rat plasma by liquid chromatography-tandem mass spectrometry[J].J.Chromatogr., A,2016, 1451: 97-106.

[81] P.Pantuckova, P.Kuban, P.Bocek.A simple sample pretreatment device with supported liquid membrane for direct injection of untreated body fluids and in-line coupling to a commercial CE instrument[J]. Electrophoresis,2013,34: 289-296.

[82] P.Pantuckova, P.Kuban, P.Bocek.Supported liquid membrane extraction coupled in-line to commercial capillary electrophoresis for rapid determination of formate in undiluted blood samples[J].J Chromatogr A, 2013,1299: 33-39.

[83] R.Guedes-Alonso, L.Ciofi, Z.Sosa-Ferrera, et al. Determination of androgens and progestogens in environmental and biological samples using fabric phase sorptive extraction coupled to ultra-high performance liquid chromatography tandem mass spectrometry[J].J.Chromatogr., A, 2016,1437: 116-126.

[84] H.Y.Kim, S.H.Yoon, T. Y.Jeong, et al. Determination of conjugated estrogens in human urine using carrier-mediated hollow-fiber liquid phase microextraction and LC-MS/MS[J].Desalin.Water Treat.,2015, 57: 16024-16033.

[85] G.Z.Luo，Y.X.Li，J.J.Bao.Development and application of a high-throughput sample cleanup process based on 96-well plate for simultaneous determination of 16 steroids in biological matrices using liquid chromatography-triple quadrupole mass spectrometry.[J].Anal.Bioanal. Chem.,2016,408: 1137-1149.

[86] B.Socas-Rodriguez，M.Asensio-Ramos，J.Hernandez-Borges，et al. Hollow-fiber liquid-phase microextraction for the determination of natural and synthetic estrogens in milk samples[J].J.Chromatogr.，A,2013，1313: 175-184.

[87] P.Li，B.Hu，M.He，et al. Ion pair hollow fiber liquid-liquid-liquid microextraction combined with capillary electrophoresis-ultraviolet detection for the determination of thyroid hormones in human serum[J]. J.Chromatogr.，A,2014,1356: 23-31.

[88] V.Samanidou，I.Kaltzi，A.Kabir，et al. Simplifying sample preparation using fabric phase sorptive extraction technique for the determination of benzodiazepines in blood serum by high-performance liquid chromatography[J].Biomed.Chromatogr.,2016,30: 829-836.

[89] L.E.Eibak，A.B.Hegge，K.E.Rasmussen，et al. Alginate and chitosan foam combined with electromembrane extraction for dried blood spot analysis[J].Anal.Chem.,2012,84: 8783-8789.

[90] S.Nojavan，S.Asadi.Electromembrane extraction using two separate cells：A new design for simultaneous extraction of acidic and basic compounds[J].Electrophoresis,2016,37: 587-594.

[91] H.Bagheri，A.F.Zavareh，M.H.Koruni.Graphene oxide assisted electromembrane extraction with gas chromatography for the determination of methamphetamine as a model analyte in hair and urine samples[J].J Sep Sci,2016,39: 1182-1188.

[92] A.Atarodi，M.Chamsaz，A.Z.Moghaddam，et al. Introduction of high nitrogen doped graphene as a new cationic carrier in electromembrane extraction[J].Electrophoresis,2016,37: 1191-1200.

[93] Y.Abdossalami Asl，Y.Yamini，S.Seidi，et al. A new effective on chip electromembrane extraction coupled with high performance liquid chromatography for enhancement of extraction efficiency[J].Anal.Chim.Acta, 2015,898: 42-49.

[94] J.J.Berzas Nevado，R.C.Rodriguez Martin-Doimeadios,

F.J.Guzman Bernardo, et al. Mercury speciation analysis in terrestrial animal tissues[J].Talanta,2012,99: 859-864.

[95] I.Calejo, N.Moreira, A.M.Araujo, et al. Optimisation and validation of a HS-SPME-GC-IT/MS method for analysis of carbonyl volatile compounds as biomarkers in human urine: Application in a pilot study to discriminate individuals with smoking habits[J].Talanta,2016, 148: 486-493.

[96] H.Kataoka, K.Mizuno, E.Oda, et al. Determination of the oxidative stress biomarker urinary 8-hydroxy-2'-deoxyguanosine by automated on-line in-tube solid-phase microextraction coupled with liquid chromatography-tandem mass spectrometry[J].J.Chromatogr.B Analyt. Technol.Biomed.Life Sci.,2016,1019: 140-146.

[97] R.Mirzajani, F.Kardani.Fabrication of ciprofloxacin molecular imprinted polymer coating on a stainless steel wire as a selective solid-phase microextraction fiber for sensitive determination of fluoroquinolones in biological fluids and tablet formulation using HPLC-UV detection[J]. J.Pharm.Biomed.Anal.,2016,122: 98-109.

[98] E.Mohammadkhani, Y.Yamini, M.Rezazadeh, et al. Electromembrane surrounded solid phase microextraction using electrochemically synthesized nanostructured polypyrrole fiber[J]. J.Chromatogr., A,2016,1443: 75-82.

[99] N.Sehati, N.Dalali, S.Soltanpour, et al. Application of hollow fiber membrane mediated with titanium dioxide nanowire/reduced graphene oxide nanocomposite in preconcentration of clotrimazole and tylosin[J]. J.Chromatogr ., A,2015,1420: 46-53.

[100] K.Liao, M.Mei, H.Li, et al. Multiple monolithic fiber solid-phase microextraction based on a polymeric ionic liquid with high-performance liquid chromatography for the determination of steroid sex hormones in water and urine[J].J.Sep.Sci.,2016,39: 566-575.

[101] M.Ghorbani, M.Chamsaz, G.H.Rounaghi.Glycine functionalized multiwall carbon nanotubes as a novel hollow fiber solid-phase microextraction sorbent for pre-concentration of venlafaxine and o-desmethylvenlafaxine in biological and water samples prior to determination by high-performance liquid chromatography[J].Anal.Bioanal. Chem.,2016,408: 4247-4256.

[102] L.Konieczna，A.Roszkowska，A.Synakiewicz，et al. Analytical approach to determining human biogenic amines and their metabolites using eVol microextraction in packed syringe coupled to liquid chromatography mass spectrometry method with hydrophilic interaction chromatography column[J].Talanta,2016,150：331-339.

[103] L.Yang，Q.Han，S.Cao，et al. Self-made microextraction by packed sorbent device for the cleanup of polychlorinated biphenyls from bovine serum[J].J.Sep.Sci.,2016,39：1518-1523.

[104] A.M.Casas Ferreira，B.Moreno Cordero，A.P.Crisolino Pozas，et al. Use of microextraction by packed sorbents and gas chromatography-mass spectrometry for the determination of polyamines and related compounds in urine[J].J.Chromatogr.，A,2016,1444：32-41.

[105] A.A.D'Archivio，M.A.Maggi，F.Ruggieri，et al. Optimisation by response surface methodology of microextraction by packed sorbent of non steroidal anti-inflammatory drugs and ultra-high performance liquid chromatography analysis of dialyzed samples[J].J.Pharm.Biomed.Anal.，2016,125：114-121.

[106] Y.A.Yuan，N.Sun，H.Y.Yan，et al. Determination of indometacin and acemetacin in human urine via reduced graphene oxide-based pipette tip solid-phase extraction coupled to HPLC[J].Microchim.Acta,2016,183：799-804.

[107] H.Qu，T.K.Mudalige，S.W.Linder.Capillary electrophoresis coupled with inductively coupled mass spectrometry as an alternative to cloud point extraction based methods for rapid quantification of silver ions and surface coated silver nanoparticles[J].J.Chromatogr.，A,2016,1429：348-353.

[108] G.Ren，Q.Huang，J.Wu，et al. Cloud point extraction-HPLC method for the determination and pharmacokinetic study of aristolochic acids in rat plasma after oral administration of aristolochiae fructus[J].J.Chromatogr.B Analyt.Technol.Biomed.Life Sci.,2014,953-954：73-79.

[109] J.Giebultowicz，G.Kojro，K.Bus-Kwasnik，et al. Cloud-point extraction is compatible with liquid chromatography coupled to electrospray ionization mass spectrometry for the determination of bisoprolol in human plasma[J].J.Chromatogr.，A,2015,1423：39-46.

[110] R.Hajian, E.Mousavi, N.Shams.Net analyte signal standard addition method for simultaneous determination of sulphadiazine and trimethoprim in bovine milk and veterinary medicines[J].Food Chem.,2013, 138: 745-749.

[111] S.C.Nanita, N.L.Padivitage.Ammonium chloride salting out extraction/cleanup for trace-level quantitative analysis in food and biological matrices by flow injection tandem mass spectrometry[J].Anal.Chim.Acta, 2013,768: 1-11.

[112] M.Paul, J.Ippisch, C.Herrmann, et al. Analysis of new designer drugs and common drugs of abuse in urine by a combined targeted and untargeted LC-HR-QTOFMS approach[J].Anal.Bioanal.Chem.,2014,406: 4425-4441.

[113] R.Akramipour, N.Fattahi, M.Pirsaheb, et al. Combination of counter current salting-out homogenous liquid-liquid extraction and dispersive liquid-liquid microextraction as a novel microextraction of drugs in urine samples[J].J.Chromatogr.B Analyt.Technol.Biomed.Life Sci.,2016, 1012-1013: 162-168.

[114] T.Li, L.Zhang, L.Tong, et al. High-throughput salting-out-assisted homogeneous liquid-liquid extraction with acetonitrile for determination of baicalin in rat plasma with high-performance liquid chromatography[J].Biomed.Chromatogr.,2014,28: 648-653.

[115] S.Magiera, A.Kolanowska, J.Baranowski.Salting-out assisted extraction method coupled with hydrophilic interaction liquid chromatography for determination of selected beta-blockers and their metabolites in human urine[J].J.Chromatogr.B Analyt.Technol.Biomed.Life Sci.,2016,1022: 93-101.

[116] D.Du, G.Dong, Y.Wu, et al. Salting-out induced liquid-liquid microextraction based on the system of acetonitrile/magnesium sulfate for trace-level quantitative analysis of fluoroquinolones in water, food and biological matrices by high-performance liquid chromatography with a fluorescence detector[J].Anal.Method.,2014,6: 6973-6980.

[117] Z.Niu, C.Yu, X.He, et al. Salting-out assisted liquid-liquid extraction combined with gas chromatography-mass spectrometry for the determination of pyrethroid insecticides in high salinity and biological samples[J].J.Pharm.Biomed.Anal.,2017,143: 222-227.

[118] H.Ebrahimzadeh, N.Mollazadeh, A.A.Asgharinezhad, et al. Multivariate optimization of surfactant-assisted directly suspended droplet microextraction combined with GC for the preconcentration and determination of tramadol in biological samples[J].J.Sep.Sci.,2013,36: 3783-3790.

[119] M.Asadi, A.M.Haji Shabani, S.Dadfarnia, et al. Vortex-assisted surfactant-enhanced emulsification microextraction based on solidification of floating organic drop combined with high performance liquid chromatography for determination of naproxen and nabumetone[J].J.Chromatogr., A,2015, 1425: 17-24.

[120] A.A.Pebdani, S.Dadfarnia, A.M.Shabani, et al. Application of modified stir bar with nickel: zinc sulphide nanoparticles loaded on activated carbon as a sorbent for preconcentration of losartan and valsartan and their determination by high performance liquid chromatography[J]. J.Chromatogr., A,2016,1437: 15-24.

[121] W.Fan, M.He, L.You, et al. Water-compatible graphene oxide/molecularly imprinted polymer coated stir bar sorptive extraction of propranolol from urine samples followed by high performance liquid chromatography-ultraviolet detection[J].J.Chromatogr., A,2016,1443: 1-9.

[122] MM.Tsunoda, C.Aoyama, S.Ota, et al. Extraction of catecholamines from urine using a monolithic silica disk-packed spin column and high-performance liquid chromatography-electrochemical detection[J].Anal.Method.,2011,3: 582-585.

[123] T.Saito, H.Aoki, A.Namera, et al. Mix-mode TiO-C$_{18}$ monolith spin column extraction and GC-MS for the simultaneous assay of organophosphorus compounds and glufosinate, and glyphosate in human serum and urine[J].Anal.Sci.,2011,27 : 999-1005.

[124] G.Borijihan, Y.Li, J.Gao, et al. Development of a novel 96-well format for liquid-liquid microextraction and its application in the HPLC analysis of biological samples[J].J.Sep.Sci.,2014,37: 1155-1161.

[125] M.D.Ramos Payan, H.Jensen, N.J.Petersen, et al. Liquid-phase microextraction in a microfluidic-chip--high enrichment and sample clean-up from small sample volumes based on three-phase extraction[J].Anal. Chim.Acta,2012,735: 46-53.

[126] L.Fotouhi, S.Seidi, F.Shahsavari.Optimization of temperature-

controlled ionic liquid homogenous liquid phase microextraction followed by high performance liquid chromatography for analysis of diclofenac and mefenamic acid in urine sample[J].J.Iran.Chem.Soc.,2016,13:1289-1299.

[127] S.Nojavan, A.Moharami, A.R.Fakhari.Two-step liquid phase microextraction combined with capillary electrophoresis: A new approach to simultaneous determination[of basic and zwitterionic compounds[J].J.Sep. Sci.,2012,35:1959-1966.

[128] M.Saraji, N.Mehrafza, A.A.Bidgoli, et al. Determination of desipramine in biological samples using liquid-liquid-liquid microextraction combined with in-syringe derivatization, gas chromatography, and nitrogen/phosphorus detection[J].J.Sep.Sci.,2012,35:2637-2644.

[129] X.Zhou, M.He, B.Chen, et al. Membrane supported liquid-liquid-liquid microextraction combined with field-amplified sample injection CE-UV for high-sensitivity analysis of six cardiovascular drugs in human urine sample[J].Electrophoresis,2016,37:1201-1211.

[130] A.M.Carro, P.Gonzalez, R.A.Lorenzo.Applications of derivatization reactions to trace organic compounds during sample preparation based on pressurized liquid extraction[J].J.Chromatogr., A, 2013,1296:214-225.

[131] M.I.H.Helaleh, A.Al-Rashdan.Automated pressurized liquid extraction (PLE) and automated power-prep™ clean-up for the analysis of polycyclic aromatic hydrocarbons, organo-chlorinated pesticides and polychlorinated biphenyls in marine samples[J].Anal.Method.,2013,5:1617-1622.

[132] T.L.Miron, M.Herrero, E.Ibanez.Enrichment of antioxidant compounds from lemon balm (Melissa officinalis) by pressurized liquid extraction and enzyme-assisted extraction[J].J.Chromatogr., A,2013,1288:1-9.

[133] X.Cao, S.Wu, Y.Yue, et al. A high-throughput method for the simultaneous determination of multiple mycotoxins in human and laboratory animal biological fluids and tissues by PLE and HPLC-MS/MS[J]. J.Chromatogr.B Analyt.Technol.Biomed.Life Sci.,2013,942-943:113-125.

[134] E.Vázquez, M.R.García-Risco, L.Jaime, et al. Simultaneous extraction of rosemary and spinach leaves and its effect on the antioxidant activity of products[J].The J.Supercrit.Fluid.,2013,82:138-145.

[135] C.M.M.Santos，M.A.G.Nunes，I.S.Barbosa，et al. Evaluation of microwave and ultrasound extraction procedures for arsenic speciation in bivalve mollusks by liquid chromatography–inductively coupled plasma–mass spectrometry[J].Spectrochim.Acta B Atom.Spectrosc.,2013,86: 108–114.

[136] C.D.B.Amaral，A.G.G.Dionísio，M.C.Santos，et al. Evaluation of sample preparation procedures and krypton as an interference standard probe for arsenic speciation by HPLC–ICP–QMS[J].J.Anal.Atom.Spectrom.,2013,28: 1303.

[137] P.Fernandez，A.M.Fernandez，A.M.Bermejo，et al. Optimization of microwave–assisted extraction of analgesic and anti–inflammatory drugs from human plasma and urine using response surface experimental designs[J].J Sep Sci,2013,36: 1446–1454.

[138] C.Pizarro，I.Arenzana–Ramila，N.Perez–del–Notario，et al. Plasma lipidomic profiling method based on ultrasound extraction and liquid chromatography mass spectrometry[J].Anal.Chem.,2013,85: 12085–12092.

第 10 章　光谱法分析前处理方法

10.1　LLE 和 SPE

作为传统的样品前处理方法，LLE 和 SPE 现在使用一些新型的萃取溶剂或吸附剂，如离子配对试剂双 -2- 乙基己基磷酸酯[1]、适配体[2]、碳纳米管[3-5] 等用于萃取生物样品中的生物胺、四环素、镉、铅和阿莫西林。

最近，dSPE 方法越来越多地与光谱分析结合。这种方法的最重要部分是吸附剂的选择。例如，一种新型的吸收剂是通过将 4- 疏基苯硼酸连接到改性的绿坡缕石上的金纳米颗粒。绿坡缕石的表面用聚丙烯酰氧基乙基三甲基氯化铵通过原子转移自由基聚合进行改性，这样在其表面上产生许多聚合物刷。该吸附剂对人尿和血浆样品中的腺苷具有极佳的萃取效率[6]。另一个 dSPE 例子是结合表面活性剂增强的荧光分光光度检测用于测定人血浆和尿液样品中的氧氟沙星和洛美沙星。吸附剂是自合成的壁碳纳米管修饰的磁性纳米粒子[7]。由于其磁性材料的简单性，各种磁性吸附剂，如 Fe_3O_4 @ SiO_2 微球[8]、十二烷基硫酸钠涂覆的纳米磁体 Fe_3O_4[9]、聚吡咯涂层的 Fe_3O_4 磁性纳米复合材料[10] 和金属有机骨架磁性石墨烯纳米多孔复合材料[11] 用作 dSPE 的吸附剂，并结合各种分光光度法测定，包括表面活性剂 – 增强荧光分光光度法，紫外 – 可见分光光度法(Ultra Violet–Visible Spectrophotometry，UV–Vis)，原子吸收光谱法(Atomic Absorption Spectrometry，AAS)，电喷雾电离质谱(Electrospray Ionization Mass Spectrometry，EIMS)，火焰原子吸收光谱法和拉曼光谱法。此外，MIPs 和 MWCNTs 的组合显示出优异的选择性和灵敏度[12]。

10.2　其他微萃取和萃取方法

尽管 2006 年关于 DLLME 的第一篇文章致力于将该技术与 GC 相结合,但在 2007 报道了 DLLME 与石墨炉原子吸收光谱法的结合[13]。Andruch 等人综述了 DLLME 方法和原子光谱结合来测定元素的进展[14]。表 10-1 列出了 DLLME 与光谱测定技术相结合的一些应用[15-22]。Arain 和同事将 DLLME 和 CPE 结合在一起来富集人体血液中的铜。离子液体,1- 丁基 -3- 甲基咪唑六氟磷酸盐([C$_4$mim][PF$_6$])和非离子表面活性剂 TX-100(作为水性介质中的稳定剂)用于形成混浊溶液。两个方法联用最后得到的富集倍数为 70。DLLME-CPE-AAS 方法成功应用于生物样品中痕量 Cu 的萃取富集和测定[21]。在表 10-1 中还列出了其他样品前处理方法,如 CPE[23,24],HF-LPME[25],LPME[26-28],SPME[29],SLM[30],MAE[31] 和 SFE[32]。Gómez-Ríos 等介绍了生物相容性 SPME 纤维与纳电喷雾电离质谱 / 质谱(nano-ESI-MS / MS)的直接偶联作为快速定量分析人体血液和尿液中可卡因、地西泮、沙丁胺醇等的有效方法[29]。在经过萃取和清洗过程之后,将纤维引入预先填充有解吸溶液的发射器中。然后分析物在溶剂中解吸后,在发射器和质谱仪之间施加高电场,并且通过电喷雾电离分析物。另一个需要说明的工作是关于可卡因的吸附剂 MIPs-Mn 掺杂的 ZnS 量子点(QDs)。在经过 SPE 萃取之后可以有效消除人尿样的基质效应,再将洗脱液(100 μL)与 1.5 mL 的 MIPs-QDs 溶液和 0.4 mL 的 0.1 mol/L / 0.1mol/L KH$_2$PO$_4$-NaOH 缓冲液混合,并在 15 min 后测量荧光猝灭的强度。材料表面的 MIPs 增强了该方法的选择性。淬灭 MIPs-QDs 纳米粒子产生的荧光猝灭提供了一种简单、快速和灵敏的方法来测定人尿样中的可卡因和代谢物[33]。

表 10-1　其他萃取方法与光谱分析结合的应用

分析物	样品基质	样品前处理方法	分析技术	检出限 (ng/mL)	参考 文献
Ca	人血液、尿液	分散液液微萃取	原子吸收	0.005	[15]
病原菌	血液	分散液液微萃取	基质辅助激光解吸电离飞行时间质谱	$10^{-3} \sim 10^{-4}$ cfu/mL	[16]
Bi	人血清	分散液液微萃取	紫外可见分光光度法	1.6	[17]

续表

分析物	样品基质	样品前处理方法	分析技术	检出限（ng/mL）	参考文献
Ag	鱼肝脏、肌肉、牛肝脏	分散液液微萃取	原子吸收	2	[18]
Ag、Cd、Cu、Pb	鱼肝脏、牡蛎组织、牛肝脏	分散液液微萃取	电感耦合等离子体－质谱	1～90	[19]
达那唑	大鼠血清	分散液液微萃取	紫外光谱法	54～55	[20]
Cu	人血液	分散液液微萃取＋浊点萃取	原子吸收	0.132	[21]
Cd	人头发	分散液液微萃取	原子吸收	0.05	[22]
Cd	人血液、尿液	浊点萃取	原子吸收	0.04	[23]
神经递质	人尿	浊点萃取	荧光光谱	3×10^{-12} mol/L	[24]
Co、Pd、Cd 和 Bi	人血液、尿液	空心纤维－液相微萃取	电感耦合等离子体－原子发射光谱	0.0037～0.0083	[25]
Cd	人头发和指甲	液相微萃取	原子吸收	0.4	[26]
酰基肉碱	人血液	液相微萃取	电喷雾质谱	90～330（$n$mol/L）	[27]
神经递质	人血液、唾液和尿液	液相微萃取	电喷雾质谱	17	[28]
可卡因等	人血液和尿液	固相微萃取	电喷雾质谱串联	0.1～2.3	[29]
苯二氮卓类药物	尿液	支撑液膜萃取	拉曼光谱	32～600	[30]
Cu、Fe、Ni 和 Zn	鱼肌肉和肝脏	微波辅助萃取	电感耦合等离子体－原子发射光谱	80～560	[31]
Sb	人尿	超临界流体萃取	原子吸收	3.75	[32]

参考文献

[1] T.Chatzimitakos，V.Exarchou，S.A.Ordoudi，et al. Ion－pair assisted extraction followed by（1）H NMR determination of biogenic amines in food and biological matrices[J].Food Chem.，2016，202：445–450.

[2] S.N.Aslipashaki，T.Khayamian，Z.Hashemian.Aptamer based extraction followed by electrospray ionization–ion mobility spectrometry for analysis of tetracycline in biological fluids[J].J.Chromatogr.B Analyt. Technol.Biomed.Life Sci.，2013，925：26–32.

[3] L.Wang，X.Hang，Y.Chen，et al. Determination of cadmium by magnetic multiwalled carbon nanotube flow injection preconcentration and graphite furnace atomic absorption spectrometry[J].Anal.Lett.，2015，49：818–830.

[4] V.M.Barbosa，A.F.Barbosa，J.Bettini，et al. Direct extraction of lead（Ⅱ）from untreated human blood serum using restricted access carbon nanotubes and its determination by atomic absorption spectrometry[J]. Talanta，2016，147：478–484.

[5] M.Ahmadi，T.Madrakian，A.Afkhami.Solid phase extraction of amoxicillin using dibenzo–18–crown–6 modified magnetic–multiwalled carbon nanotubes prior to its spectrophotometric determination[J].Talanta，2016，148：122–128.

[6] T.Cheng，S.Zhu，B.Zhu，et al. Highly selective capture of nucleosides with boronic acid functionalized polymer brushes prepared by atom transfer radical polymerization[J].J.Sep.Sci.，2016，39：1347–1356.

[7] M.Amoli–Diva，K.Pourghazi，S.Hajjaran.Dispersive micro–solid phase extraction using magnetic nanoparticle modified multi–walled carbon nanotubes coupled with surfactant–enhanced spectrofluorimetry for sensitive determination of lomefloxacin and ofloxacin from biological samples[J]. Mater.Sci.Eng.C Mater.Biol.Appl.，2016，60：30–36.

[8] D.Xiao，S.Liu，L.Liang，et al. Magnetic restricted–access microspheres for extraction of adrenaline，dopamine and noradrenaline from biological samples[J].Microchim.Acta，2016，183：1417–1423.

[9] Z.Azari，E.Pourbasheer，A.Beheshti.Mixed hemimicelles solid–phase extraction based on sodium dodecyl sulfate（SDS）–coated nano–magnets for the spectrophotometric determination of Fingolomid in biological fluids[J].Spectrochim.Acta A Mol.Biomol.Spectrosc.，2016，153：599–604.

[10] H.Zhang，H.Lu，H.Huang，et al. Quantification of 1–hydroxypyrene in undiluted human urine samples using magnetic solid–phase extraction coupled with internal extractive electrospray ionization mass spectrometry[J].Anal.Chim.Acta，2016，926：72–78.

[11] J.Wang, Y.Wang, M.Gao, et al. Versatile metal-organic framework-functionalized magnetic graphene nanoporous composites: As deft matrix for high-effective extraction and purification of the N-linked glycans[J].Anal.Chim.Acta,2016,932: 41-48.

[12] M.Liu, J.Pi, X.Wang, et al. A sol-gel derived pH-responsive bovine serum albumin molecularly imprinted poly (ionic liquids) on the surface of multiwall carbon nanotubes[J].Anal.Chim.Acta,2016,932: 29-40.

[13] E.Zeini Jahromi, A.Bidari, Y.Assadi, et al. Dispersive liquid-liquid microextraction combined with graphite furnace atomic absorption spectrometry: Ultra trace determination of cadmium in water samples[J]. Anal.Chim.Acta,2007,585: 305-311.

[14] V.Andruch, I.S.Balogh, L.Kocúrová, et al. The present state of coupling of dispersive liquid-liquid microextraction with atomic absorption spectrometry[J].J.Anal.At.Spectrom.,2013,28: 19-32.

[15] H.Shirkhanloo, M.Ghazaghi, H.Z.Mousavi.Cadmium determination in human biological samples based on trioctylmethyl ammonium thiosalicylate as a task-specific ionic liquid by dispersive liquid-liquid microextraction method[J].J.Mol.Liquid.,2016,218: 478-483.

[16] H.N.Abdelhamid, M.L.Bhaisare, H.F.Wu.Ceria nanocubic-ultrasonication assisted dispersive liquid-liquid microextraction coupled with matrix assisted laser desorption/ionization mass spectrometry for pathogenic bacteria analysis[J].Talanta,2014,120: 208-217.

[17] S.Rastegarzadeh, N.Pourreza, A.Larki.Dispersive liquid-liquid microextraction for the microvolume spectrophotometric determination of bismuth in pharmaceutical and human serum samples[J].Anal.Method.,2014,6: 3500-3505.

[18] I.M.Dittert, L.Vitali, E.S.Chaves, et al. Dispersive liquid-liquid microextraction using ammonium O, O-diethyl dithiophosphate (DDTP) as chelating agent and graphite furnace atomic absorption spectrometry for the determination of silver in biological samples[J].Anal.Method.,2014,6: 5584.

[19] J.C.Ramos, D.L.G.Borges.Evaluation of electrothermal vaporization as a sample introduction technique for the determination of trace elements in biological samples by inductively coupled plasma mass spectrometry, following dispersive liquid-liquid microextraction[J].J.Anal.At.Spectrom.,

2014,29：304-314.

[20] A.Gong, X.Zhu.Miniaturized ionic liquid dispersive liquid-liquid microextraction in a coupled-syringe system combined with UV for extraction and determination of danazol in danazol capsule and mice serum[J].Spectrochim.Acta A Mol.Biomol.Spectrosc.,2016,159：163-168.

[21] S.A.Arain, T.G.Kazi, H.I.Afridi, et al. A new dispersive liquid-liquid microextraction using ionic liquid based microemulsion coupled with cloud point extraction for determination of copper in serum and water samples[J].Ecotoxicol.Environ.Saf.,2016,126：186-192.

[22] S.Khan, M.Soylak, T.G.Kazi.Room temperature ionic liquid-based dispersive liquid phase microextraction for the separation/preconcentration of trace Cd（2+）as 1-（2-pyridylazo）-2-naphthol（PAN）complex from environmental and biological samples and determined by FAAS[J].Biol.Trace Elem.Res.,2013,156：49-55.

[23] W.I.Mortada, M.M.Hassanien, A.F.Donia, et al. Application of cloud point extraction for cadmium in biological samples of occupationally exposed workers：Relation between cadmium exposure and renal lesion[J].Biol.Trace Elem.Res.,2015,168：303-310.

[24] P.Davletbaeva, M.Falkova, E.Safonova, et al. Flow method based on cloud point extraction for fluorometric determination of epinephrine in human urine[J].Anal.Chim.Acta,2016,911：69-74.

[25] X.Guo, M.He, B.Chen, et al. Phase transfer hollow fiber liquid phase microextraction combined with electrothermal vaporization inductively coupled plasma mass spectrometry for the determination of trace heavy metals in environmental and biological samples[J].Talanta,2012,101：516-523.

[26] S.Khan, M.Soylak, T.G.Kazi.A simple ligandless microextraction method based on ionic liquid for the determination of trace cadmium in water and biological samples[J].Toxico.Enviro.Chem.,2013,95：1069-1079.

[27] R.J.Raterink, P.W.Lindenburg, R.J.Vreeken, et al. Three-phase electroextraction：A new（online）sample et al. enrichment method for bioanalysis[J].Anal.Chem.,2013,85：7762-7768.

[28] C.Rosting, S.Pedersen-Bjergaard, S.H.Hansen, et al. High-throughput analysis of drugs in biological fluids by desorption electrospray ionization mass spectrometry coupled with thin liquid membrane extraction[J].Analyst,2013,138：5965-5972.

[29] G.A.Gomez-Rios, N.Reyes-Garces, B.Bojko, et al. Biocompatible solid-phase microextraction nanoelectrospray ionization: an unexploited tool in bioanalysis[J].Anal Chem,2016,88: 1259-1265.

[30] E.L.Doctor, B.McCord.The application of supported liquid extraction in the analysis of benzodiazepines using surface enhanced raman spectroscopy[J].Talanta,2015,144: 938-943.

[31] K.Ghanemi, M.-A.Navidi, M.Fallah-Mehrjardi, et al. Ultra-fast microwave-assisted digestion in choline chloride-oxalic acid deep eutectic solvent for determining Cu, Fe, Ni and Zn in marine biological samples[J]. Anal.Method.,2014,6: 1774-1781.

[32] L.Hui-Ming.Development and validation of analytical method for determination of total urinary antimony by chelation in supercritical carbon dioxide using fluorinated chelating agents[J].Anal.Method.,2013,5: 897-903.

[33] M.P.Chantada-Vazquez, J.Sanchez-Gonzalez, E.Pena-Vazquez, et al. Simple and sensitive molecularly imprinted polymer - Mn-doped ZnS quantum dots based fluorescence probe for cocaine and metabolites determination in urine[J].Anal.Chem.,2016,88: 2734-2741.

第 11 章　电化学方法分析前处理方法

由于其特殊性,传感器在电化学应用中非常广泛。电极可以用不同的材料改性,例如,金纳米颗粒、MWCNTs、MIPs、石墨烯纳米复合材料或这些材料的组合。目标分析物可以通过循环伏安法、电位测量法、差分脉冲溶出伏安法等来确定[1-13]。这样做的一大优点是可以在萃取分析物的同时对分析物进行定量。例如,MIPs-MWCNTs 石墨电极用于检测人血清样品中的美托洛尔。在选定的最佳条件下,美托洛尔的 MIPs-MWCNTs 传感器线性范围为 0.06 ~ 490 mmol/L,检测限为 2.88 nmol/L,电机响应具有高度可重复性(RSD 3.9%),且对结构相似分子的选择性良好[7]。

除上述传感器外,其他样品前处理方法也适用于萃取生物样品中的不同分析物,包括 LLME [14]、EME [15]、dSPE [16]、DLLME [17] 和 SDME [18]。这些方法结合电化学方法成功应用于生物样品中分析物的测定。

参考文献

[1] S.Patra, E.Roy, R.Das, et al. Bimetallic magnetic nanoparticle as a new platform for fabrication of pyridoxine and pyridoxal-5'-phosphate imprinted polymer modified high throughput electrochemical sensor[J]. Biosens.Bioelectron.,2015,73: 234-244.

[2] A.Afkhami, A.Bahiraei, T.Madrakian.Gold nanoparticle/multi-walled carbon nanotube modified glassy carbon electrode as a sensitive voltammetric sensor for the determination of diclofenac sodium[J].Mater.Sci.Eng.C Mater.Biol.Appl.,2016,59: 168-176.

[3] H.Ghaedi, A.Afkhami, T.Madrakian, et al. Construction of novel sensitive electrochemical sensor for electro-oxidation and determination of citalopram based on zinc oxide nanoparticles and multi-walled carbon

nanotubes[J].Mater.Sci.Eng.C Mater.Biol.Appl,2016,59：847-854.

[4] R.Gutiérrez-Climente，A.Gómez-Caballero，N.Unceta，et al. A new potentiometric sensor based on chiral imprinted nanoparticles for the discrimination of the enantiomers of the antidepressant citalopram[J]. Electrochim.Acta,2016,196：496-504.

[5] N.Karimian，M.B.Gholivand，G.Malekzadeh.Cefixime detection by a novel electrochemical sensor based on glassy carbon electrode modified with surface imprinted polymer/multiwall carbon nanotubes[J].J.Electroanal. Chem.,2016,771：64-72.

[6] M.H.Lee，J.L.Thomas，Y.C.Chang，et al. Electrochemical sensing of nuclear matrix protein 22 in urine with molecularly imprinted poly (ethylene-co-vinyl alcohol) coated zinc oxide nanorod arrays for clinical studies of bladder cancer diagnosis[J].Biosens.Bioelectron.,2016,79：789-795.

[7] A.Nezhadali，M.Mojarrab.Computational design and multivariate optimization of an electrochemical metoprolol sensor based on molecular imprinting in combination with carbon nanotubes[J].Anal.Chim.Acta,2016, 924：86-98.

[8] B.Nigović，A.Mornar，M.Sertić.Graphene nanocomposite modified glassy carbon electrode for voltammetric determination of the antipsychotic quetiapine[J].Microchim.Acta,2016,183：1459-1467.

[9] L.C.Recco，B.P.Crulhas，J.P.R.L.L.Parra，et al. A new strategy for detecting dopamine in human serum using polymer brushes reinforced with carbon nanotubes[J].RSC Adv.,2016,6：47134-47137.

[10] H.Salehniya，M.Amiri，Y.Mansoori.Positively charged carbon nanoparticulate/sodium dodecyl sulphate bilayer electrode for extraction and voltammetric determination of ciprofloxacin in real samples[J].RSC Adv., 2016,6：30867-30874.

[11] H.Salehniya，M.Amiri，Y.Mansoori.Positively charged carbon nanoparticulate/sodium dodecyl sulphate bilayer electrode for extraction and voltammetric determination of ciprofloxacin in real samples[J].RSC Adv., 2016,6：759-767.

[12] J.Xia，X.Cao，Z.Wang，et al. Molecularly imprinted electrochemical biosensor based on chitosan/ionic liquid-graphene composites modified electrode for determination of bovine serum albumin[J]. Sensor.Act.B Chem.,2016,225：305-311.

[13] F.Yang, P.Wang, R.Wang, et al. Label free electrochemical aptasensor for ultrasensitive detection of ractopamine[J].Biosens. Bioelectron.,2016,77: 347-352.

[14] A.A.Ensafi, S.Rabiei, B.Rezaei, et al. Combined microporous membrane-based liquid-liquid-liquid microextraction and in situ differential pulse voltammetry for highly sensitive detection of trimipramine[J].Anal.Method.,2013,5: 4027-4033.

[15] A.R.Fakhari, M.H.Koruni, H.Ahmar, et al. Electrochemical determination of dextromethorphan on reduced graphene oxide modified screen-printed electrode after electromembrane extraction[J]. Electroanalysis,2014,26: 521-529.

[16] R.D.Peterson, W.Chen, B.T.Cunningham, et al. Enhanced sandwich immunoassay using antibody-functionalized magnetic iron-oxide nanoparticles for extraction and detection of soluble transferrin receptor on a photonic crystal biosensor[J].Biosens.Bioelectron.,2015,74: 815-822.

[17] E.Fernandez, L.Vidal, A.Costa-Garcia, et al. Mercury determination in urine samples by gold nanostructured screen-printed carbon electrodes after vortex-assisted ionic liquid dispersive liquid-liquid microextraction[J].Anal.Chim.Acta,2016,915: 49-55.

[18] I.Timofeeva, K.Medinskaia, L.Nikolaeva, et al. Stepwise injection potentiometric determination of caffeine in saliva using single-drop microextraction combined with solvent exchange[J].Talanta,2016,150: 655-660.

第12章 总结与展望

　　生物样品的预处理/前处理是生物分析方法的一个重要瓶颈,已成为分析领域的热点。一些固相萃取和固相微萃取方法的主要优缺点,如萃取时间、溶剂体积、简单性、重复性、每次分析的成本、商用、设备成本和自动化等,由 Namera 进行了总结[1]。样品前处理方法,如 SPME、MEPS 和 DPX,与自动采样器或仪器(如 GC-MS)结合起来易于自动化。但是,设备的添加是昂贵的。一些液相萃取方法,如 LPME、DLLME 和 SDME,简单、快速、经济,但难以实现自动化,选择性差。因此,样品预处理/前处理是分析中最重要的过程之一,尤其是对生物样品而言,样品前处理和应用中的四个主要问题尚待解决,如下所述。

　　首先,样品前处理方法的主要要求是高选择性和高的富集能力。虽然一些新的试剂(ILs、表面活性剂、金纳米粒子等)和固体吸附剂(纳米材料、MIPs 等)的应用越来越多,但仍然需要新的试剂和吸附剂合成技术来提高其选择性和吸附能力。

　　第二,生物样品前处理方法的主要趋势将是更多的 SALLE、SDME、DPX 和 SBSE 应用。由于 SPE 和 LLE 是传统的萃取技术,所以对这两种萃取技术进行了大量的研究,包括改进吸附剂和相关仪器,如 96 孔板固相萃取和液液萃取。近年来,一些微萃取方法,如 DLLME 和 EME 应用越来越多。尽管 SALLE、SDME、DPX 和 SBSE 的应用尚处于起步阶段,但由于它们有各自较大的优势,在不久的将来会在样品前处理领域得到很好的发展。

　　第三,应选择更多种类的生物样品。生物样品的研究与临床工作密切相关。目前大多数的应用集中于尿液、血液、血清和血浆。一些未被广泛使用的样品,如头发、汗液、牛奶、粪便、组织等,也可以提供一些分析物的重要信息。因此,这些样品有望在未来纳入各种研究中。

　　第四,在线模式和自动化的发展、萃取方法的小型化将对生物学和临床的发展非常有益。结合生物样品的小样本量,将多个制备步骤整合为一个步骤,制备方法的自动化和萃取方法的在线模式迫在眉睫。此外,前处理方法的自动化将加速便携式小型仪器的发展以测量目标分析物,并最终为临床床边监测提供强大的工具。

参考文献

[1] A.Namera，T.Saito.Recent advances in unique sample preparation techniques for bioanalysis[J].Bioanalysis，2013，5：915–932.

参考文献

[1] Koester J T, et al. Characterization of imaging performance of
technetium imaging. 4th ed. Hongkong, 2012, 3:38-48.